U1075357

南京农业大学经济管理学院论丛

——博士论文卷——

江苏省农业面源污染及治理的经济学研究

——以化肥污染与配方肥技术推广政策为例

The Economic Analysis on the Control of Agricultural Non-point Source Pollution in Jiangsu Province
——Taking Fertilizer Pollution and Promotional Policy of Formula Fertilizer Technology as an Example

葛继红◎著

经济管理出版社
ECONOMY & MANAGEMENT PUBLISHING HOUSE

图书在版编目（CIP）数据

江苏省农业面源污染及治理的经济学研究/葛继红著．—北京：经济管理出版社，2014.12
ISBN 978－7－5096－3502－5

Ⅰ.①江…　Ⅱ.①葛…　Ⅲ.①农业污染源—面源污染—污染防治—研究　Ⅳ.①X501

中国版本图书馆CIP数据核字(2014)第276288号

组稿编辑：曹　靖
责任编辑：曹　靖　刘广钦
责任印制：黄章平
责任校对：陈　颖

出版发行：经济管理出版社
（北京市海淀区北蜂窝8号中雅大厦A座11层　100038）
网　　址：www. E－mp. com. cn
电　　话：(010) 51915602
印　　刷：北京晨旭印刷厂
经　　销：新华书店
开　　本：720mm×1000mm/16
印　　张：14
字　　数：267千字
版　　次：2015年4月第1版　　2015年4月第1次印刷
书　　号：ISBN 978－7－5096－3502－5
定　　价：48.00元

联系地址：北京阜外月坛北小街2号
电话：(010) 68022974　　邮编：100836

前　言

随着江苏省农业的快速发展，农业面源污染问题日趋严重。如任其肆意发展，农业面源污染将不断侵蚀江苏省的生态环境，影响省内居民的日常生产与生活，甚至危及子孙后代的幸福，造成难以估量的损失。因此，江苏省农业面源污染治理工作是当前和今后一定时期内政府环境治理工作的重要内容。

农业面源污染的产生与治理过程基本遵循“压力—状态—响应”逻辑，该逻辑也构成了本书总体分析框架：“压力”是指农业面源污染产生的原因及途径，它对环境质量产生负效应；“状态”是指不断排放的农业面源污染造成环境质量下降后的状态；“响应（治理）”是指政府对农业面源污染所采取的有效治理措施，它既包括对已有污染进行治理，又包括通过治理政策调节农户行为以达到源头治污的目的。同时，江苏省农业面源污染的响应（治理）环节又可以分成宏观层面政府治理与微观层面农户响应两个方面。

宏观层面，以经济学视角对污染实证研究的常用范式是环境库兹涅茨曲线（EKC）假说。根据该假说，环境污染与经济增长之间会存在“倒U形”的关系，且该种关系并不是自发形成的，而是随着经济增长，包括政府农业面源污染治理政策、农业经济规模、农业技术进步、农业结构调整在内的诸因素对污染共同影响的结果。那么，江苏省农业面源污染与经济增长是否也呈现上述“倒U形”关系？在经济增长诸要素对污染共同作用的分析框架中，江苏省农业面源污染治理政策是否对污染产生了减缓作用？对于这些问题的解答有助于我们从宏观层面把握农业面源污染发展现状及特征，了解农业面源污染、经济增长与治理政策三者之间的关系，并有助于通过正确的调控手段实现农业面源污染宏观调控目的。

微观层面，发达国家的农业面源污染治理主要以源头治理为主。源头治理就是政府运用适当的治理政策对农户行为进行调节，调节宗旨是将农户原有行为向环境友好型行为转化，从而达到减污的目的。因此，政府源头治理政策下农户如何响应并进行行为调节是治理政策成败与否的关键。那么，现有源头治理政策是否有助于农户将原有行为向环境友好型生产（或生活）行为转变？是否有助于提高农户的种植效率？农户对环境友好型生产技术（或生活方式）的采用受哪些因素的影响？对于这些问题的解答有助于我们从微观层面了解污染治理政策下的农户响应机制，建立农户行为、农业面源污染与治理政策三者之间的关联，并有助于通过正确的微观调控手段实现农业面源污染源头治理的目的。

综上所述，本研究利用“压力—状态—响应”分析框架，分别从宏观层面和微观层面对江苏省农业面源污染及治理予以经济学分析。考虑到总氮和总磷是水体富营养化的主要限制因子，本研究中农业面源污染指标主要限定总氮和总磷两个指标。在宏观层面，利用单元调查法对江苏省农业面源污染总氮和总磷排放量进行估算；在引入环境生态因素条件后，验证江苏省农业面源污染的环境库兹涅茨曲线存在性及类型；并在经济增长分析框架中实证分析已有农业面源污染治理政策因素对污染的治理效果。在微观层面，分析农业面源污染治理政策下农户响应行为。另外，本研究以无锡市为例对农业面源污染及治理实践进行典型案例分析。

需要说明的是，由于农业面源污染途径较多，如农田化肥污染、畜禽养殖污染以及农村生活污染等，其对应的政策也较多。本书将着重以农田化肥污染及对应治理政策——配方肥技术推广政策为例对微观层面的农户响应行为进行分析，主要原因如下：第一，农田化肥污染在农业面源污染总量（特别是总氮污染）中贡献较大；第二，用于治理农田化肥污染的配方肥技术推广政策是江苏省开展较早、规模较大的、具有代表性的农业面源污染治理政策。其中，配方肥技术推广政策是测土配方施肥技术推广政策的简称，该政策于2005年在江苏省全面推广和实施。

本研究主要结论如下：

（1）江苏省农业面源污染压力的主要来源途径是农田化肥、畜禽养殖、水产养殖、农田固体废弃物以及农村生活污染等。利用单元调查法估算得到2009年江苏省农业面源污染总氮排放量为45.07万吨，总磷排放量为5.54万吨，1978年江苏省农业面源污染总氮排放量为22.75万吨，总磷排放量为3.18万吨。改革开放以来，江苏省农业面源污染总氮、总磷排放量基本呈现稳步上升趋势，1997年和2007年分别有两次明显下降。平均而言，农田化肥污染和畜禽养殖污染是江苏省农业面源污染氮排放的主要来源，其贡献率分别达到43.89%和33.40%；畜禽养殖污染与农田化肥污染是江苏省农业面源污染磷排放量的主要贡献来源，其贡献率分别达到54.07%和20.83%。1978~2009年，农田化肥单元、禽畜养殖单元分别是驱动江苏省农业面源污染氮排放变化和磷排放变化的最活跃的因素。

（2）江苏省农业面源污染的环境库兹涅茨曲线（EKC）验证结果表明江苏省农业面源污染与人均GDP之间存在显著的“倒U形”关系。在EKC模型中加入生态环境限制条件后，根据江苏省实际情况，判断江苏省EKC曲线已与环境安全警戒线相交，不属于理想级别的环境EKC曲线类型，有治理的必要性。另外，从理论和事实两方面分析治理因素在一定条件下可能是形成环境EKC曲线“倒U形”存在的重要原因。理论方面，当污染治理的规模效益递增时，EKC曲线将呈现“倒U形”；事实方面，以反映江苏省农田化肥污染与经济增长关系的EKC曲线为例，分析得到该EKC“倒U形”曲线的拐点出现时间（接近于2006年）与当时农田化肥污染治理对应的政策——配方肥推广政策出台时间（2005）相近，在排除其他原因后推断配方肥技术推广政策可能是农田化肥污染EKC曲线“倒U形”存在的重要原因。

（3）根据《太湖流域水环境综合治理总体方案》以及江苏省污染治理实践，本研究将主要的农业面源污染治理政策按时间先后顺序分成两类：一类是从2005年开始全面实施的配方肥技术推广政策；另一类是2007年太湖无锡段蓝藻事件爆发后，江苏省政府启动的农业面源污染全面（综合）治理政策。通过构建经济增长分析框架下的江苏省农业面源污染经济影响因素模型，实证分析了治理政策对农业面源污染的影响，结果表明：配方肥技术推广政策对江苏省农业面源污染氮排放总量有负向影响，对磷排放没有显著影响；从2007年起实施的全面治污政策对农业面源污染氮、磷排放均有显著的负向影响。

（4）以配方肥技术推广政策和农户施肥行为为例，分析治理政策下的农户响应行为。通过构建农户氮肥施用行为模型，本研究以江苏省稻农为例实证分析了政府治理政策对农户氮肥施用量的影响。结果表明：治理政策特征对农户施肥量有显著的负向影响，参加过化肥知识培训的农户施氮量明显少于不参加化肥知识培训的农户施氮量；用配方肥技术的农户施氮量显著少于不采用配方肥技术的农户，配方肥技术的采用对农户施氮量存在明显负向影响。

通过构建农户配方肥技术采用行为模型，首先运用Probit模型实证分析了影响农户是否选择配方肥技术的因素，其次运用Tobit模型实证分析了影响配方肥施用比例（采用强度）的因素。研究结果表明，配方肥技术采用具有节本增效功能；在技术节本增效的前提下，治理政策环境特征对农户的配方施肥技术选择与配方肥施用比例有显著影响，具体是示范户、拿到配方卡、参加培训的次数以及所在乡镇培训总人数对农户配方肥技术的选择行为有显著正向影响，拿到配方卡和参加培训的次数对农户的配方肥施用比例有显著正向影响。另外，配方肥销售市场环境特征中的村级化肥经销店个数对农户的配方肥技术采用行为有显著负向影响，说明配方肥销售中存在市场失灵。

利用随机前沿分析方法建立技术效率损失模型，探讨测土配方施肥技术对种植技术效率的影响。研究结果表明，稻农采用测土配方施肥技术有利于水稻种植技术效率的提高。同时，在随机前沿生产函数估计结果中，劳动、化肥对水稻产出弹性显著为正。在技术效率损失模型估计结果中，户主性别为男性、文化程度和水稻商品率对技术效率损失有显著负向影响，即对技术效率有显著正向影响；家庭非农收入比例和受灾率对技术效率损失有显著正向影响，即对技术效率有显著负向影响。

（5）本研究以无锡市农业面源污染治理实践为例，对农业面源污染治理实践及成效进行总结与评价。结果表明，无锡市政府部门运用大量的强制型、经济激励型以及自愿计划型（如配方肥技术推广）等政策对农业面源污染进行治理。2007 年、2008 年和 2009 年无锡市农业面源污染总氮分别较前一年减少 252.72 吨、570.41 吨和 294.64 吨，总磷分别较前一年减少 2.15 吨、45.84 吨和 19.76 吨，说明无锡市农业面源污染治理工作已初见成效。

最后，根据以上研究分析结论，本研究提出江苏省农业面源污染治理的相关政策建议，主要包括：重视农业面源污染治理工作，加大农业面源污染治理力度；进一步加大配方肥技术推广力度；切实开展农业面源污染的全面治理政策；开展全民范围的环境教育宣传工作；等等。

目　录

1　导言 …… 1

1.1　问题的提出与研究意义 …… 1

1.2　研究目标、研究假说和研究内容 …… 3

1.2.1　研究目标 …… 3

1.2.2　研究假说 …… 4

1.2.3　研究内容 …… 4

1.3　研究方法、数据来源 …… 5

1.3.1　研究方法 …… 5

1.3.2　数据来源 …… 6

1.4　研究设计 …… 6

1.5　可能的创新与不足 …… 7

1.5.1　可能的创新 …… 7

1.5.2　不足之处 …… 8

2　理论基础与文献综述 …… 9

2.1　相关概念界定 …… 9

2.1.1　农业面源污染及其特征 …… 9

2.1.2　“太湖蓝藻事件” …… 10

2.1.3　测土配方施肥技术及其步骤 …… 11

2.2　理论基础 …… 12

2.2.1　总分析框架：“压力—状态—响应”分析框架 …… 12

2.2.2　环境库兹涅茨曲线理论 …… 13

2.2.3　农业面源污染经济影响因素理论 …… 14

2.2.4　污染形成与治理理论 …… 16

2.2.5　农户行为理论 …… 18

2.3　文献综述 …… 20

2.3.1 关于农业面源污染及其治理的文献综述 …… 20
2.3.2 关于经济增长与环境关系的文献综述 …… 25
2.3.3 关于环境库兹涅茨曲线的文献综述 …… 26
2.3.4 关于农户行为与污染关系的文献综述 …… 29
2.4 本章小结 …… 31

3 江苏省农业面源污染现状分析 …… 32

3.1 江苏省农业面源污染途径 …… 32
3.1.1 农田化肥污染途径 …… 32
3.1.2 其他污染途径 …… 34
3.2 江苏省农业面源污染排放量估算 …… 38
3.2.1 单元调查法 …… 38
3.2.2 数据处理 …… 42
3.2.3 模型估算结果与单元贡献率分析 …… 42
3.3 江苏省农业面源污染变化分析 …… 45
3.4 本章小结 …… 47

4 EKC 分析框架下农业面源污染与治理分析 …… 49

4.1 江苏省农业面源污染的环境库兹涅茨曲线验证 …… 49
4.1.1 环境库兹涅茨曲线概述 …… 49
4.1.2 变量定义与样本分析 …… 49
4.1.3 模型估计结果分析 …… 50
4.2 生态环境因素与环境库兹涅茨曲线类型 …… 51
4.2.1 加入生态环境因素的环境库兹涅茨曲线 …… 51
4.2.2 江苏省环境库兹涅茨曲线的污染级别判断 …… 52
4.2.3 进一步讨论 …… 53
4.3 环境库兹涅茨曲线分析框架下的治理必要性 …… 54
4.3.1 环境库兹涅茨曲线分析框架下治理作用的理论分析 …… 54
4.3.2 环境库兹涅茨曲线分析框架下治理作用的事实推断——以化肥污染为例 …… 55
4.4 本章小结 …… 58

5 治理对江苏省农业面源污染影响的实证分析 …… 59

5.1 江苏省农业面源污染治理政策 …… 59

5.1.1　测土配方施肥技术推广政策 …… 60
5.1.2　农业面源污染全面治理政策 …… 61
5.2　江苏省农业面源污染治理实证分析 …… 64
5.2.1　模型构建 …… 64
5.2.2　变量定义及样本分析 …… 66
5.2.3　模型估计结果分析 …… 68
5.3　本章小结 …… 72

6　治理政策下的农户响应分析——以配方肥技术推广政策为例 …… 73

6.1　配方肥技术推广政策对农户施肥量的影响 …… 73
6.1.1　模型构建 …… 74
6.1.2　变量定义与样本分析 …… 75
6.1.3　模型估计结果分析 …… 78
6.2　农户配方施肥技术采用行为分析 …… 80
6.2.1　成本收益分析 …… 81
6.2.2　模型构建 …… 84
6.2.3　变量定义与样本分析 …… 86
6.2.4　模型估计结果分析 …… 88
6.3　配方施肥技术对种植技术效率的影响 …… 92
6.3.1　模型构建 …… 93
6.3.2　样本分析 …… 95
6.3.3　模型估计结果分析 …… 96
6.4　本章小结 …… 98
6.4.1　配方肥技术对农户氮肥施用量的影响 …… 98
6.4.2　农户配方肥技术采用行为 …… 98
6.4.3　配方肥技术对农户种植效率的影响 …… 99

7　江苏省农业面源污染治理实践——以无锡为例 …… 101

7.1　“压力—状态—响应”分析 …… 102
7.1.1　压力因子 …… 102
7.1.2　状态因子 …… 104
7.1.3　响应因子 …… 104
7.2　治理成效分析 …… 106
7.3　进一步讨论 …… 107

7.4 本章小结 …… 109

8 欧美国家农业面源污染治理政策经验借鉴 …… 110

8.1 美国 …… 111
8.1.1 命令控制型政策 …… 111
8.1.2 经济激励型政策 …… 112
8.1.3 自愿计划型政策 …… 114
8.2 欧盟 …… 114
8.2.1 命令控制型政策 …… 115
8.2.2 经济激励型政策 …… 116
8.2.3 自愿计划型政策 …… 117
8.3 本章小结 …… 117

9 结论与政策建议 …… 119

9.1 主要结论 …… 119
9.2 主要政策建议 …… 122
9.2.1 重视农业面源污染治理工作，加大农业面源污染治理力度 …… 122
9.2.2 进一步加大测土配方施肥技术推广力度 …… 123
9.2.3 切实开展农业面源污染的全面治理政策 …… 124
9.2.4 开展全民范围的环境教育宣传工作 …… 124
9.3 进一步展望 …… 124

附件 …… 126

附件一：2009 年测土配方施肥项目农户访谈问卷 …… 127
附件二：2010 年江苏省农户化肥使用调查问卷 …… 134
附件三：2009 年江苏省测土配方施肥效果评价报告 …… 136
附件四：江苏省太湖流域水环境综合治理实施方案（2009 年） …… 166
附件五：要素市场扭曲是否激发了农业面源污染——以化肥为例 …… 184

参考文献 …… 194

后记 …… 209

1 导言

1.1 问题的提出与研究意义

2007 年 5 月，江苏省无锡市爆发了“太湖蓝藻事件”，造成无锡市供水危机，并影响无锡市区 70%、200 多万市民的饮用水供应，直接损失和间接损失难以估量。从逻辑上很难将水资源极其丰富的江南水乡与“供水危机”联系在一起，此次供水危机被定性成“水质性缺水”，即因水体富营养化、水质达不到饮用水标准而造成的缺水。总氮和总磷是导致太湖水体富营养化的主要制约因子（张维理等，2004；章明奎，2005）。与此同时，2008 年国家出台了《太湖流域水环境综合治理总体方案》①，表明太湖总氮的 67.5%、总磷的 51.3% 来自于农业面源污染，该组数据表明：农业面源污染（特别是氮磷污染）已成为太湖水质污染的重要原因。

农业面源污染问题不是某一个地区现象，而是一个全球共性问题。全球范围内，因水污染和清洁水源短缺而造成的水质性缺水问题不断加剧，目前公认农业面源污染是水污染中最大的问题之一（张维理等，2004）。随着点源污染治理成效日趋明显，农业面源污染在水体中的污染比重更是逐渐加大。以美国为例，根据该国环保局 2003 年的调研数据，农业面源污染是美国河流和湖泊污染的第一污染源，导致约 40% 的河流和湖泊水体水质不合格。在欧盟国家中，农业面源污染同样是造成水体污染的首要因素，以瑞典为例，来自农业的氮排放量占流域氮排放总量的 60% ~80%（Lena，1994）。芬兰 20% 的湖泊水质恶化，农业面源污染氮素及磷素在污染源中占比达到 50% 以上，各流域内农业比重大的湖区更是容易导致氮、磷元素集聚而形成富营养化。可以说，在全球范围内都面临着农

---

① 按照国务院的要求，由国家发展和改革委员会牵头，会同环保、水利等有关部门及环太湖江苏、浙江、上海两省一市政府启动并完成《太湖流域水环境综合治理总体方案》的编制工作。该《总体方案》于 2008 年获得国务院正式批复。

业面源污染问题，农业面源污染的治理工作也受到各国政府，特别是发达国家政府的重视。

农业面源污染的定义和特点决定了对其治理的难度要超过点源污染的治理难度。农业面源污染主要是指来自于农业生产与生活中所形成的面源污染以降雨为载体并在降雨的冲击和淋溶作用下，通过地表径流和地下渗漏过程进入水体而引起水质污染（董克虞，1998）。与点源污染不同，点源污染最通俗的理解就是通过污水管网直接排入水体的污染，因此，点源污染治理可以在排污口末端安装污染处理设备对污水进行处理，使排放水质达标。农业面源污染则因为具有分散性和隐蔽性、随机性和不确定性、不易监测性和空间异质性等特点，至今在国际范围内尚无成熟和标准化的手段用于农业面源污染控制，末端治理技术很难有效地应用于农业面源污染治理。国外成功治理经验表明，农业面源污染治理主要采用源头控制对策，即从农户的生产与生活行为着手，将农户行为调节至环境友好型行为，从源头上控制和削减污染产生量，而不是在污染发生以后对污染进行治理。因此，农业面源污染治理的关键是调节农户行为。

农业面源污染的产生与治理过程基本遵循"压力—状态—响应"逻辑。"压力（污染原因）"是指农业面源污染产生的压力来源（包括原因、途径等），它对环境质量和社会可持续发展产生负效应；"状态（污染结果）"是指不断排放的污染造成环境质量下降后的状态；"响应（污染治理）"是指政府对农业面源污染所采取的有效治理措施，它既包括对已有污染进行治理，又包括通过治理政策调节农户行为以达到源头治污目的。其中，农户对农业面源污染治理政策的响应及行为调整是农业面源污染治理的关键。

上述逻辑也构成了本研究的分析框架，其中农业面源污染治理部分还可以从宏观和微观两个层面予以分解：

宏观层面，经济学视角对污染实证研究的常用范式是环境库兹涅茨曲线（EKC）假说，根据该假说，环境污染与经济增长之间会存在"倒U形"的关系，且该种关系并不是自发形成的，而是随着经济增长，包括政府农业面源污染治理政策、农业经济规模、农业技术进步、农业结构调整在内的诸因素对污染共同影响的结果。那么，江苏省农业面源污染与经济增长是否也呈现上述"倒U形"关系？在经济增长诸要素对污染共同作用的分析框架中，江苏省治理政策是否对污染产生了减缓作用？对于这些问题的解答有助于我们从宏观层面把握农业面源污染发展特征，了解农业面源污染、经济增长与治理政策三者之间的关系，并有助于通过正确的调控手段实现农业面源污染宏观调控目的。

微观层面，发达国家的农业面源污染治理主要以源头治理为主。所谓源头治理，就是政府运用适当的治理政策对农户行为进行调节，调节宗旨是将农户原有行为向环境友好型行为转化，从而达到减污目的。因此，政府源头治理政策下农户如何响应并如何进行行为调节是治理政策成败与否的关键。那么，现在源头治理政策是否有助于农户将原有行为向环境友好型生产（或生活）行为转变？农户对环境友好型生产技术（或生活方式）的采用受哪些因素的影响？对于这些问题的解答有助于我们从微观层面了解污染治理政策下的农户响应机制，建立农户行为、农业面源污染与治理政策三者之间的关联，并有助于通过正确的调控手段实现农业面源污染源头治理的目的。

综上所述，本研究拟利用“压力—状态—响应”分析框架，分别从宏观层面和微观层面对江苏省农业面源污染及其治理予以经济学分析。考虑到总氮和总磷是水体富营养化的主要限制因子，本研究中农业面源污染指标主要限定总氮和总磷两个指标。在宏观层面，利用单元调查法对江苏省农业面源污染总氮和总磷排放量进行估算；在引入环境生态因素条件后，验证江苏省农业面源污染的环境库兹涅茨曲线存在性及类型；并在经济增长分析框架中实证分析已有农业面源污染治理政策因素对污染的治理效果。在微观层面，分析农业面源污染治理政策下农户响应行为。

1.2 研究目标、研究假说和研究内容

1.2.1 研究目标

本研究的总目标是在农业面源污染给江苏省可持续发展带来负面影响的背景下，以“压力—状态—响应”为分析框架，厘清农业面源污染（压力与状态）、政府治理（政府响应）和农户行为（农户响应）三者之间的关系，客观地分析江苏省农业面源污染及治理的社会经济背景、微观作用机理和政策反应机制，为江苏省农业面源污染治理提供科学依据。

目标1：对江苏省农业面源污染物总排放量进行估算。

目标2：对江苏省农业面源污染与江苏省经济增长进行环境库兹涅茨曲线假说（EKC）验证，尝试引入生态环境因素后对EKC曲线进行重新界定，利用治理因素对EKC曲线“倒U形”形状进行解释。

目标3：从经济学视角，实证分析江苏省农业面源污染治理政策对农业面源

污染的影响。

目标4：以配方肥技术推广政策为例，分析治理政策下农户环境友好型技术采用行为对氮肥施用量的影响。

目标5：以配方肥技术推广政策为例，分析农户环境友好型技术采用行为的影响因素。

目标6：以配方肥技术推广政策为例，分析农户环境友好型技术采用行为对种植效率的影响。

需要说明的是，由于农业面源污染途径较多，如农田化肥污染、畜禽养殖污染以及农村生活污染等，其对应的政策也较多。本研究将着重以农田化肥污染及对应治理政策——配方肥技术推广政策为例对微观层面的农户响应行为进行分析，其原因主要在于：第一，农田化肥污染在农业面源污染总量中贡献较大；第二，用于治理农田化肥污染的配方肥技术推广政策是江苏省开展较早、规模较大、具有代表性的农业面源污染治理政策；配方肥技术推广政策是测土配方施肥技术推广政策的简称，该政策于2005年在江苏省全面推广。另外，在研究测土配方施肥技术对农户种植技术效率的影响时，将根据江苏省省情选择以稻农水稻种植行为为例。

1.2.2 研究假说

为实现以上研究目标，本研究提出以下假说：

假说1：江苏省农业面源污染总量与经济增长之间呈现环境库兹涅茨曲线（EKC）所描述的“倒U形”形状。

假说2：农业面源污染治理政策对江苏省农业面源污染有负向影响。

假说3：配方肥技术对农户氮肥施用量有负向影响。

假说4：在技术采用受益的前提下，农户的配方肥技术采用行为受农户科学施肥能力、市场环境，特别是治理环境等因素的影响，并且不同因素的影响大小存在差异。

假说5：稻农采用测土配方施肥技术有利于水稻种植技术效率的提高。

1.2.3 研究内容

农业面源污染现状分析。内容主要包括江苏省农业面源污染途径分析、江苏省农业面源污染排放量估算以及江苏省农业面源污染贡献来源分析与变化分解分析等。

EKC模型分析框架下的农业面源污染与治理分析。内容主要包括江苏省农业面源污染与经济增长之间的环境库兹涅茨曲线（EKC）验证；在EKC模型引入生态环境指标后，重新界定江苏省农业面源污染 EKC 曲线类型；尝试利用治理因素对 EKC 形状予以解释。

治理政策对江苏省农业面源污染影响分析。内容主要包括首先将江苏省农业面源污染治理政策分成两类，其次实证分析治理政策因素对江苏省农业面源污染的影响。

以配方肥技术推广政策为例的治理政策下农户响应行为分析。内容主要包括实证分析配方肥技术对农户氮肥施用行为影响、农户的配方肥技术采用行为以及配方肥技术对农户种植效率的影响。

以无锡市为例的江苏省农业面源污染治理实例分析。该部分内容仍然遵循“压力—状态—响应”分析框架，依次对无锡市农业面源污染压力、环境质量下降的状态以及治理实践进行总结和评价。

将农业面源污染治理政策分成命令控制型、经济激励型以及自愿计划型三类，介绍欧美农业面源污染治理政策内容基础，并以此为鉴为我国农业面源污染治理工作提供政策依据。

1.3 研究方法、数据来源

1.3.1 研究方法

在研究方法上，本研究采用资料信息收集与统计分析相结合的方法、定性分析和定量分析相结合的方法以及案例分析法对江苏省农业面源污染治理进行深入分析。其中分析方法主要运用如下：

（1）资料信息收集与统计分析相结合的方法。在对微观层面农户的氮肥施用行为以及配方肥技术采用行为进行研究时，主要利用资料信息收集方法获得农户一手资料；在对宏观层面的江苏省农业面源污染量进行估算、环境库兹涅茨曲线验证以及治理作用的实证分析时，主要利用统计年鉴数据进行分析。

（2）案例分析法。以无锡市作为典型案例，对江苏省农业面源污染治理实践及治理成效进行分析。

（3）定性分析与定量分析相结合的方法。宏观层面，对江苏省农业面源污染量运用单元调查法进行估算，运用分解分析法对污染变化的驱动因素进行分析，运用多元回归模型对 EKC 假说进行验证，实证分析治理政策对江苏省农业面源污染总量影响。微观层面，运用多元回归模型实证分析配方肥技术推广政策对农户施氮行为的影响，运用 Probit 模型和 Tobit 模型实证分析农户的配方肥技术采用行为，运用随机前沿分析方法（SFA）建立技术效率损失模型，探讨测土配方施肥技术对种植技术效率的影响。

1.3.2 数据来源

数据来源主要分成以下几个部分：

（1）历年《江苏统计年鉴》、历年《中国农村统计年鉴》、历年《中国统计年鉴》以及《新中国五十年统计资料汇编》。

（2）实地调研数据。实地调研数据根据调研目的不同以及调研组织人员不同可分成两组：

第一，对农户施肥行为进行研究的调研数据来自笔者组织南京农业大学经济管理学院在校学生于 2010 年寒假所进行的入户调研。收集到问卷 238 份，剔除因逻辑错误或数据缺失等原因的无效调查问卷 14 份，有效问卷 224 份。该数据主要用于第 6 章农户氮肥施用行为研究。对农户采用配方肥技术对种植效率的影响研究也采用该调研数据。

第二，对农户的配方肥技术采用行为进行研究的调研数据来自江苏省土肥站于 2009 年 8 月中下旬组织的江苏省测土配方施肥效果的调查。在全省 80 个实施配方肥技术推广项目的县中按照随机抽样的原则，分别在 2005 年、2006 年、2007 年和 2008 年新增项目县（市）中各抽取 2 个项目县（市）为调查点，合计抽取海安、江都、溧阳、扬中、滨海、常熟、姜堰、铜山共 8 个县（市）。在每个调查县（市）中随机抽取 3 个乡镇进行访谈，在每个调查乡镇抽取 2 个村进行访谈，每个村依据户主花名册随机等间距抽取 8 个农户进行问卷调查。共完成农户调研问卷 384 份，剔除因逻辑错误或数据缺失等原因的无效调查问卷 8 份，有效问卷 376 份。该数据主要用于第 6 章农户测土配方技术采用行为研究。

1.4 研究设计

本研究基于“压力—状态—响应”分析框架的研究设计路线图如图 1 – 1 所示。

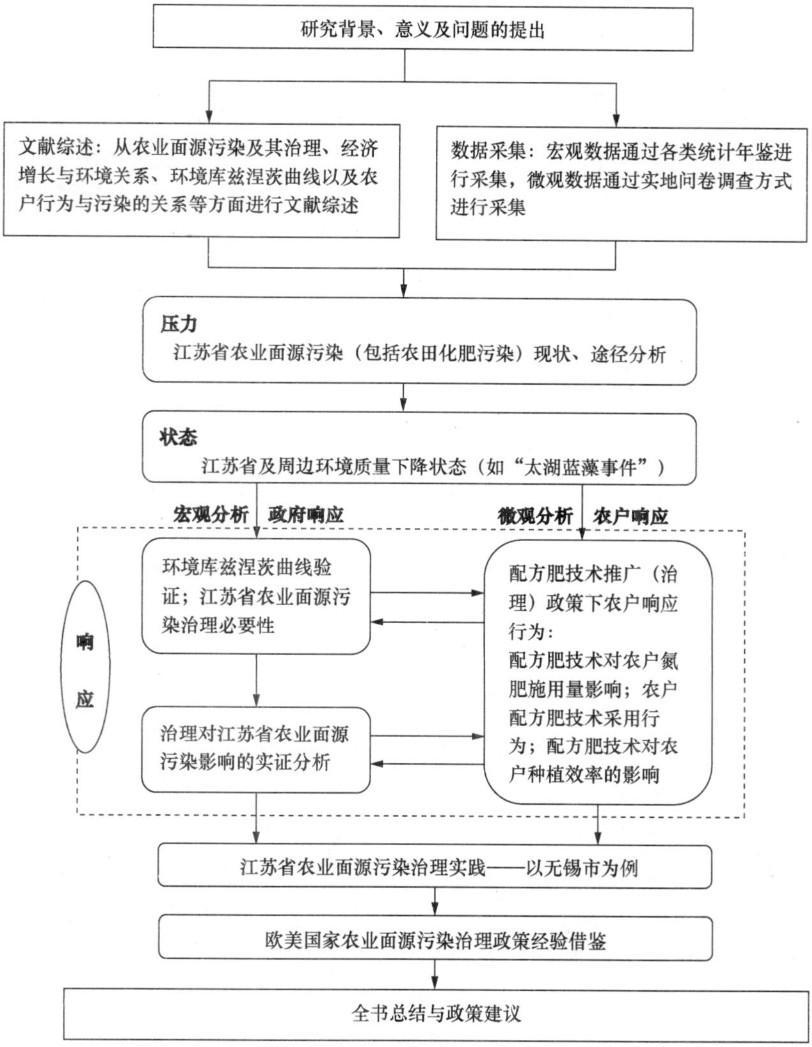

图1-1 基于“压力—状态—响应”分析框架的研究设计路线

1.5 可能的创新与不足

1.5.1 可能的创新

（1）本研究从经济学视角对农业面源污染治理政策——配方肥技术推广政策进行研究，具有一定的创新。首先，将该政策作为重要治理政策之一，研究该治理政策对江苏省农业面源污染物排放总量的影响；其次，分析该治理政策下农户的响应行为以及响应效果。已有关于配方肥技术的研究主要集中在自然科学领域，社会经济领域的相关研究很少。

（2）本研究对农业面源污染的 EKC 曲线进行了拓展讨论，包括在模型中加入生态环境因素以及结合治理实践尝试对 EKC“倒 U 形”进行解释。首先，在环境库兹涅茨曲线中加入生态环境因素后得到江苏省农业面源污染环境库兹涅茨曲线已与环境安全警戒线相交，不属于理想型的 EKC 曲线类型；其次，通过事实分析得出自 2005 年起全面实施的配方肥技术推广政策可能是农业化肥污染环境 EKC 曲线“倒 U 形”存在的重要原因。

（3）本研究证明了配方肥销售环境中存在市场失灵并对农户配方肥技术采用行为有显著的负向影响。在配方肥技术采用行为模型中，加入配方肥销售环境影响因素，结果表明，配方肥销售中基层化肥店数量对技术采用率和采用强度均有显著负向影响。其主要原因在于大多数村级化肥店不是农技推广部门指定的配方肥销售点，化肥店出于自身利益考虑会增加“促销”力度游说农户购买本店的非配方肥，从而对农户配方肥技术采用产生负面影响。

1.5.2 不足之处

（1）本研究在对农业面源污染排放量进行估算时，由于农业面源污染本身具有难以监测和估算特点，再加上受到资料数据、时间以及研究能力的限制，采用的单元调查法仅对农田化肥、畜禽养殖、水产养殖、农田固体废弃物以及农村生活 5 个单元污染排放量进行估算，且在计算排放量时各单元均采用统一排放系数，而没有根据江苏省各地地形地貌、降水径流等自然环境以及技术进步等因素进行不同时空的排放系数的确定和运用。

（2）农业面源污染治理关键是对农户的生产（生活）行为进行调节，本研究在对微观层面农户行为与治理关系进行研究时，仅以农户的施肥行为以及相应的治理政策——配方肥技术推广政策为例进行了探讨。由于数据和能力有限，没有对农户的其他生产、生活行为（如养殖行为等）及相应产污结果做细致分析。因此，有待于在今后研究中，收集更多数据对农户其他生产、生活行为进行深入研究。

2 理论基础与文献综述

2.1 相关概念界定

2.1.1 农业面源污染及其特征

2.1.1.1 农业面源污染的界定

面源污染（Diffused Pollution）和点源污染（Point Source Pollution）是水体污染的两大主要来源，两者类型不同，控制对策和技术完全不同。根据欧美专家和美国环保局官方发布的定义，点源污染最简洁的界定是指污水的排放点通过排污管网直接进入水体。这种污染形式具有排污点集中、排污途径明确等特征。遵循这一界定，无论是在生产还是生活中的污染只要是通过污水管网直接进入水体的均属于点源污染，通常有工业废水、城市生活污水、污水处理厂与固体废弃物处理场的出水以及流域其他固定排放源。

面源污染又可称之为非点源污染（Non - point Source Pollution），是相对于点源污染而言的。按照美国《联邦水污染控制法》所做的界定，凡是向环境排放污染物是不连续的分散过程，而又不能用一般常规处理方法获得改善的排放源，即称为非点源污染或者散在污染。美国清洁水法修正案（1979）定义面源污染为“污染物以广域的、分散的、微量的形式进入地表及地下水体”。

农业面源污染则主要是指来自农业生产与农村生活活动中所形成的面源污染，是最为重要且分布最为广泛的面源污染。来自农业的污染除了农业面源污染之外，还有农业点源污染。本研究的研究重点是农业面源污染，并特指以降雨为载体并在降雨冲击和淋溶作用下，通过地表径流和地下渗漏过程将污染物质携入受纳水体而引起的水质污染（董克虞，1998）。没有考虑进入水体以外的污染，如无特别说明，文中所提农业面源污染即农业面源污染物进入水体的排放量。

由于氮、磷元素是造成水体富营养化的主要限制因子（张维理等，2004；章明奎，2005)，因此，本研究主要关注农业面源污染中的总氮（TN）和总磷（TP）两种污染指标。

2.1.1.2 农业面源污染的特点

第一，分散性和隐蔽性。与点源污染的集中性相反，面源污染具有分散性和隐蔽性的特征，它随流域内土地利用状况、地形地貌、水文特征、气候、天气等的不同而具有空间异质性和时间上的不均匀性。

第二，随机性和不确定性。农业面源污染具有随机性和不确定性的特点，识别面源污染进入污染系统中的随机性和不确定性的研究是相当重要的。如农作物生产中过量施用的化肥进入水体的量与自然条件有关，包括降雨大小、密度、温度、湿度、土地类型等。

第三，不易监测性和空间异质性。面源污染的不易监测性是指一旦面源污染产生，很难监测到单个污染者的排放量，其原因在于面源污染往往会涉及多个污染者，在给定的区域内它们的排放是相互交叉的，加之不同的地理、气象、水文条件对污染物的迁移转化影响很大，因此很难具体监测到单个污染者。但从理论上讲，农业面源污染并非不能识别，只是识别成本和监测成本高，近年来，运用RS（遥感）、GIS（地理信息系统）可以对农业面源污染进行模型化描述和模拟，为其监控、预测和检验提供有力的数据支持。

空间异质性是指同样的行为在不同的位置会有不同的污染结果，以施肥为例，由于土壤原有氮、磷元素丰缺度不同，因此相同的施肥量也可能会导致不同的氮、磷排放结果。有效的环境治理必须认识到这些差异，并结合空间异质性特点制定农业面源污染治理政策，当然，这一点给环境治理提出了巨大的挑战。

总体而言，农业面源污染具有发生时间的随机性、发生方式的间歇性、机理过程的复杂性、排放途径及排放量的不确定性、污染负荷时空变异性和监测、模拟与控制困难性等特点。

2.1.2 “太湖蓝藻事件”

2007年4月底，太湖梅梁湖蓝藻水华大规模集中爆发，比往年提前了近1个月。根据太湖流域管理局对小湾里水厂、锡东水厂、贡湖水厂水源地的监测，5月6日梅梁湖小湾里水厂水源地叶绿素a含量达到每升259微克，位于贡湖湾和梅梁湖交界的贡湖水厂水源地达到每升139微克，贡湖湾锡东水厂水源地达到每升53微克，叶绿素a在太湖西北部湖湾全部超过每升40微克的蓝藻爆发临界值。到5月中旬，梅梁湖等湖湾的蓝藻进一步聚集，分布范围扩大，程度加重。5月28日，据无锡市报告，贡湖水厂水源恶臭、水质发黑，导致无锡市自来水恶臭，引发了供水危机。通过应急措施，6月1日自来水厂出水基本达标，6月6

日全面恢复正常供水。此次因太湖蓝藻大爆发和引发的大规模“湖泛”造成的无锡供水危机，影响无锡市区 70%、200 多万市民的饮用水，造成的直接损失和间接损失难以估量。

2007 年太湖危机事件的重要原因之一就是农业面源污染，而总氮和总磷是导致太湖水体富营养化的主要制约因子。正因为如此，本研究将总氮和总磷作为农业面源污染的主要研究对象。在农业面源污染估算时，也主要估算氮、磷污染量两个指标。

事实上，除了太湖爆发蓝藻事件以外，国内其他一些水域也发生过较为严重的蓝藻事件。例如，2010 年 11 月 29 日，云南昆明滇池蓝藻大量繁殖，在昆明滇池海埂一线的岸边，湖水如绿油漆一般。绿浪翻滚的湖水涌向岸边，带来一阵阵腥臭气味。滇池是云南九大高原湖泊中污染最严重的一个，现在水质为劣 V 类，每当气温上升，加之富营养化严重，均会引起蓝藻爆发，造成严重污染。又如，2011 年 8 月 21 日，受持续高温影响，安徽巢湖局部湖面蓝藻又开始“抬头”，出现较大面积蓝藻集聚。巢湖市高度关注城市集中式饮用水水源地水质状况，开展蓝藻拦截、打捞和自来水深度处理措施。

2.1.3 测土配方施肥技术及其步骤

（1）技术介绍。测土配方施肥技术（以下简称配方肥技术，Formula Fertilization Technology by Soil Testing）是联合国推行的一项环境友好型技术，该技术有助于缓解因化肥过量施用而形成的农业面源污染。它以土壤测试和肥料田间试验为基础，根据作物需肥规律、土壤供肥性能和肥料效应，在合理施用有机肥料的基础上，提出氮、磷、钾及中、微量元素等肥料的施用数量、施肥时期和施用方法。通俗地讲，就是在农业科技人员指导下科学施用配方肥。配方肥技术的核心是调节和解决作物需肥与土壤供肥之间的矛盾。通过有针对性地补充作物所需的营养元素，作物缺什么元素就补充什么元素，需要多少补多少，实现各种养分平衡供应，满足作物的需要；达到提高肥料利用率和减少施肥量，并达到提高作物产量、改善农产品品质、节省劳力、节支增收的目的。

（2）实施步骤。配方肥技术包括“测土、配方、配肥、供应、施肥指导”5 个核心环节：测土环节，通过开展土壤氮、磷、钾及中、微量元素养分测试，了解土壤供肥能力状况；配方环节，通过总结田间试验、土壤养分数据等，划分不同区域施肥分区，同时根据气候、地貌、土壤、耕作制度等的相似性和差异性，结合专家经验，提出不同作物的施肥配方并进行校正试验；配肥环节和供应环节，主要采用工厂化加工形式配肥，并采用市场化运作、网络化经营向农户供应（销售）配方肥；施肥指导环节，通过示范推广、广泛宣传等方式提高农民科学施肥意识和配方肥技术有用率。

按农业面源污染治理政策分类方法，配方肥技术推广政策属于自愿计划型政策。

2.2 理论基础

2.2.1 总分析框架："压力—状态—响应"分析框架

2.2.1.1 基本的理论内容

"压力—状态—响应"（Press－State－Response，PSR）政策分析框架首先由Rapport 和 Friend（1979）提出，"压力"是指自然干扰或人为干扰给环境带来的影响与胁迫，包括污染产生途径以及产生的污染量；"状态"是指在压力下的环境状态，包括环境质量、自然资源以及生态系统的支持能力；"响应"是指人类面临环境问题时所采取的对策。其分析的思路是：人类的活动造成污染，给环境施加了压力，这种压力改变环境状态，进而影响到人类的原有生活秩序和生存发展状态，因此，人类社会会自觉或不自觉地对此作出响应。

农业面源污染事件中，"压力"是指农民生产与生活产生农业面源污染，它是污染产生的原因（包括途径等），对环境质量和社会可持续发展产生负效应；"状态"是指不断排放的污染造成环境质量下降后，环境所呈现出的状态，表示发生了什么；"响应"是指政府对农业面源污染所采取的有效治理措施，它对环境质量和社会可持续发展产生正效应，它既包括对已有污染进行治理，又包括通过治理政策减少农户产污行为以达到源头削减污染量的目的。其中，农户对农业面源污染治理政策的响应及行为调整是农业面源污染治理的关键环节。正如上文所述，农业面源污染治理主要采取源头控制对策。压力、状态以及响应三个因子之间的作用机制如图 2－1 所示。

2.2.1.2 本书的理论借鉴

本书的理论借鉴就是将"压力—状态—响应"政策分析框架作为全书的逻辑分析框架。在宏观层面，江苏省农村居民的生产与生活行为造成农业面源污染物的排放（压力），并导致环境质量下降（状态），于是政府采取治理政策（响应）。更进一步地讲，农户对各种治理政策予以响应，最终又重新改变了对自然界的"压力"。政府通过农户反应行为调整状况而不断修正政策，以达到保护环境的预期目的。

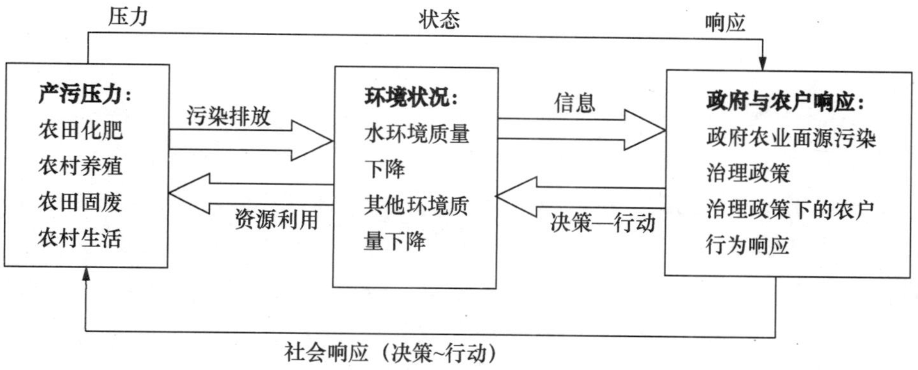

图 2-1 “压力—状态—响应”政策分析框架示意

资料来源：作者在彭立颖等（2008）文献基础上改编而得。

2.2.2 环境库兹涅茨曲线理论

2.2.2.1 理论基本内容

环境库兹涅茨曲线描述现象如下：一国（地区）环境污染情形与该国（地区）经济发展水平呈“倒 U 形”关系，即经济发展水平较低时，环境污染较轻，随着经济发展水平提高，环境污染逐渐恶化，到达一定顶峰（拐点）后，环境污染又伴随着经济发展水平提高而逐渐好转。

2.2.2.2 本书的理论借鉴

本书的理论借鉴是利用该假说对江苏省农业面源污染量与经济增长的关系进行验证，验证的模型设计为：

$$N = \beta_0 + \beta_1 Pergdp + \beta_2 Pergdp^2 + \varepsilon \quad (2-1)$$

$$P = \beta_0 + \beta_1 Pergdp + \beta_2 Pergdp^2 + \eta \quad (2-2)$$

式中，N 和 P 分别表示江苏省 t 年农业面源污染总氮排放量和总磷排放量；Pergdp 表示江苏省 t 年人均 GDP 值，相对于总量 GDP，人均 GDP 更能反映经济发展水平变化对环境污染的真实影响；β_0、β_1 与 β_2 分别为模型系数；ε 和 η 分别为随机误差项。模型估计结果存在以下几种情况：

（1）当 $\beta_1 \neq 0$，$\beta_2 = 0$ 时，经济增长与环境污染之间为线性关系；

（2）当 $\beta_1 < 0$，$\beta_2 > 0$ 时，经济增长与环境污染之间为“倒 U 形”关系，且此时拐点为 $Pergdp^* = -\frac{\beta_1}{2\beta_2}$；

（3）当 $\beta_1 > 0$，$\beta_2 < 0$ 时，经济增长与环境污染之间为“U 形”关系。

2.2.3 农业面源污染经济影响因素理论

2.2.3.1 理论基本内容

从经济学视角探讨经济增长与环境污染关系的方法之一就是分解分析法，即将污染分解成几种不同的经济效应，然后分别就各种效应探讨其对环境污染的影响。胡鞍钢（1993）将环境污染分解成三种效应，分别为人口增长效应、经济规模效应和技术进步效应。Grossman 和 Krueger（1995）把经济增长对环境污染的影响也分解成三种效应，分别为经济规模效应、经济结构效应和技术进步效应。同时，根据 Roca 等（2001）的研究，经济增长后污染治理政策与污染治理投入具有减污效应。在此将影响农业面源污染的经济影响因素梳理成如下几个因素：

第一，农业经济规模。在某一地区产业结构、技术条件不变的情况下，该地区经济规模越大，意味着消耗更多资源和产生更多污染（Dale，1998）。对于农业经济规模而言，在其他条件不变的情况下，农业经济规模越大，同样意味着消耗更多农业资源和产生更多农业面源污染物。

第二，农业结构。当产业结构中不同行业的污染排放强度不同时，产业结构的变化会带来污染物排放量的变化。当污染密集型行业所占比重上升或发展速度加快时，污染物排放量会加大；当污染密集型行业所占比重下降或发展速度放慢时，污染物排放量则会减少。对于农业结构而言，在其他条件不变的情况下，农业结构的变化对农业面源污染物排放量也存在着影响。农业结构可分为农业（含农、林、牧、副、渔）结构和种植业结构两个层面。中国农业结构正由过去“以粮为纲”的单一结构向农、林、牧、副、渔并举的多元结构转变，并表现为种植业比重下降和种植业中粮食比重下降（张红宇，2000）的趋势。

农业结构调整中伴随着种植业比重下降的是附加值较高的养殖业比重上升。农业结构调整的副效应是改变原有农业面源污染物排放的途径与结果。种植业污染以过量施用化肥和农田固体废弃物排放为主要形式，养殖业污染以饲料流失、养殖动物粪便排放为主要形式，单位产值之下种植业和养殖业污染排放量完全不同。同时，种植业的土地利用方式以耕地（包括水田）为主，养殖业的土地利用方式以旱地、牧地、渔业用地为主，不同土地利用方式下农业面源污染物排放系数不同。根据种植业和养殖业的农学特征，当农业结构由种植业向养殖业调整时，农业面源污染物排放量将增加。

种植业结构调整主要表现为粮食作物比重下降和经济作物比重上升。菜、果、花等经济作物的经济效益高，但生产过程中污染物排放量也较多，主要表现为：经济作物生产中化肥、农药使用量普遍高于粮食作物。对 31 个省（区、市）20 余种作物的调查显示，菜、果、花农田上单季作物氮肥纯养分用量平均为

569～2000千克/公顷，而作物氮素吸收总量一般不超过400千克/公顷，氮肥平均利用率仅为10%左右，远低于中国大田粮食作物35%的氮肥平均利用率（张维理等，2004）；同时，种植菜、果、花的农田由于集约化种植频繁而使用各种速溶化肥，使得土壤富含水溶性氮、磷，一旦遇到降雨就会引发大量的农田氮、磷排放。因此，当种植业结构中粮食作物比重下降和经济作物比重上升时，农业面源污染物排放量将增加。

第三，农业技术进步。技术进步与环境污染之间存在着复杂的关系，一部分技术有利于环境质量的改善，另一部分技术则不利于环境质量的改善。在经济发展水平较低时，技术进步提高了产出水平和对能源的需求，并造成污染增加；但随着经济发展，稀缺资源的价格与治污成本会上升，低效高污染的技术将被高效低污染的技术所淘汰，进而有利于污染物排放量的减少。技术进步还可以找到替代资源或者对已有废弃物的循环利用（Simon，1977），不仅不会造成经济系统崩溃，而且还会提高经济增长速度（Stiglitz，1974）。根据Grossman和Krueger（1995）的研究，虽然部分技术存在污染环境的负效应，但总体而言，技术进步对污染有负向影响。

对于农业技术进步而言，它主要通过改变农业生产方式（如各种新型栽培技术）、产生新的生产资料进行要素替代（如化肥代替有机肥）、产生新的管理方式（如规模化生产的管理方式）以及提供环境友好型技术（如配方肥技术等），对农业面源污染物排放量产生影响。一部分农业技术通过硬技术直接给环境质量带来好处，通过软技术优化经济增长方式和产业结构间接给环境质量带来好处。另一部分农业技术虽然在一定时期内可以促进农业经济增长，但是，这类技术却给社会造成相当大的农业面源污染，例如大量施用化肥虽然促进了农业增长、保障了粮食安全，但不可避免的是，化肥滥用也造成了大量农业面源污染物排放量，特别是氮排放量和磷排放量增加。

第四，农村人口规模。人口规模增加会给环境带来压力：它一方面会造成产品需求增加并带动经济规模扩大，另一方面会造成消费增加，这两方面均会导致污染物排放量的增加。对于农村人口规模而言，一个地区农村人口规模越大，意味着该地区与环境污染相关的生产、消费活动也越多，所造成的污染物排放量也越多。另外，农村人口规模越大，也意味着所产生的人粪尿和生活污水越多。

第五，农业面源污染治理政策。Roca等（2001）研究认为，环境治理政策、治理投入及其所产生的环境友好型生产行为可以减少污染物排放。Dinda（2004）也强调完善的环境治理政策和较高的环境治理效率可以改善环境。对于农业面源污染而言，政府通过制定农业面源污染治理政策，包括利用直接管制方法强制削减农业面源污染源、利用经济激励和教育等方法引导农户养成环境友好型生产与生活行为、投资于实施农业面源污染大型治理工程以及研发环境友好型技术，最终达到减少农业面源污染物排放量的效果。

2.2.3.2 本书的理论借鉴

结合上述影响农业面源污染的诸多经济因素，初步建立农业面源污染经济影响因素理论模型如下：

$$ANP = F\ (GDP,\ AS,\ PS,\ TEC,\ PE,\ ES) \quad (2-3)$$

式中，ANP 为农业面源污染；GDP 为农业经济规模；AS 为农业结构（农、林、牧、副、渔结构），PS 为种植业结构，两者共同表征农业结构因素；TEC 为农业技术进步因素；PE 为农村人口规模因素；ES 为农业面源污染治理因素。

2.2.4 污染形成与治理理论

2.2.4.1 农业面源污染形成理论

外部性（Externality）是农业面源污染产生的原因（见图 2－2）。农户按照净收益最大化原则进行行为选择，于是农户按私人边际成本与私人边际收益相等的点所对应的产量来安排生产 Q_1，并产生农业面源污染排放量为 P_1。考虑到包含污染成本在内的社会边际成本与社会边际收益相等的点所对应的产量为 Q_*，并产生农业面源污染排放量为 P_*。Q_* 与 P_* 分别为最优产量和最优污染量（并不是零污染）。Q_1 大于 Q_* 的差额为超额的低效率产出，P_1 大于 P_* 的差额为过度农业面源污染量。社会边际成本与私人边际成本的差值为边际环境成本，图 2－2 中 ACQ_1O 所围部分为治理环境污染的成本。

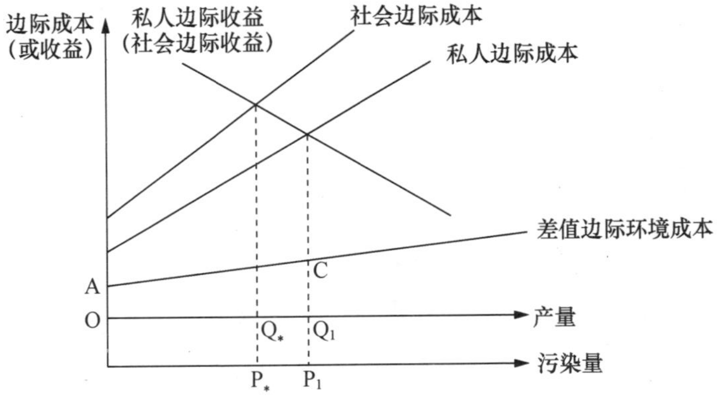

图 2－2 农户行为与农业面源污染形成模型

2.2.4.2 农业面源污染治理

农业面源污染治理是一个优化问题，纯粹物理角度的环境治理最优目标是解决全部污染问题，即产生污染可被环境净化为零；但经济视角污染治理的最优化并不意味着解决全部污染。仍以农户施肥为例，最优污染水平可用图2－3来描述。

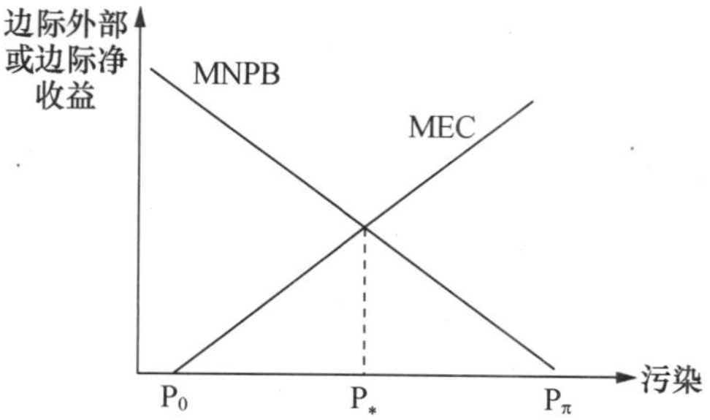

图2－3 农业面源污染治理与最优污染水平

图2－3中，MNPB为预期的边际私人净收益（Marginal Net Private Benefits），是改变一个单位经济活动水平所追加的净收益。由于边际收益递减原则，预期的边际私人净收益是一条向右下方倾斜的直线。农户预期私人净收益最大化时达到污染水平是P_π，也是政府无管制下的理论污染水平。

MEC为边际外部成本（Marginal External Cost），即农户农业生产活动产生的私人成本外部化部分（非农户自身承担的成本）。MEC与横轴始终交于P_0点，该点为污染阈值，当污染水平小于该点时，污染可以通过环境自我净化功能消除；但当污染大于该点时，则产生对环境（水体）的污染，并带来了外部性社会成本。当污染水平超过P_0时，由于边际成本递增原则，而向右上方倾斜。P_0点表示零污染水平。

两直线相交于P_*点，是MEC与MNPB两直线相交点所决定的污染水平。该点意味着边际外部成本与边际私人净收益相等，是经济视角的最优点（而不是零污染水平P_0点）。因此，从经济角度来讲，农业面源污染治理是将污染程度控制在一个合理量上，而不是将农业面源污染治理清零。

治理的经济手段：用于治理农业面源污染的经济激励型政策主要分成基于庇古税的税费政策和基本科斯定理的交易许可证政策两方面：

第一，基于庇古税的税费政策。庇古税是福利经济学家庇古提出的控制负外部性问题的一种经济手段，其实质是社会外部成本私人化。通过对污染者进行收税或者采取补贴，从而改变农户投入组合，最终达到缓解农业面源污染目的。

第二，基于科斯定理的交易许可证政策。科斯在1966年《社会成本问题》中表达了科斯定理的基本含义。针对庇古税主张对污染者进行征税，科斯提出还可以换一个角度来思考这个问题：污染具有相互性，当A产生污染影响到B时，避免对 B 的损害就会使 A 受到损害，因此要解决的真正问题是“是允许 A 损害 B，还是允许 B 损害 A，关键在于避免较严重的损害”。科斯认为只要市场的交易费用为零，无论产权属于何方（产权必须界定清晰），通过协商交易的途径可以达到同样的效果。科斯手段用于农业面源污染的政策设计就是可交易许可证（排污权交易）。

2.2.4.3 本书的理论借鉴

由理论部分可知，农业面源污染就是农户私人成本小于社会成本而产生的负外部性而导致的，从农户视角的治理原则就是纠正上述外部性。实践中，农业面源污染难以采取点源污染治理方式进行集中治理，而必须采取从农户源头进行治理的方式；上述农业面源污染的形成与治理理论为治理实践提供了必要的理论基础和治理原则。

2.2.5 农户行为理论

2.2.5.1 关于农户行为理论研究

农户是农民组织生产的基本单元，农民与国家、社会以及市场进行联系都是以户为单元进行的。农户是指生活在农村的，主要依靠家庭劳动力从事农业生产的，并且家庭拥有剩余所有控制权的、经济生活和家庭关系紧密结合的多功能的社会组织单位（卜范达、韩喜平，2003）。由于不同学派的学者对“农户行为”的“理性”理解与标准不同，导致对农户行为理论发展至今，至少有如下几种：

第一，理性小农学派。该学派的代表人物是舒尔茨（Schultz，1964），在《改造传统农业》一书中，舒尔茨认为农户以追求利润最大化为行为准则，小农如同资本主义企业家一样，都是理性经济人。波普金在其《理性的小农》中也提出类似的观点，认为农户是理性的个人或家庭福利的最大化者，两个学者的理论可概括成“舒尔茨—波普金命题”。同时舒尔茨认为发展中国家农户贫困的根源不是纳克斯所谓的“贫困恶性循环”而是“糟糕的政策”，正是“糟糕的政策”使得农业成为工业的牺牲品，农业被榨干。史清华（1999）利用这一观点恰当地解释了中国农村改革前后农业增长和农户收入的提高。

第二，生存小农学派。该学派的代表人物是恰亚诺夫，在《农民经济组织》（1996）中，恰亚诺夫认为农户的理性行为表现在满足自家消费和劳动辛苦程度之间的平衡，而不是利润和成本之间的平衡。农户追求的是风险最小化而不是利润最大化。这一理论可以较好地解释欠发达国家农户经济组织可以持续发展的事实。Scott（1976）也通过案例进一步证实了上述观点，并明确提出著名的“道义经济”命题：小农经济坚守的是“安全第一”而不是“收益第一”。该学派又被称为组织与生产学派（翁贞林，2008）。

第三，历史学派。该学派代表人物是黄宗智（美籍华人），在其代表作《华北的小农经济与社会变迁》和《长江三角洲小农家庭与乡村发展》中认为，由于缺乏就业机会（导致劳动机会成本为零）以及耕地不足的生存压力（投入大量劳动力），农户往往没有边际报酬意识并在边际报酬很低的情况下继续投入劳动，从而产生“总产出在以单位工作日边际报酬递减为代价的条件下扩展”的“过密化”现象。

第四，有限理性学派。由于人类行为并不满足标准经济学的三个基本要求：无限理性、无限控制力以及无限自私自利，人只是有限理性的。因此西蒙（1997，2001）提出人类对外界信息作出的反应受到理性因素和非理性因素的同时影响，人的行为理性是有限而非完全理性，决策标准是寻求令人满意的决策而非最优决策。

第五，其他学派，包括制度理性假说与社会化小农假说。在上述经典理论的基础上，郑风田（2000）提出了小农经济的制度理性假说，该假说认为农民的“有限理性”具有异质性，在完全自给自足的情况下，小农行为符合“生存小农学派”行为；在完全商品经济的情况下，小农行为符合“理性小农学派”行为；在介于两者之间的情况（在半自给自足的制度下），小农既为家庭生产也为社会生产，农民理性具有双重性。徐勇、邓大才（2006）提出了由于社会化程度不同，小农由原先（社会化程度低时）追求生存、效用最大化到现在（社会化程度高时）追求货币最大化。

2.2.5.2 本书的理论借鉴

农户的生产、消费和劳动力供给不仅受到自身约束的影响，还受到社会经济环境以及政策环境的影响。因此，农户的行为及其影响因素均可放在统一的经济模型中，根据最大化或者最小化原则来进行行为选择。本书的理论借鉴就在于考察农户的化肥施用行为和农户测土配方技术选择行为时，利用农户净收益最大化行为的理论假设，构建农户施肥行为决策如下：

假设农户以净收益最大化为行为准则，以农户生产稻谷为例，农户 i 可以自由地决定施用肥料，其行为准则受到“理性经济人”制约，即施肥的目的是为了达到期望净收益最大化，可用公式表达为：

$$\text{MaxEU}[\pi(\text{Fer})] = \text{MaxEU}[p_0 y_i \alpha_i - p_i \text{Fer}_i(y_i, \text{per}_i, \text{fam}_i, \text{cap}_i, \text{pol}_i, \text{oth}_i) s_i - b_{iv}(y_i) - b_{if}] \tag{2-4}$$

式中，y_i 是农户 i 的稻谷总产量；p_0 是稻谷的市场价格；α_i 是稻谷商品率；p_i 是氮肥的市场价格；Fer_i 是农户 i 单位稻田面积氮肥施用量；per_i 是农户的个人特征；fam_i 是农户的家庭特征；cap_i 是农户科学施肥能力；pol_i 是政府采取的治理政策；oth_i 是影响农户施肥强度的其他因素，农户单位面积氮肥施用量受到目标产量、农户个人特征、农户家庭特征、农户科学施肥能力以及包括政府治理政策在内的各种外界环境因素的影响；s_i 是稻谷播种面积；b_{iv}是稻谷生产中除氮肥以外的其他可变成本；b_{if}是稻谷生产中的固定成本。

农户的测土配方技术采用行为的决策如下：要使农户采用某项农业技术，就要使农户实现采用该技术的净收益最大化。进一步地讲，如果将采用农业技术的过程看成新旧技术应用效果对比的过程，则新技术得到采用的条件是采用该技术的净收益不会低于采用传统技术的净收益。在技术可以获利的前提下，促使更多的农户选择该技术就是最终目的。

$$EU[\pi(Fer_{tec=1})] - EU[\pi(Fer_{tec=0})] \geq 0 \quad (2-5)$$

式中，$EU[\pi(Fer_{tec=1})]$ 和 $EU[\pi(Fer_{tec=0})]$ 计算类似于式（2－4），其中 $Fer_{tec=1}$是指使用配方肥，$Fer_{tec=0}$是指使用普通肥。

2.3 文献综述

2.3.1 关于农业面源污染及其治理的文献综述

2.3.1.1 关于农业面源污染形成的影响因素

影响农业面源污染的形成因素有很多，除了受到土地利用方式（郑一，2002），农田耕作、农事活动和田间水肥管理特征（陈利顶，2000），地形地貌、土壤植被特征（关君蔚，1996；韦红波，2002），气候水文特征（傅涛，2002）等一系列自然环境因素的影响之外，还受到一系列经济社会因素的影响，具体包括农村经济规模、农业结构、种植业结构、农业技术进步、农村人口以及农业面源污染治理因素（可参见 2.2.3）。

2.3.1.2 关于农业面源污染治理必要性

我国各大湖泊以及主要河流水域基本都面临着水体的氮、磷富营养化威胁，而农业面源污染正是水质富营养化的主要原因（张维理，2004）。以 2005 年为例，巢湖、滇池、太湖流域的总氮和总磷负荷来自农业面源污染的总氮和总磷分别占 60%～70% 和 50%～60%，北京密云水库、天津于桥水库、云南洱海等水域，农业面源污染比重均超过其他污染（李远等，2005）。由于上述水域是饮用水的重要来源，水质下降形成水质性缺水，不仅影响生活和生产用水，还易引发疫病的大流行。2007 年 5 月无锡市“太湖蓝藻事件”，就造成无锡市区 70%、200 多万市民的饮用水供应危机，直接损失和间接损失难以估量。因此，我国已将水资源保护作为一项基本国策，并逐步采取相关治理政策以削减农业面源污染。

2.3.1.3 关于农业面源污染的治理目标

（1）效率目标。农业面源污染排放具有随机性、广域性、分散性等特点，按照目前的技术水平监测成本巨大。政策规制制定者若要实现广域的效率目标必将受制于繁重的信息负担。因此，农业面源污染治理政策的效率目标首先界定在某一特定地点（Site－specific）。按照 Ribaudo 等（1999）对效率目标的界定，某一地点某项农业面源污染治理政策实施后，其所引致的农业生产、生活或采用的技术至少须满足三个条件，该项政策才算达到效率目标。这三个条件是：首先，对每一个地点及其对应的投入来说，从该地点的投入中得到的边际净私人收益等于社会外部成本的期望值。其次，只有一个地点的收益大于它所导致的外部损害的期望值时，这个地点才可以投入。最后，技术是否可以被一个地点所采用，取决于该技术在该地点对期望社会净收益的增量是否大于或等于它对期望损害的增量。

（2）次优目标。由于农业面源污染排放的信息获得成本巨大而导致信息缺失，再加上执行、管理等其他交易成本，导致经济损失、环境污染损失以及减污成本之间的精确关系往往难以确定（Shortle 等，1998），因此农业面源污染外部性问题的最优解方程及约束条件往往难以建立，而更具有现实意义的是获得次优目标，如以最低成本来实现环境目标（Ribaudo 等，1999），即以相对较低的成本制定和实施政策，并达到一个比较合理的次优目标。

2.3.1.4 关于农业面源污染的源头治理

发达国家对农业面源污染治理主要采用源头控制对策（张维理，2004）。源头是指农业面源污染的产生源头——农户行为。通过制定强制性政策或者通过政府奖惩措施激励农民自愿采用环境友好型生产、生活行为从而达到减污作用。农业面源污染的源头治理对策是由农业面源污染本身的特点所决定的，由于农业面源污染物是以广域的、分散的、微量的形式进入地表及地下水体的（美国清洁水法修正案，1979），因此对其无法采用末端集中治理形式。

各国也在积极探索源头治理方法。以美国为例，采用农田最佳养分管理（Best Nutrient Management Practice，BNMP）政策，就是在全流域范围内，对农户农田轮作类型、施肥量、施肥时期、施肥品种、施肥方式进行规定，实施源头行为控制策略。同样以欧洲畜禽养殖为例，主要通过制定畜禽农田最低配置、化粪池容量、化粪池密封性等对农户的养殖行为进行源头控制。

但是，由于农业面源污染的不可监测性，源头治理措施的实施和监管仍然是农业面源污染治理的难点（朱兆良等，2006）。

2.3.1.5 关于农业面源污染的治理工具及分类

将农业面源污染的源头治理工具分成命令控制型工具、经济激励型工具以及自愿计划型工具三种基本形式。

第一，命令控制型工具（Command and Control Instrument，CAC）。该类工具是最传统的也是目前仍占统治地位的政策工具，它的控制基础是利用法律、法规或自上而下的行政命令发布标准或执行条例，对违规者进行必要的严厉惩罚。该类工具的最大优点是政策执行的“可监督性”和效果的“确定性”（Rousseau，2005），Opschoor 和 Pearce（1991）认为正是这一优点保证其在复杂的环境管理过程中能按计划发挥效果。经济合作与发展组织（1991）也认同上述观点，并认为其他政策，诸如经济激励等，只是作为该方法的补充；所有国家包括以市场为导向的美国，都主要采用标准（“命令—控制”）管理手段进行环境治理。

该工具还包括标准的制定。标准利用规章制度来要求生产者实现既定的环境目标或者采用有益于社会环境的管理方法。标准还可细分为设计标准和执行标准，设计标准被广泛用于农业非点源污染的控制上，包括化肥的用途、用量，在耕地上使用最佳管理实践，河岸缓冲带的建设标准等（Ribaudo，1999）；执行标准则强调结果的标准化且更具操作上的灵活性，因为生产者可以选择减少产量、增加减污投资或削减单位产出排污量来应对强制的排放标准（Sterner，2003）。

第二，经济激励型工具（Incentive Based，IB）政策，又称为市场化工具（Market - Based Instruments，MBIs）政策或者经济手段。同标准命令控制式政策相比，经济激励政策具有较强的灵活性，但同时意味着设计时对信息更多的掌握以及执行时更多的监督成本（Davies and Mazurek，1998；Freeman，1990），因此经济激励政策最初实施时并不是一帆风顺的。但总体而言，经济激励型工具与命令控制型工具相比有如下好处：①更符合成本效益原则。因为它提供多种选择，人们可以根据这些选择的成本效益分析做出最符合自身利益的选择。②为技术和管理创新提供更多的刺激，因为它的利益机制使人们认为采取保护环境的措施是有利可图的。③对于以面源控制为主的环境管理，经济激励型工具更有利于控制环境污染和破坏。经济激励型工具的两种基本形式是：税和费、可交易许可证。

税和费，即对排污者进行征税或收费，其理论基础是庇古税。如对施用有机肥采取补贴会鼓励农户多施有机肥；又如对化肥增税会导致农户减少化肥施用量。有研究表明针对投入的经济激励政策较其他经济政策而言，政策效果往往更具持久性，因为农户会持续减少价格高的投入并增加便宜的投入。对农业面源污染进行调节，除了可以针对投入进行经济激励以外，还可以针对产出进行激励。一个有效的方式就是对农业面源污染浓度（结果）采取管制措施。Segerson（1988）最早提出面源税与补贴税相结合的措施，认为在非常严格的条件下面源税能够成为一个纳什均衡有效解。当面源污染浓度低于目标浓度时，就会向污染个体者支付补贴，而当面源污染浓度超过目标浓度时则收取面源税。随后 Cabe、

Herriges（1992）和 Xepapadeas（1991，1992）做了进一步研究，并认为面源污染问题可以看作一种道德风险。原因在于，一方面，由于对投入选择的监测成本高昂，且生产投入、污染排放以及面源浓度关系很难确定；另一方面，污染个体在社会环境公共利益上所做的努力也存在着相当大的不确定性，因此农业面源污染可以被看成一个道德风险的问题。因此，农业面源污染治理绩效取决于在多大程度上可以减少环境“搭便车”行为。

可交易许可证（Tradable Permits），其理论基础是庇古税。可交易许可证是指在管制部门制定总排污量上限的前提下，向排污者发放（出售）排污许可证，该许可证在市场上可以自由买卖。排污者买卖交易许可证的驱动因素是因为减污成本和许可证购买成本不同，若前者高于后者则倾向于购买许可证，若前者低于后者则倾向于出售许可证。经济激励政策成本较低而在农业面源污染治理方面具有一定的优势和潜力，但该政策仍然难以替代标准等命令控制式工具。在治理实践中前者往往是后者的一个补充形式。

最典型的可交易许可证案例就是美国环保总局所鼓励的点源—面源污染交易计划（Randall 和 Taylor，2000）。在该政策设计中，农户如果实施最佳管理实践①可以获得许可证，而这些许可证可以出售给点源污染者。一般而言，在点源—面源污染交易计划中，买方总是点源污染者，而卖方总是面源污染者，其最优交易比率取决于执行点源污染和面源污染的污染削减的相应成本以及与非点源负荷相关的不确定性（Malik 等，1993）。通过该计划可以保证在一定范围内进行总污染负荷的控制。

当然实施点源—面源污染交易计划的关键在于面源污染的污染削减负荷量的取得，实践中有两种变通的方法来代替测量污染削减负荷量，一种是通过技术的方法（Technology - Based Approach），如通过观测农户最佳管理实践的采用情况；另一种是通过集体表现的方法（Collective Performance - Based Approach），观察非点源污染控制的总体水平②。

支海宇（2007）还设计了一套方案用于面源与面源交易，即根据地区的污染容纳能力，设计总污染量并换算成总化肥使用量（以化肥施用为例），然后以交易许可证的形式发放给每个农户，农户只能凭许可证购买化肥，化肥需求量超过许可证规定数量的农户可以通过购买许可证来获得化肥购买权。不过，如何科学测定每个农户的化肥合理需求量是该方案的难点所在。

第三，自愿计划型工具又称自愿方法（Voluntary Approaches，VA）。它指的

① 美国实施的一种污染控制技术。

② 仅需要测量污染负荷一次，而不是很多次。在交易中，是一群面源污染生产者与一个点源污染生产者进行交易。

是能够吸引农户自愿采取环境友好型生产（生活）行为或参与改善水质的其他自愿性项目的一种工具。该政策被称为建立在“胡萝卜”基础之上的政策工具（Segerson 和 Wu，2003）。目前美国和欧盟在农业面源污染治理实践中普遍采用该方法，但该工具的政策效果不是很稳定。

20 世纪 80 年代末以来，以环境税费和排污交易为代表的经济手段已经进入许多国家的主流环境政策之中，它们使环境政策建立在更灵活以及符合成本效益的基础之上。然而环境问题的扩张性、严重性和普遍性，以及公众对环境保护需求的日益提高，政府资源和能力的有限，使社会各界相关利益主体广泛参与有关环境政策、项目的制定和实施显得十分必要。要实施综合的环境管理，公共参与尤其关键。公众参与可以促使政府与污染者履行其职责，有利于防止污染者和行政部门只追求短期经济利益的行为，有利于水资源管理兼顾各方利益。目前公众参与程序在许多国家已经普遍融入各项环境管理和决策程序中，公众参与机制的建立和有效运作成了衡量环境管理制度完善程度的重要指标。作为公众参与重要组织形式的环保团体更是发展迅速，并在很多国家取得了特殊的参与权和起诉权，发挥着极为重要的作用。

由于政府传统的以命令控制为主的管制手段不足以实现复杂的环境管理和可持续发展的目标，自 20 世纪 80 年代中期以来，大量的以市场为导向的经济刺激手段被采用，90 年代以来大量的以自愿和合作为基础的公众参与机制的出现，正是人们日益认识到政府传统管制手段的局限性，积极探索新的环境管制手段的结果。农业面源污染不同于权、责、利关系清晰的点源污染，成本效益分析难以清晰，单一的政府管制和市场机制措施难以有效地解决农业面源污染。只有结合政府、企业与公民社会的互动，管制手段与市场机制、公众参与机制的融合，才能从根本上解决农村环境危机。

第四，其他政策（Ribaudo 等，1999），包括教育、责任或义务与研发等。

教育是告知农户如何使用科学技术以减少农业面源污染。但是教育的成功与否不是取决于技术在多大程度上减少了污染，而是取决于农业生产者在采用该技术后是否能取得净收益的提高。因此，教育设施的前提是该技术必须存在经济效益。教育还有一个显著的功效就是：一项被证明是经济可行且又能减少面源污染的技术推广过程中，同不采用教育相比，教育显然能够加速该技术的采用速度和采用强度。教育方式是治理面源污染的一项重要辅助工具。

责任或称为义务。排污者有向受害人给予补偿的义务，政府没有必要告诉排污者应该怎么做，但排污者要对自己事后的恶果负责。排污者承担责任的前提是恶果能被有效地监测且受害者必须诉讼胜出，因此，具有一定操作难度。但是从理论上“责任”仍能给排污者在考虑排污与否时提供事前激励。农业面源污染的特点决定了“责任”工具在使用时并不太胜任让排污者及时承担责任（Ribaudo，1999）。

研发。主要针对技术而言，它是减少农业面源污染政策中的一个重要组成部分，主要原因在于它可以提供实现环境目标的更直接有效的方法。但是，环境的公共产品属性决定不能指望农业生产者会进行技术研发，而只能有赖于公共政府投入进行技术研发。研发可以通过扩大备选的生产方式来达到减污目的。但是和“教育”工具一样，“研发”也只能是其他面源污染治理政策的一个有益补充。同时，研发能否真正实现其作用，还有一个至关重要的步骤就是“推广”环节，只有政府及相关组织积极向农户推广所研发的环境友好型技术，农户才有可能考虑使用该技术①。

2.3.2 关于经济增长与环境关系的文献综述

2.3.2.1 关于理论研究

采用经济学视角对环境进行研究，是近年来环境学和经济学研究领域的热点问题。关于经济增长与环境协调发展的理论研究主要有两大部分：第一部分是悲观主义与乐观主义之争，第二部分是经济与环境协调发展条件的研究。

首先，关于经济增长和环境关系的悲观主义与乐观主义之争。悲观主义者认为由于环境质量不断下降，经济增长存在极限。1972 年罗马俱乐部一些经济学家发表《增长的极限》一书，提出“应实现零增长”以避免环境遭受破坏。于是，经济增长与环境污染矛盾冲突不可缓和并导致经济增长存在极限的悲观言论引发了对经济与环境协调关系的持续研究。Mishan（1967）认为经济增长产生污染造成环境下降，使福利变为负效应。根据热力学第一、第二定律，环境的绝对稀缺性随经济增长会逐渐凸显（Georgescu，1971；Daly，1977），当经济活动规模及产生污染超过环境承载能力时，生态系统将崩溃，也就限制人类的经济增长（Siebert，1982；Opschoor，1992、1994、1995）。同时考虑环境恶化后的经济增长虽然给人们带来收入的提高，但人们的福利并不会随之提高，从此意义上说，经济增长存在极限（Myrdal，1974；Hueting，1980；Pearce，1990）。

乐观主义者则通过引入一些其他因素认为经济增长和环境可以协调发展，经济增长不存在极限。Cole（1973）在 Meadows 模型中引入新资源勘探、资源循环利用因素，认为只要资源增长的速度小于人口与消费的增长速度，经济系统就不会崩溃；Nordhaus（1973）在 Meadows 模型中引入技术进步及替代因素，认为经济系统不仅不会崩溃，而且还会加快经济增长速度。Ayres（1997）认为经济活

① 该技术是否被采用还取决于农户收益最大化原则下的权衡。

动虽然可以使一些物质和能量耗散，但它们并没能消失而转化为其他资源，如果技术进步将这些转化后的资源重新利用，经济增长也不会存在极限。Simon（1977，1981）则认为，资源在物质意义上稀缺并不是指经济意义上的稀缺，虽然资源物质存量有限，但其价格上升后，人们会利用各种技术找到其他替代资源。此外，由于产业结构、技术进步（Lecomber，1975）以及环境治理（Arrow，1995；Joachim 等，2002）等因素存在，使得资源投入量及环境污染的增长速度小于或等于经济增长速度，环境与经济存在协调发展的可能性。

其次，是经济与环境协调发展条件的研究。20 世纪 70 年代以后，主流经济学家主要借助于考虑环境因素的新古典增长模型和内生增长模型来探讨经济增长和环境协调发展的条件。20 世纪 80 年代以前主要是运用新古典增长模型，代表人物有 Dasgupta 等（1974，1979），研究认为如果可再生资源（如劳动、资本等）的生产要素与不可再生资源的替代弹性大于 1，二者可协调发展；Stiglitz（1974）考虑了人口增长因素，且假设技术进步率不变及资源边际产量不变时，当资本与资源间替代弹性大于 1 时，技术进步可以抵消资源稀缺性并带来经济的持续增长。20 世纪 80 年代以后主要是运用内生经济增长模型，如 Bovenberg 等（1995）在 Romer（1986）模型基础上将环境引入生产函数，Gradus 等（1993）和 Stokey（1998）将环境引入 AK 模型以及 Aghion 等（1998）将环境污染和不可再生资源引入新熊彼特模型中探讨经济增长和环境之间的关系，且均强调技术进步的重要性。国内研究则主要有王海建（1999）、何一农等（2004）、彭水军（2006）以及陈祖海（2006），研究方法基本与国外研究方法类似，处于跟踪国外研究阶段。

2.3.2.2　关于实证研究

经济增长与环境关系的实证研究基本上围绕环境库兹涅茨曲线假说而进行的（游德才，2008），关于环境库兹涅茨曲线的文献综述见 2.3.3 部分。

2.3.3　关于环境库兹涅茨曲线的文献综述

环境库兹涅茨曲线（the Environmental Kuznets Curve，简称 EKC 曲线）研究始于 Grossman 和 Krueger（1991）通过实证发现环境污染指标与经济增长呈现“倒 U 形”关系，环境库兹涅茨曲线描述现象如下：一国（地区）环境污染情形与该国（地区）经济发展水平呈“倒 U 形”关系，即经济发展水平较低时，环境污染较轻，随着经济发展水平提高，环境污染逐渐恶化，到达一定顶峰（拐点）后，环境污染又伴随着经济发展水平提高而逐渐好转。

2.3.3.1　关于环境库兹涅茨曲线的实证研究

Grossman 和 Krueger（1991）利用 32 个国家的面板数据分析，发现经济增长与环境污染从长期来说呈现“倒U形”，该成果于1993年发表问世。Shafik等（1992）研究证实了大气和水环境质量同国民收入的关系呈现“倒U形”，Panayotou（1993）在其呈送国际劳工组织的研究报告中首次使用库兹涅茨曲线的名称，并提出了环境库兹涅茨曲线的概念。接着，Seledn和Song（1995）运用Forster新古典主义环境增长模型对环境污染和经济增长之间的动态关系进行研究，证明二者确实存在“倒U形”关系。随后又有大量的研究用以验证环境与经济增长之间是否存在EKC曲线关系（见表2－1）。

表2－1 环境库兹涅茨曲线实证研究总结

作者	环境指标	国家数	取样年份	拐点
Grossman和Krueger（1991）	SO_2，SPM和微细尘浓度	32	1977，1982，1988	4772～5965（SO_2和微细烟尘）、SPM较低（1990年美元价）
Shafik和Bandy-opadhyay（1992）	SPM和SO_2浓度，水质	149	1972～1988	3670（SO_2）、3280（SPM）（1985年美元价）
Selden和Song（1995）	SPM、SO_2、NO_x和CO排放量	30	1973～1984	12275（SPM）、7114（CO）（1990年美元价）
List和Gallet（1999）	SO_2和NO_x人均排放量	美国48个州	1929～1994	20138（SO_2）、10778（NO_x）（1987年美元价）
范金等（2002）	SO_2、NO_x、SPM浓度、人均DUST	中国81个城市	1995～1998	21000942（SO_2）、SPM（5367610）、人均DUST（405.11）（1985年美元不变价）
彭立颖等（2008）	烟尘排放、工业废水排放、COD、SO_2	上海市	1981～2005	693（烟尘）、5676（工业废水）、5698（COD）、11305（SO_2）（1990年人民币不变价）
张红凤（2009）	烟尘排放、工业固体废弃物排放、COD、SO_2	山东省	1986～2005	5863（烟尘）、NA（固体废弃物排放）、2997（COD）、1078和22808（SO_2）（1986年人民币不变价）
张晖等（2009）	过剩氮	江苏省	1990～2007	12639（1990年人民币不变价）
梁流涛（2009）	总氮，总磷	全国31个省（市、自治区）	1990～2006	55238（氮）、36129（磷）（2006年人民币不变价）

资料来源：作者在彭立颖等（2008）文献基础上改编而得。其中SPM为总悬浮颗粒物，DUST为降尘量。

环境库兹涅茨曲线自提出以来，多被用于工业污染研究（周静、杨桂山等，2007），而运用于农业面源污染领域则较少，仅有张晖、胡浩（2009）对江苏省过剩氮和人均收入关系进行了环境库兹涅茨曲线验证，以及梁流涛（2009）对全国农业面源污染负荷和全国人均收入关系进行了环境库兹涅茨曲线验证，并且上述两文献均证明农业面源污染与人均收入呈“倒U形”关系。就EKC拐点而言，张晖等研究表明江苏尚未到达拐点，而梁流涛研究表明一些较为发达地区如上海、北京等地已过拐点。

2.3.3.2 关于环境库兹涅茨曲线的解释

在此基础上，Grossman和Krueger（1995）、Bruyn（1997）、Viguier（1999）、Hamilton（2002）等又开始着眼于引起环境变化的经济影响因素分析，认为经济增长主要是通过规模效应、结构效应、技术效应等因素影响环境及其变化。

环境治理政策的重要性。Dinda（2004）强调完善的环境治理政策和较高的环境治理效率可以改善环境，因为有效的环境治理政策使得污染物排放量的收入弹性小得多。Panayotou（1997）和Roca等（2001）甚至认为环境治理政策是导致环境污染与经济增长呈“倒U形”关系的根本原因。Torras等（1998）则强调环境治理政策虽不能改变EKC的形状，但可以使其更为扁平。张学刚（2010）认为环境污染与经济增长发展之间的正向同步增长关系是本质，“倒U形”是环境规制结果（治理）而不是内生机制。

除此之外，环境质量的收入弹性因素和国际贸易因素也可用于解释“倒U形”存在的原因。Dinda（2004）认为环境质量需求的收入弹性变化是EKC关系形成的原因之一，随着经济发展的提高，环境质量需求的收入弹性会变大一直到大于1，人们愿意放弃经济利益来改善环境质量。Taskin等（2001）、Roca等（2001）则认为国际贸易在EKC形状中发挥重要作用，一方面进口国家通过进口污染工业产品来减少本国污染，另一方面由于环境友好型技术的引进而带来环境的改善。

2.3.3.3 关于EKC模型使用数据

关于EKC验证所用数据，有截面数据、时序数据以及面板数据三种类型，其中不乏采用某一年的截面数据（Cross - sectional Data），且随着数据可得性的增强，利用多个国家或地区一段时间内的面板数据（Panel Data）进行EKC的实证研究也逐步增多。一个值得关注的问题是不同国家或者一个国家的不同地区经济发展形式、规模、结构与技术水平等均存在较大差异，因此，大量利用截面数据和面板数据的研究结论可能存在偏差。Roberts和Grimes（1997）利用世界银行和ORNL多年面板数据，分析了不同收入国家CO_2排放强度与人均GDP的关系，发现两者之间存在显著的“倒U形”关系。进一步讲，将研究对象国家按低、中、高收入分组后发现，只有少数富裕国家由于能源效率提高才真正跃过了拐点，而不是像先前笼统研究而得出很多国家跃过拐点的结论（Roberts等，1997）。因此，选取一定区域利用较长时间的时间序列数据分析经济增长与环境污染的关系，分析结果的代表性和可靠性较强（彭立颖等，2008）。

2.3.3.4 关于 EKC 模型的局限性

EKC 模型的局限性首先表现在 EKC 的“倒 U 形”是否一定能够被验证上。刘海英等（2009）认为 EKC 曲线具有特定的适应性，环境污染的路径并不是确定不变的，这种不确定来自经济的投入和产出结构、污染治理投入和环境政策等因素的综合作用。确实，环境污染与经济增长之间不一定都存在“倒 U 形”关系，还存在着其他关系形式，主要形式有“同步关系型”、“U 形关系型”和“N 形关系型”。“同步关系型”是指 EKC 的验证结果是经济增长和环境污染之间没有转折点，两者之间是同步上升的，得到该结果的可能原因是经济发展不能解决环境问题，而只能依靠技术改造和治理政策来削减污染（Roca 等，2001；Kwon，2005）。已有文献中发现环境污染与经济增长呈现“N 形关系”的研究不在少数，Shafik（1994）、Bruyn（1997）、沈满洪等（2000）、陈华文等（2004）、马树才等（2006）均通过研究获得某些污染指标与经济增长没有呈现“倒 U 形”，而是呈现“N 形”。该形状可以由“重组假说”来解释，主要是因为经济的过快发展和治理政策的软弱导致“N 形”关系存在。当然，EKC 的形状有时候还会受到计量方法、指标选择、研究对象以及数据来源的影响。

EKC 模型局限性还表现在 EKC 模型本身受到了很多挑战。EKC 模型本身没有考虑环境本身对污染的限制（蒋萍、余厚强，2010）。钟茂初（2005）认为 EKC 模型只是描述可能现象而不是普遍规律，生态环境随着经济发展而好转也只可能是局部的现象而不可能是整体现象，同时达到经济增长和环境维护之间的双赢难以达到。赵文君等（2004）通过对环境库兹涅茨曲线提出的背景及我国现实发展条件的分析，认为中国作为发展中国家，不能也没有条件走“先发展、后治理”的发展模型，而应该走“成本内部化”的循环经济发展模式。

2.3.4 关于农户行为与污染关系的文献综述

农户行为会形成农业面源污染，主要原因在于农户的行为是理性的、农户在对待环保的态度上是机会主义者以及农户是风险的规避者（韩喜平，2000）。由于污染外部性；污染成本没有被私人化地纳入农户的行为决策中，因此，农户的一些生产生活行为会产生农业面源污染。曹国等（2007）研究指出，可以通过提高农民的环保意识、加强土壤肥料的监测管理、增施有机肥、采用配方施肥技术、施用硝化抑制剂、改进施肥方法、选用适宜的耕作方法、优化栽培技术、运用新型肥料减少肥料用量等综合防治措施减少化肥污染造成的农业面源污染。刘东栋（2004）通过对华北高产区农民的环境保护意识研究得出农民对农业面源污染的环保意识不足，也对农业面源污染产生一定影响。

从农户微观视角对农业面源污染研究的文献主要集中在两类：一类是通过设计农业面源污染治理政策，分析农户可能的反应行为以及由此而产生的面源污染减少量。代表性研究有韩洪云等（2010）利用陕西省眉县189户农户的实地调查数据，采用选择模型法，分析了农户对于技术支持、价格补贴和尾水标准三项环境政策的可能反应和接受意愿，结果显示，相对于价格补贴与尾水标准，农户更愿意接受技术支持政策；张蔚文等（2006）利用浙江省平湖市的一个典型农民小组，采用线性规划法，分析了农户在各种政策下净收入变化以及面源污染可能减少量，结果显示，按照对农户净收入影响的优劣排序，则依次是补贴、投入税、技术推广以及禁令，而按照对氮排放量影响效果进行优劣排序，则依次是补贴、禁令、技术推广与投入税。

另一类则是通过研究农户的生产、生活行为及其影响因素，根据各影响因素作用方向及大小提出能够减少农业面源污染的政策建议。代表性研究有何浩然（2006）、马骥（2007）以及张利国（2008）分别以样本区域为对象研究了农户施肥行为及其影响因素，所涉及影响因素主要包括农户特征、农户家庭及经营特征、是否接受过技术培训和是否使用有机肥等几方面。何浩然等（2006）通过采用统计分析和构建计量经济模型的方法分析农户的施肥行为后认为，非农就业比率、农业技术培训、农民是否购买过低质化肥等因素均对农户施肥水平产生一些影响。农户家庭劳动力非农就业比率和农业技术培训对化肥的施用量有显著正的影响。他们指出，通过调整农业技术培训和推广的方向，规范化肥市场的环境，用环境立法和经济手段等措施可以有效地控制化肥施用水平。张利国（2008）以江西省189户水稻种植农户为研究对象，研究表明不同垂直协作方式下农户施肥行为不同，这些垂直协作方式形式如销售合同、生产合同、合作社以及垂直一体化等均有助于农户减少化肥施用量。

农户对环境友好型技术的采用有助于从源头上减少农业面源污染。有关农户的环境友好型技术采用行为的研究主要有：Arellanes和Lee（2003）对洪都拉斯北部农户采用Labranza Minima技术的研究，Moreno和Sunding（2003）对加利福尼亚州中心流域灌溉技术选择的研究，Payne等（2003）对玉米食根虫Bt种子技术采用情况的研究，黄季焜（1994）对水稻杂交技术采用情况的分析，方松海、孔智祥（2005）对保护地生产技术采纳的影响分析，以及喻永红等（2009）对水稻IPM技术采用情况的研究等。

综上所述，本部分主要从农业面源污染治理、经济增长与环境关系、环境库兹涅茨曲线以及农户行为四个方面对已有文献进行综述。通过上述文献梳理可以发现：第一，在EKC模型中加入生态环境因素的研究基本停留在理论阶段，在实证中引入环境限制条件的文献还不多见；而一旦在EKC模型中加入生态环境因素，EKC 曲线性质就会发生改变。第二，农户的环境友好型技术采用行为研究已经大量存在，但是关于农户测土配方技术采用行为的研究基本没有；同时，将配方肥技术推广政策作为一个农业面源污染治理政策，从经济学、社会学视角对其进行研究的文献也较少。已有关于配方施肥技术的研究主要集中在自然科学领域，如确定配方肥施用参数（王金荣等，2009；王林学等，2009）、利用 GIS 建立配方肥决策系统等（梁红霞等，2005；夏波，2007），经济社会学领域有代表性研究仅有张成玉等（2009）通过建立粮食作物的单产函数，得到农作物节本增收的有关数据。

2.4 本章小结

本章首先对书中所涉及的基本概念进行界定，包括对农业面源污染及其特征、“太湖蓝藻事件”以及测土配方施肥技术的概念进行界定；其次介绍本书的基本理论基础，理论基础侧重阐述“压力—状态—响应”分析框架理论、环境库兹涅茨曲线理论、农业面源污染经济影响因素理论、污染形成与治理理论以及农户行为理论，并运用相关理论构建了本书研究的理论分析框架，分别是基于“压力—状态—响应”的全书总体分析框架、江苏省农业面源污染与经济增长关系的环境库兹涅茨曲线假说分析框架、治理因素对江苏省农业面源污染影响的经济分析框架、农户施肥行为理论分析框架以及农户测土配方技术采用行为理论分析框架等。

文献综述部分主要对农业面源污染及其治理、经济增长与环境的关系、环境库兹涅茨曲线以及农户行为与污染的关系等方面的相关文献进行了回顾，结果发现：

第一，在 EKC 模型中加入生态环境因素的研究基本停留在理论阶段，在实证中引入环境限制条件的文献还不多见。一旦在 EKC 模型中加入生态环境因素后，模型中 EKC 曲线性质和治理的必要性就可能发生改变。因此，本书在江苏省环境库兹涅茨曲线基础上增加了生态环境因素（如安全警戒线等因素），重新分析了江苏省农业面源污染 EKC 曲线类型以及治理的必要性。

第二，已有关于配方施肥技术推广政策的研究主要集中在自然科学领域，经济社会科学领域研究较少。因此，本书首先是将该政策作为一个重要农业面源污染治理政策，研究该治理政策对江苏省农业面源污染总量和农户施氮行为的影响；其次对农户的配方肥技术的采用行为进行研究。

3 江苏省农业面源污染现状分析

江苏省是水资源丰富的省份，在全省10.26万平方千米面积中，水面面积占1.73万平方千米；境内河川交错，水网密布，长江横穿东西400多千米，大运河纵贯南北690千米，西南部有秦淮河，北部有苏北灌溉总渠、新沭河、通扬运河等，共有大小湖泊290多个，全国五大淡水湖，江苏得其二——太湖和洪泽湖①。然而2007年，江苏省无锡市发生了“太湖蓝藻爆发”并引致“水质性缺水”②事件，敲响了江苏省政府水环境治理的警钟。随着江苏省对点源污染的治理成效不断加强，农业面源污染逐渐成为当前和未来江苏省水环境治理的主要目标（王鸿涌，2009）。为了有效地完成江苏省农业面源污染及其治理的经济学分析，有必要了解农业面源污染主要的来源途径，估算江苏省农业面源污染排放总负荷值。

根据“压力—状态—响应”分析框架，本章主要回答的问题如下：江苏省农村发展中有哪些途径会造成农业面源污染并给环境带来压力？农业面源污染总量有多大？

3.1 江苏省农业面源污染途径

3.1.1 农田化肥污染途径

农田化肥是农业面源污染的重要途径之一。化肥作为农作物的养分，在提高农作物产量的同时也给环境带来污染，氮、磷等营养元素排放构成了农业面源污染的最重要部分。化肥污染主要表现在：农田施用的化肥随农田排水和地表径流进入水体，除此之外通过污染大气最后随降雨间接污染水体。氮肥在当季作物收

① 摘自《江苏统计年鉴》（2009年）。

② 水质性缺水是指不是因为水资源的人均占有量不足，而是因水源的水质达不到国家规定的饮用水水质标准而造成的缺水问题。

获时的去向及对环境的影响见表 3－1，其中 7% 的氮直接进入地表水或地下水，还有部分氮进入大气后形成酸雨污染水体。

表 3－1 我国农田化肥氮在当季作物收获时的去向及其对环境的影响

氮的去向	比例	对环境的影响
径流	5%	地表水富营养化，赤湖
淋洗	2%	地下水硝酸盐富集
表观硝化—反硝化	34%（其中 1.1% 为 N_2O-N）	形成酸雨，破坏臭氧层，温室气体，气候变暖
氨挥发	11%（旱地占 9%，稻田占 18%）	大气污染，酸雨
作物回收	35%	
其他	13%	该部分去向尚未有科学定论

资料来源：朱兆良等，2006 年。

江苏省化肥施用存在不合理问题，首先表现在绝对量上：2008 年江苏省化肥施用总量位列全国第三，仅次于河南、山东两省，达到 340.8 万吨；当然更有说服力的数据是化肥施用强度，这里用单位播种面积所施化肥量来表示化肥施用强度（后同）。计算结果显示，2008 年江苏省化肥施用强度位列全国第五，仅次于天津、海南、福建、广东，达到 453.7 千克/公顷，远高于全国平均 335.3 千克/公顷的水平，而江苏环太湖的一些县市，化肥施用量达到 500 千克/公顷以上（甚至部分地区达到 667.5 千克/公顷以上），是国家为防止化肥污染而制定的标准（225 千克/公顷）的 2 倍多。以江苏省水稻、小麦种植施氮肥为例，氮肥适宜用量分别是 225～270 千克/公顷和 180～225 千克/公顷，而实际种植中江苏省水稻、小麦施氮量均远超过适宜用量。

近 30 年江苏省化肥施用总量及施用强度情况见图 3－1。由图 3－1 可知，化肥施用总量 2001 年以前一直呈上升趋势，2001 年以后出现小幅下降，并在 2003 年降至 334.67 万吨，2003 年以后又呈上升趋势；直到 2006 年开始又出现小幅度下降；化肥施用强度则在 2002 年和 2006 年分别有小幅下降。综上所述，近 10 年江苏省化肥施用总量及施用强度虽然有过小范围波动，但总体呈现上升趋势；不过，在 2006～2009 年各年度化肥施用总量和施用强度均呈现逐年下降的迹象，说明江苏省近年来化肥施用正向合理化方向迈进。

图 3－2 反映的是 2009 年江苏省 13 市化肥施用量和化肥施用强度。化肥施用总量位列前 4 名的分别是徐州市、盐城市、宿迁市和连云港市。化肥施用强度位列前 4 名的分别是徐州市、连云港市、宿迁市以及淮安市。以上信息均说明除了苏南（如太湖流域）存在广为人知的化肥高投入以外，江苏省其他市（特别是苏北诸市）化肥施用总量和施用强度其实较苏南、苏中等地更高。

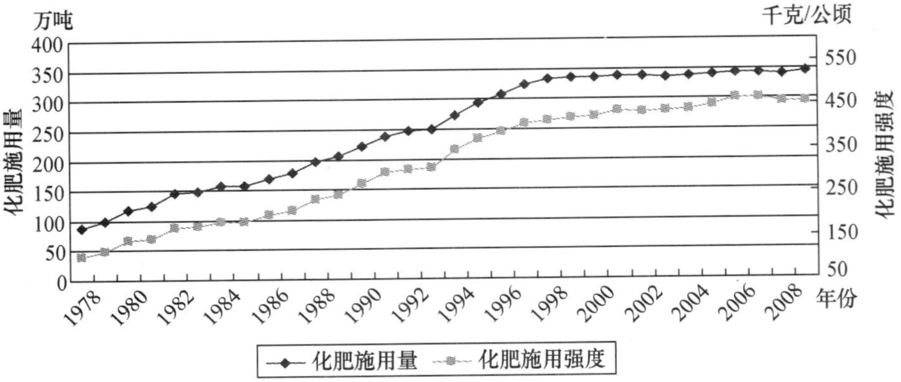

图 3-1　江苏省历年化肥施用量与施用强度情况

资料来源：作者根据历年《江苏统计年鉴》、《中国农村统计年鉴》数据计算而得。

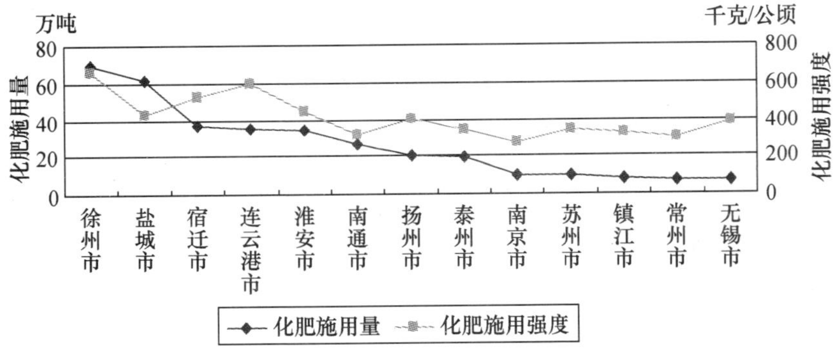

图 3-2　2009 年江苏省各市化肥施用量和施用强度情况

资料来源：作者根据历年《江苏统计年鉴》、《中国农村统计年鉴》数据计算而得。

江苏省化肥施用存在不合理问题，还表现在肥料营养元素配比不合理上：氮、磷等单一肥料施用偏多，因地制宜的复合肥或富含其他微量元素的肥料施用偏少。根据“木桶理论”（Buckets Effect），农作物生长受限于植物所缺少最严重的“短边”营养元素。农民在实际耕作中往往过分追加氮肥以提高产量，忽视有针对性地补充“短边”元素，结果导致一方面农作物生产速度得不到更大程度的提高，另一方面导致氮肥施用过量。

3.1.2　其他污染途径

3.1.2.1　农田农药

农田所施农药也是农业面源污染的途径之一。农药对水的污染主要表现在如下几方面：①农田施用的农药随雨水或灌溉水向水体迁移；②农药生产加工企业的废弃物向水体的排放；③大气中的残留农药随降水进入水体；④施药工具和器械残留农药的清洗进入水体。农药在灌水、降水等雨淋作用下污染水体，不同水体遭受污染的程度由小到大依次是：海水、深层地下水、河流水、浅层地下水、塘水、径流水、田沟水、农田水（李贵宝等，2003）。

江苏省农药用量大，是江苏省农药使用方面的第一大问题，由图3-3可知，江苏省农药施用总量和施用强度总体呈先上升后下降形态，施用量和施用强度均在2005年前后达到峰值，以后有所下降，但仍居全国高位。顾培（2005）研究表明江苏省农药施用强度远高于全国平均水平，部分地区的施药强度甚至达到全国平均水平的3.57倍。另外，单位面积每年施用的农药次数在增加，以太湖流域为例，20世纪70年代施药2~3次，80年代施药4~5次，90年代施药6~7次，近年来已达8~10次。施用方式落后是农药使用的又一问题。喷施是江苏省农药施用的主要方式，导致农药的利用率只有20%~30%，其余部分均以各种形式排放到环境中（包括水体）。当然，农药使用中也呈现出可喜现象，主要表现在低毒高效低残留农药比例上升，高毒高残留农药比例下降。

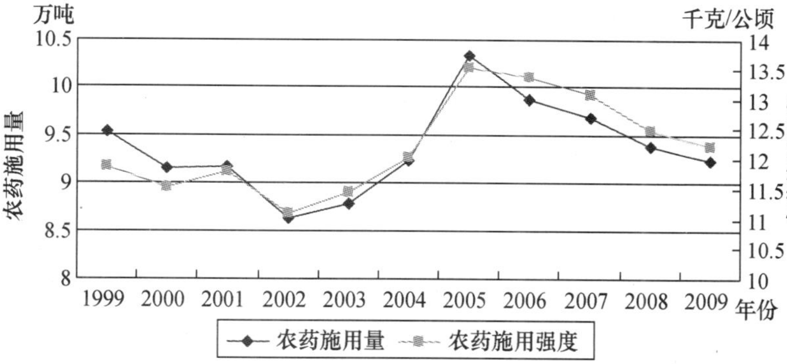

图3-3 近10年江苏省农药施用量和施用强度情况

资料来源：作者根据历年《江苏统计年鉴》、《中国农村统计年鉴》数据计算而得。

3.1.2.2 畜禽养殖

畜禽养殖污染也是农业面源污染的重要途径之一。改革开放以来，随着江苏省经济发展以及人们对肉禽产品日益增长的需求，江苏省畜禽养殖业有了长足发展，畜禽养殖业在农、林、牧、副、渔中的比重由1978年的15.85%上升到2009年的22.9%，其在1994年达到峰值29.26%，1994年至今总体呈回落趋势，只有个别年份（如2008年）有所反弹。从畜禽养殖数量（见表3-2）来看，除了牛存栏量有连年降低趋势以外，其他类别畜禽养殖头数均在2007年以前持续增长，在2007年显著下降，2007年以后又呈上扬态势。从畜禽养殖业主要产品产量（见表3-3）来看，猪肉、羊肉、牛肉产量均在2007年发生较大减幅，2007年以后又有所增加，唯有禽肉基本呈现连年增加趋势。需要说明的是，表3-2中，牛、羊因饲养期超过一年养殖总量用年末存栏量计，猪、家禽因饲养期少于一年养殖总量用当年出栏量计。

表3-2　1978~2009年江苏省畜禽养殖业的发展情况

单位：万头（只、羽）

年份	年末牛存栏量	年末猪出栏量	年末羊存栏量	年末家禽出栏量
1978	109.94	1326.12	540.53	7167.45
1980	98.52	2071.12	545.73	7855.42
1985	68.06	2012.55	400.56	22960.90
1990	71.48	2116.62	850.80	22577.21
1995	99.06	2754.90	1273.89	33812.55
2000	59.14	2787.35	1022.97	57275.30
2005	64.61	2974.88	1174.99	61706.20
2006	64.30	2977.32	1186.50	61205.20
2007	33.31	2431.10	404.67	64241.70
2008	34.26	2604.30	410.69	68230.50
2009	33.90	2748.10	426.50	70000.50

资料来源：历年《江苏统计年鉴》、《中国农村统计年鉴》。

表3-3　1978~2009年江苏省畜禽养殖业主要产品产量

单位：万吨

年份	牛肉	猪肉	羊肉	禽肉
1978	—	21.11	—	—
1980	0.42	104.04	2.78	—
1985	0.65	135.61	13.18	20.45
1990	1.61	140.03	6.32	34.90
1995	3.97	156.68	10.74	84.33
2000	5.12	206.54	15.75	96.51
2005	5.71	218.54	17.88	104.60
2006	5.42	218.71	17.87	103.71
2007	2.80	183.60	7.10	107.40
2008	2.97	194.93	7.00	112.83
2009	3.26	204.48	7.50	120.39

资料来源：历年《江苏统计年鉴》、《中国农村统计年鉴》。表中“—”为年鉴中缺失数据。

伴随着畜禽养殖数量的增长，单位养殖产出所带来的农业面源污染强度也与日俱增。主要原因在于：第一，畜禽养殖场排放的废渣，清洗畜禽身体和饲养场地、器具产生的污水随着现代养殖业用水增加造成污水量的增加。如牛、猪、鸡养殖场棚圈冲洗、卫生用水增加。以牛为例，每头牛每天需用水 50 升。大量的排泄物随用水进入水体。第二，以前畜禽养殖产生的大量有机肥可还田利用，而如今由于人工成本以及机会成本的提高，大量畜禽粪便唯有随水冲走形成污染。第三，农村养殖从散养向集约化养殖方式转化，在污水处理环节尚未解决之前，该养殖方式无疑大大增加了污染强度①。

3.1.2.3 水产养殖

江苏省水资源丰富，水产养殖所造成的农业面源污染不容忽视。水产养殖污染产生的农业面源污染主要表现为：随着养殖规模和养殖密度不断增加，水产养殖，尤其是集约化养殖、投饵养殖系统产生的废物，包括未被食用的残饵、养殖系统产生的排泄物和分泌物、化学品和治疗剂等进入水体，导致有机负荷增加、水华发生、生物多样性降低、病原体增加等（赵安芳等，2003）。近年来，江苏省水产养殖得到迅猛发展，从图 3－4 和图 3－5 可知，近年来江苏省人工养殖产量和人工养殖面积呈现逐年上升趋势。在减污技术和减污设施没得到改善之前，这势必给水环境带来巨大压力。

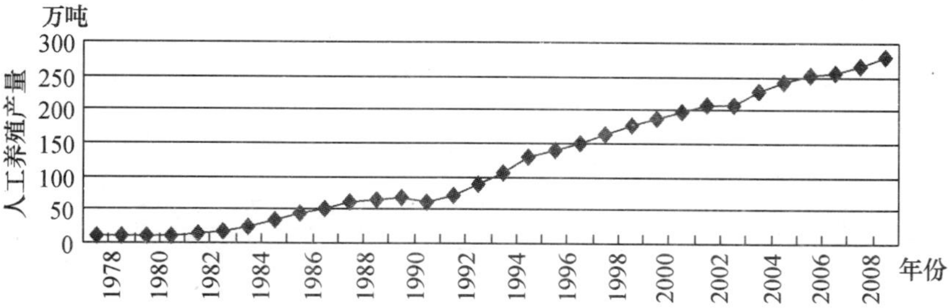

图 3－4　1978～2009 年江苏省渔业人工养殖产量变化趋势

资料来源：历年《江苏统计年鉴》、《中国农村统计年鉴》。

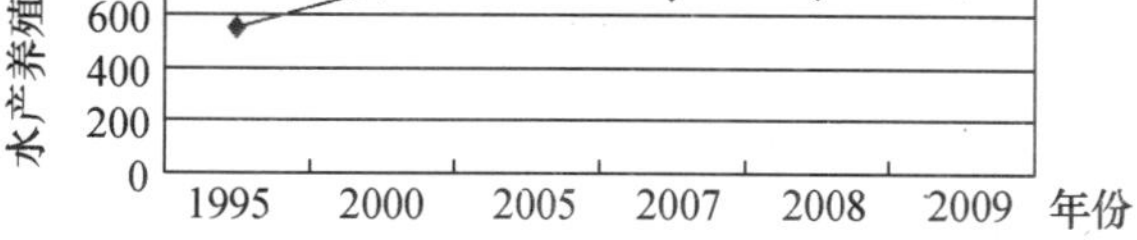

图 3－5　1995～2009 年江苏省水产养殖面积变化趋势

资料来源：历年《江苏统计年鉴》、《中国农村统计年鉴》。

---

① 污水处理环节若解决好，畜禽养殖污染将由面源污染转化为点源污染。

3.1.2.4　农田固体废弃物

农田固体废弃物主要是指农作物秸秆、蔬菜废弃物等农业（生产）垃圾，其产生量与农作物产量及利用率有关。江苏省农作物秸秆资源丰富，但随着农村社会发展，农田秸秆利用率逐渐下降和弱化，造成秸秆大量废弃（如随意堆积在田埂、路边、水旁），并跟随降水（尤其是暴雨）进入河道形成水体污染。蔬菜废弃物同秸秆相比，则更具有高营养成分特点，一旦腐烂变质更容易形成农业面源污染。

3.1.2.5　农村生活

农村生活污染主要是指农村人口产生的生活污水、垃圾等生活废物所形成的面源污染。江苏省内存在相当一部分地区农村生活污水处理设施几乎空白，农村生活污水、垃圾未经处理就直接入河形成农业面源污染。

综上所述，农田化肥农药、畜禽水产养殖、农田固体废弃物以及农村生活污染对水污染机制可归纳为图3－6。需要说明的是，以上各种途径除了可造成水体污染外，还会造成大气污染和土壤污染等，但本研究的研究重点主要是水体污染部分，因此，如无特别说明本研究后续所提农业面源污染主要针对的是水体的污染。

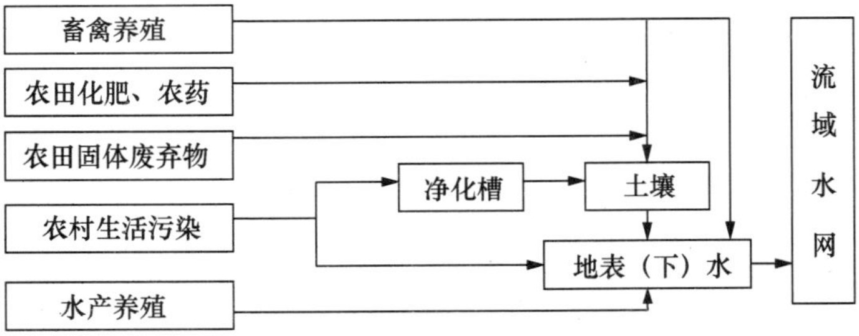

图3－6　农业面源污染对水资源影响机制

资源来源：作者在王鸿涌（2009）文献基础上改编而得。

3.2　江苏省农业面源污染排放量估算

3.2.1　单元调查法

农业面源污染具有分散性、隐蔽性、随机性、不易监测以及难以量化等特点，这就给农业面源污染估算带来了困难，已采用的估算方法有平均浓度法、水质水量相关法、单元调查法、数学模型法和清单法等。本研究拟以单元调查法，对进入水体的江苏省农业面源污染排放总负荷进行全面核算；其主要原因在于该方法建立了基于污染排放单元的污染评估手段，使之能够适用于较大区域的农业面源污染量估算。

利用单元调查法对农业面源污染核算具体过程包括5个相互联系的过程（见图3－7）。首先明确江苏省面源污染的主要来源并确认核算单元，本研究基于陈敏鹏（2006）的研究稍作修改①确定为化肥施用、畜禽养殖、水产养殖、农田固体废弃物以及农村生活污染5个污染单元②，并由此产生5个核算单元（见表3－4）。核算的主要污染物指标有总氮（TN）、总磷（TP）排放量两类，因为氮、磷元素是造成水体富营养化的主要限制因子（张维理等，2004；章明奎，2005）。

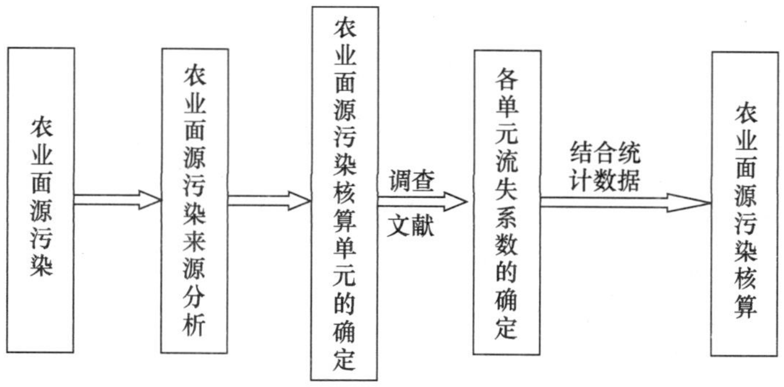

图3－7　单元调查法核算技术路线

表3－4　江苏省农业面源污染核算单元

污染来源	调查单元	调查指标	单位
农田化肥	氮肥、磷肥施用	施用量（折纯）	万吨
畜禽养殖	牛、猪、羊、家禽	存栏量/出栏量	万头（只）
水产养殖	鱼类、甲壳类、贝类	养殖产量	万吨
农田固体废弃物	稻谷、小麦、玉米、薯类、豆类、油菜籽以及蔬菜等	总产量	万吨
农村生活	乡村人口	农村人口	万人

资料来源：作者在陈敏鹏、陈吉宁等（2006）文献基础上改编而得。

① 考虑到江苏省大量水产养殖所产生的污染，因此增加水产养殖单元。
② 农药污染单元难以核算不予考虑（赖斯芸等，2003）。

接下来的核算步骤是：通过各个单元农业面源污染产生的过程及规律确定排放系数，再计算各个单元的农业面源污染物排放量，最后对以上各单元农业面源污染物排放量进行加总，得到所在地区农业面源污染总值。建立农业面源污染负荷估算模型如下：

$$E = \sum_{i} SU_i \rho_i LC_i\ (SU_i,\ \eta_i,\ C) \qquad (3-1)$$

式中，E 为进入水系的农业面源污染物的排放量；SU_i 为单元 i 指标统计数；ρ_i 为单元 i 污染物的产污强度系数；SU_i 和 ρ_i 之积是农业（村）污染物的产生量（产污量），即不考虑资源综合利用和管理因素时农业生产和农村生活造成的最大潜在污染量，它包括进入水体和不进入水体以及被生态环境自我净化消失殆尽三部分；LC_i（SU_i，η_i，C）表示单元 i 污染物的总排放系数，它由单元特性（SU_i）、资源利用率（η_i）和环境特征（C）决定，C 为区域环境、降雨、水文和各种管理措施对农业和农村污染的综合影响（赖斯芸等，2003）。SU_i、ρ_i 和 LC_i（SU_i，η_i，C）三者之积为进入水体的污染量（排放量），该值小于产污量。各单元污染排放量计算依模型分解如下，各单元所用系数均根据江苏以及周边地区相关研究结果获得。

3.2.1.1　农田化肥

化肥施用污染排放量等于化肥（氮肥、磷肥、复合肥）施用折纯量乘以总排放系数，排放系数按已有文献（陈玉成，2008；王鸿涌，2009；梁流涛，2009）口径计算。

3.2.1.2　畜禽养殖

畜禽养殖污染排放量等于畜禽养殖总量（存栏量和出栏量）、粪便产污系数以及排放系数三者之积。其中粪便产污系数和养分含量采用国家环保总局数据（见表 3－5、表 3－6），畜禽养殖的污染负荷总排放系数采用王鸿涌（2009）研究结果。统计的畜禽包括牛、羊、猪、家禽和兔，牛、羊因饲养期超过一年养殖总量用年末存栏量计，猪、家禽、兔因饲养期少于一年养殖总量用当年出栏量计。

表 3－5　畜禽粪便排泄系数　　　单位：头（只、羽）

项目	单位	牛	猪	羊	鸡	鸭	兔
粪	公斤/天	20	2	0.47	0.12	0.13	—
	公斤/年	7300	398	173.1	25.2	27.3	45
尿	公斤/天	10	3.3	—	—	—	—
	公斤/年	3650	656.7	—	—	—	25
饲养期	天	365	199	365	210	210	365

资料来源：国家环境保护总局（2002）。

表 3-6 畜禽粪便中污染物平均含量 单位：千克/吨

粪尿类别		COD_{cr}	BOD_5	NH_4-N	TP	TN
牛	粪	31	24.35	1.7	1.18	4.73
	尿	6	4	3.5	0.4	8
猪	粪	52	57.03	3.1	3.41	5.88
	尿	9	5	1.4	0.52	3.3
羊、兔	粪	4.63	4.1	0.8	2.6	7.5
	尿	4.63	4.1	0.8	1.96	14
鸡	粪	45	47.9	4.78	5.37	9.84
鸭、鹅	粪	46.3	30	0.8	6.2	11

资料来源：国家环境保护总局（2002 年）。

3.2.1.3 水产养殖

水产养殖污染排放量为人工养殖总产量与水产养殖污染物排放系数的乘积，人工养殖水产单位产量的水体氮、磷排放率根据《第一次全国污染源普查水产养殖业污染产排系数手册》而得。

3.2.1.4 农田固体废弃物

农田固体废弃物污染排放量为农作物产量、秸秆产出系数、养分含量、产污系数、利用结构以及相应利用结构下排放率的乘积，参与统计的农作物稻谷、小麦、玉米、薯类、豆类、油菜籽秸秆产出系数、蔬菜固体废弃物产生系数见表 3-7。各类农作物固体废弃物养分含量及产污系数见表 3-8、江苏省秸秆利用情况及相应排放率见表 3-9。

表 3-7 主要农作物秸秆粮食比和蔬菜作物固体废弃物产生比

农作物种类	稻谷	小麦	玉米	豆类	薯类	花生	油菜	油料
秸秆:粮食	0.97	1.03	1.37	1.71	0.61	1.52	3.0	2.26
蔬菜种类	白菜	莲白花	菠菜	西芹	生菜	青花	平均值	
废弃物:果实	0.51	0.7	0.31	0.58	0.36	6.36	1.47	

资料来源：作者在赖斯芸（2003）文献基础上整理而得。

表 3-8 农作物固体废弃物养分含量及产污系数

农作物类别	总氮		总磷	
	养分含量（%）	产污系数（千克/吨）	养分含量（%）	产污系数（千克/吨）
稻谷	0.6	5.82	0.05	0.42

续表

农作物类别	总氮		总磷	
	养分含量（%）	产污系数（千克/吨）	养分含量（%）	产污系数（千克/吨）
小麦	0.5	5.15	0.09	0.90
玉米	0.78	10.69	0.19	2.39
蔬菜	0.18	0.92	0.09	0.45
油料	2.01	45.43	0.14	3.06
豆类	1.3	22.23	0.14	2.24
薯类	0.3	1.83	0.12	0.67

资料来源：作者在赖斯芸（2003）文献基础上整理而得。

表3-9 江苏地区秸秆利用结构与相应排放率 单位:%

项目		肥料	饲料	燃料	原料	焚烧	堆放
利用结构		31.9	13.2	33.9	5.8	7.2	8
对应利用方式下养分排放率	N	15	0	0	0	0	50
	P_2O_5	5	0	0	0	10	50

资料来源：作者在赖斯芸（2003）文献基础上整理而得。

3.2.1.5 农村生活

农村生活污染主要分成生活废水和人粪便两部分，生活废水总氮和总磷的单位人口年产污系数分别为0.584千克/人和0.146千克/人，排放系数取100%；人粪便总氮和总磷的单位人口年产污系数分别为3.06千克/人和0.64千克/人，排放率见相关文献（张大弟，1997；钱秀红等，2002；梁流涛，2009）。合计得到单位农村人口农村生活污染TN和TP的排放强度分别为0.89千克/人和0.20千克/人。

3.2.2 数据处理

各单元历年所需统计数据化肥施用量（包括氮肥、磷肥、复合肥折纯量）。畜禽养殖产量、水产养殖产量、各种农作物产量、农村人口数量均来自历年《江苏统计年鉴》、《中国农村统计年鉴》以及《中国统计年鉴》。

3.2.3 模型估算结果与单元贡献率分析

3.2.3.1 江苏省农业面源污染排放总量

1978～2009年江苏省农业面源污染总氮（TN）和总磷（TP）的排放量见图3-8。计算显示，1978年江苏省农业面源污染总氮排放量为22.75万吨，总磷排放量为3.18万吨，2009年江苏省农业面源污染总氮排放量则上升至45.07万吨，总磷排放量则上升至5.54万吨。江苏省农业面源污染总氮、总磷排放量基本呈现稳步上升趋势，在1997年和2007年分别有两次较大幅度的下降。

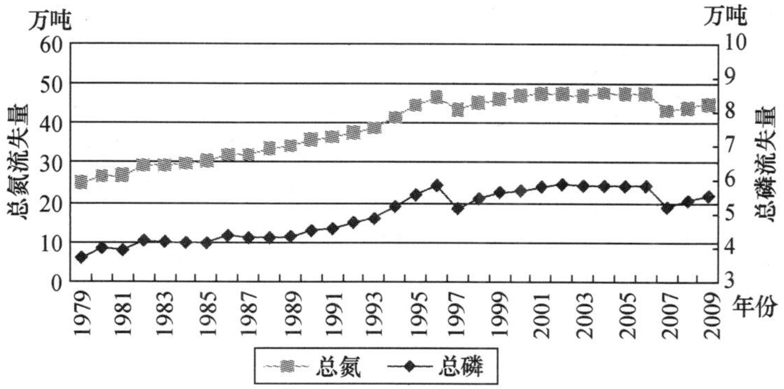

图3-8　1979~2009年江苏省农业面源污染排放总量

3.2.3.2　各单元污染贡献率

在获得江苏省农业面源污染排放总排放量的基础上，进一步分析各单元对总污染物的贡献率。各污染单元污染贡献率（单元排放量占排放总量百分比）见表3-10。

表3-10　1978~2009年江苏省农业面源污染排放贡献来源　　单位:%

年份	总氮（TN）					总磷（TP）				
	农田化肥	畜禽养殖	水产养殖	农田固体废弃物	农村生活	农田化肥	畜禽养殖	水产养殖	农田固体废弃物	农村生活
1978	32.07	41.24	0.26	6.62	19.82	12.35	54.80	0.57	0.70	31.58
1979	31.68	43.54	0.25	6.54	17.98	13.34	58.46	0.54	0.63	27.03
1980	34.97	42.35	0.26	5.54	16.88	15.39	58.36	0.54	0.56	25.15
1981	35.80	39.24	0.28	7.78	16.90	18.19	54.81	0.60	0.65	25.76
1982	37.65	37.23	0.30	9.19	15.62	20.78	53.70	0.67	0.68	24.17
1983	38.88	36.75	0.37	8.31	15.69	19.71	54.30	0.84	0.67	24.49
1984	40.32	35.35	0.49	8.13	15.71	19.21	53.82	1.12	0.68	25.16
1985	39.39	34.63	0.68	10.19	15.11	19.30	53.64	1.62	0.74	24.69
1986	40.08	34.24	0.84	10.48	14.36	19.92	53.80	2.01	0.74	23.52
1987	40.95	33.09	1.01	10.55	14.40	20.82	52.03	2.46	0.75	23.94
1988	44.13	31.93	1.14	8.88	13.91	20.26	51.94	2.87	0.71	24.21

续表

年份	总氮（TN）					总磷（TP）				
	农田化肥	畜禽养殖	水产养殖	农田固体废弃物	农村生活	农田化肥	畜禽养殖	水产养殖	农田固体废弃物	农村生活
1989	45.37	31.26	1.21	8.73	13.43	20.56	52.01	3.06	0.70	23.67
1990	45.62	31.03	1.22	8.91	13.22	21.04	51.80	3.10	0.69	23.36
1991	47.10	30.62	1.05	8.44	12.79	22.15	51.66	2.69	0.66	22.84
1992	45.92	31.20	1.25	9.15	12.48	22.21	52.01	3.12	0.69	21.98
1993	45.53	31.86	1.48	9.00	12.13	20.60	53.46	3.71	0.67	21.56
1994	45.77	32.56	1.66	8.67	11.34	20.88	54.23	4.20	0.63	20.07
1995	45.35	33.42	1.91	9.11	10.21	20.72	55.65	4.75	0.62	18.27
1996	45.31	34.49	2.06	8.29	9.85	20.99	55.99	4.94	0.58	17.51
1997	50.30	28.31	2.33	8.83	10.22	24.67	49.47	5.97	0.66	19.23
1998	50.30	30.19	2.43	7.42	9.67	23.11	52.36	6.10	0.57	17.86
1999	48.30	30.09	2.57	10.01	9.03	24.28	52.19	6.42	0.65	16.47
2000	47.14	30.66	2.75	11.35	8.09	23.55	54.08	6.78	0.69	14.91
2001	46.51	31.42	2.91	11.29	7.86	22.73	55.20	7.03	0.65	14.39
2002	46.25	32.20	3.12	10.80	7.63	22.78	55.51	7.30	0.66	13.75
2003	46.33	33.18	3.17	9.86	7.45	21.81	56.89	7.33	0.60	13.37
2004	45.65	32.36	3.43	11.39	7.17	21.80	56.47	8.00	0.65	13.08
2005	46.18	32.69	3.67	10.54	6.92	21.64	56.63	8.53	0.62	12.58
2006	46.15	32.51	3.85	10.72	6.77	21.57	56.54	8.91	0.64	12.34
2007	50.89	28.69	4.34	8.76	7.33	24.17	51.50	10.13	0.62	13.58
2008	49.64	29.95	4.44	8.89	7.08	23.31	53.01	10.17	0.62	12.88
2009	48.95	30.49	4.56	9.23	6.77	22.68	54.02	10.39	0.64	12.27
平均	43.89	33.40	1.91	9.11	11.68	20.83	54.07	4.58	0.66	19.86

资料来源：由作者计算而得。

由表3-10可见，平均而言，各污染来源对总氮排放量贡献率由大到小分别是农田化肥、畜禽养殖、农村生活、农田固体废弃物以及水产养殖，数值分别达到43.89%、33.40%、11.68%、9.11%以及1.91%。从数值比重来看，农田化肥单元是农业面源污染氮排放产生的最大贡献来源，畜禽养殖单元其次。

平均而言，各污染来源对总磷排放量贡献率由大到小依次是畜禽养殖、农田化肥、农村生活、水产养殖以及农田固体废弃物，数值分别达到54.07%、

20.83%、19.86%、4.58%以及0.66%。从数值比重来看，畜禽养殖单元是农业面源污染磷排放产生的最大贡献来源，污染贡献达半数以上，农田化肥单元其次，但两者仍存在差距，前者磷排放量是后者的2倍有余。

综上所述，从静态来看，农田化肥单元和畜禽养殖单元是江苏省农业面源污染总氮和总磷排放的两个主要贡献单元。

3.3 江苏省农业面源污染变化分析

上述的各单元污染排放贡献率分析重在分析各污染单元污染排放量占总污染排放量的比重，比较偏重于静态分析。以下部分则偏重于动态变化分析，重在分析在每个时期内哪个产污单元污染排放量变化是推动总量变动的最主要力量，相应的产污单元被称为最有活力的单元。

江苏省农业面源污染总量变化情况。图3-9反映各年度农业面源污染排放的年度变化情况，横轴以上部分表示变化率为正，横轴以下部分表示变化率为负。由图3-9可知改革开放以来，江苏省农业面源污染有过两次较大的负增长，分别是1997~2007年。1978~1996年，农业面源污染基本维持较大增长，且增长幅度起伏不定，经过一段时期下降到达低谷后又重新增加。1998~2006年，农业面源污染基本维持较小增长，且增长率有逐年下降趋势。2008年以后，农业面源污染又有所反弹。

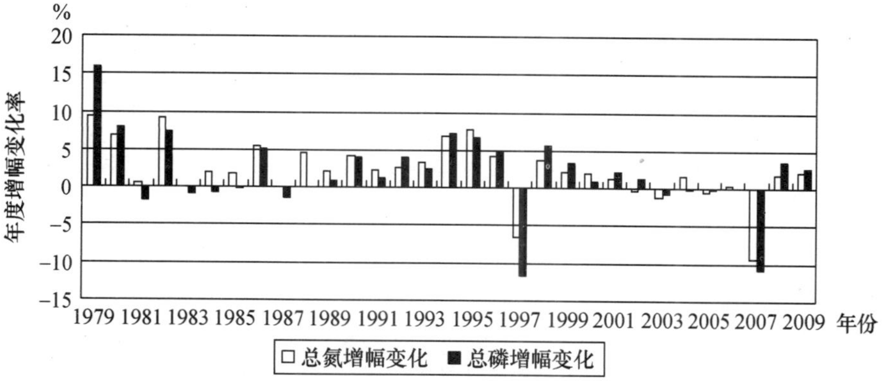

图3-9 1979~2009年江苏省农业面源污染排放量各年度增幅变化情况

注：横轴以上增幅为正，横轴以下增幅为负。

一个容易判断的事实是江苏省农业面源污染物的总变动是由各个污染单元变动的合力引起，但问题是哪一个或哪几个单元在整个变动中占据主导作用，是不是污染贡献率大的单元（3.2.3 研究结果）就一定是最活跃的单元？

接下来，主要采用分解分析法对江苏省农业面源污染变化进行分析。

利用分解分析法找出上述不同核算单元中，哪个单元的污染变动是驱动总污染变动的最主要原因，对应的这个产污单元将被称为“驱动污染总量变动的最活跃单元”。设农业面源污染可以分解为 n 个污染单元（污染途径），t 年整个地区农业面源污染总量 $ANPSP_t$（Agriculture Non－Point Source Pollution）可以写成 n 个分单元农业面源污染量 $ANPSP_{it}$ 之和，即 $ANPSP_t = \sum_{i=1}^{n} ANPSP_{it}$。对该式进行差分变换，且左右两边同除以 $ANPSP_{t-1}$，得到农业面源污染变化率方程为：

$$\frac{ANPSP_t - ANPSP_{t-1}}{ANPSP_{t-1}} = \sum_{i=1}^{n} \frac{ANPSP_{it} - ANPSP_{it-1}}{ANPSP_{it-1}} \times \frac{ANPSP_{it-1}}{ANPSP_{t-1}} \qquad (3-2)$$

该式又可变换为：

$$TC_t = \sum_{i=1}^{n} UC_{it} \times W_{it-1} \qquad (3-3)$$

式中，TC_t（Total Change）与 UC_{it}（Unit Change）分别表示一个地区总农业面源污染变化率和第 i 个单元产生的农业面源污染变化率；W_{it-1} 表示权重。农业面源污染变化率方程的含义是：一个地区的整个农业面源污染量变化率等于各个污染来源的农业面源污染量变化率的加权平均，权重为各污染源单元 t－1 年农业面源污染量与该地区 t－1 年所有农业面源污染总量之比。

将式（3－3）两边同除以 TC_t，则得到污染变化率的分解方程：

$$100\% = \sum_{i=1}^{n} \frac{UC_{it} \times W_{it-1}}{TC_t} \qquad (3-4)$$

该方程表明，某一污染源单元 i 对整个地区污染排放变化率的影响可用 CUC_{it} 表示：

$$CUC_{it} = \frac{UC_{it} \times W_{it-1}}{TC_t} \qquad (3-5)$$

根据式（3－5），各污染单元氮、磷排放变化对总氮排放变化的影响计算结果见表 3－11。

表 3－11　各污染单元氮排放变化对总氮排放变化的影响　　单位：%

1978～2009 年	总变化率	年平均变化率	农田化肥	畜禽养殖	水产养殖	农田固体废弃物	农村生活
总氮	98.08	3.16	**66.16**	19.53	8.95	11.89	－6.53
总磷	74.26	2.40	36.58	**52.97**	23.62	0.57	－13.74

总氮变动的最活跃驱动单元分析。1978～2009 年，江苏省农业面源污染总氮排放增加 98.08%，年均增长率为 3.16%；若设江苏省总氮排放总量变化为 100%，则农田化肥单元、畜禽养殖单元、农田固体废弃物单元、水产养殖单元以及农村生活单元 5 个单元变化分别占总变化的 66.16%、19.53%、8.95%、11.89% 以及 -6.53%（负号表示与总量变化方向相反）。根据数值大小判断，农田化肥污染单元氮排放量变化是驱动江苏省农业面源污染氮排放总量变化的最活跃单元。

总磷变动的最活跃驱动单元分析。1978～2009 年，江苏省农业面源污染总磷排放增加 74.26%，年均增长率为 2.40%；若设江苏省总磷排放总量变化为 100%，则农田化肥单元、畜禽养殖单元、农田固体废弃物单元、水产养殖单元以及农村生活单元 5 个单元变化分别占总变化的 36.58%、52.97%、23.62%、0.57% 以及 -13.74%。根据数值大小判断，畜禽养殖单元磷排放量变化是驱动江苏省农业面源污染磷排放总量变化的最活跃单元。

3.4 本章小结

本章主要是在确定江苏省农业面源污染主要来源途径的基础上，对江苏省农业面源污染总负荷进行估算和分析。

（1）江苏省农业面源污染来源途径研究。结合江苏省情况，首先，确定农田化肥、农田农药、畜禽养殖、水产养殖、农田固体废弃物以及农村生活是农业面源污染产生的最主要污染途径。其次，针对各个污染途径，分析其产污原因，以及历年统计值的变化趋势。

（2）江苏省农业面源污染排放负荷估算研究。农业面源污染物因不易监测及难以量化等特点，给农业面源污染估算带来困难，目前还没有一个完全精确与科学的面源污染估算方法。本研究选择单元调查法对农业面源污染物总负荷进行估算，估算结果表明 2009 年江苏省农业面源污染总氮排放量为 45.07 万吨，总磷排放量为 5.54 万吨；1978 年江苏省农业面源污染总氮排放量为 22.75 万吨，总磷排放量为 3.18 万吨；改革开放以后，江苏省农业面源污染总氮、总磷排放量基本呈现稳步上升趋势，在 1997 年和 2007 年分别有两次大幅下降。

（3）从静态的各单元污染贡献百分比来看。长期来看，江苏省各污染单元氮排放量占总氮排放量百分比由大到小分别是农田化肥、畜禽养殖、农村生活、农田固体废弃物以及水产养殖，数值分别达到 43.89%、33.40%、11.68%、

9.11%以及1.91%。从数值比重来看，农田化肥和畜禽养殖是农业面源污染氮排放的最主要来源，且两者所占比重基本相当。

长期来看，江苏省各污染单元磷排放量占总磷排放量百分比由大到小分别是畜禽养殖、农田化肥、农村生活、水产养殖以及农田固体废弃物，数值分别达到54.07%、20.83%、19.86%、4.58%以及0.66%。畜禽养殖来源和农田化肥来源是农业面源污染磷排放的主要来源，但两者仍存在差距，前者磷排放量是后者的2倍有余。

（4）从动态的污染变化率分解分析来看。1978～2009年，农田化肥单元、禽畜养殖单元分别是驱动江苏省农业面源污染氮排放变化和磷排放变化的最活跃因素。

正因为农田化肥单元既是农业面源污染总氮排放的主要贡献来源，也是驱动氮排放变动的最活跃因素，因此，在第6章将主要以农田化肥污染及其治理为例对治理政策下农户的响应行为进行分析。

4 EKC分析框架下农业面源污染与治理分析

环境库兹涅茨曲线（EKC）分析框架是已有研究对污染进行经济学分析的常用范式。根据EKC假说，环境污染与经济增长存在经验的“倒U形”关系。本部分的研究目标是对江苏省农业面源污染与经济增长之间是否存在“倒U形”关系进行验证。更进一步说，在传统的EKC分析框架中，引入生态环境因素试图重新解读EKC曲线类型，并尝试利用治理因素对EKC曲线“倒U形”形状进行解释。

4.1 江苏省农业面源污染的环境库兹涅茨曲线验证

4.1.1 环境库兹涅茨曲线概述

环境库兹涅茨曲线描述现象如下：一国（地区）环境污染情形与该国（地区）经济发展水平呈“倒U形”关系，即经济发展水平较低时，环境污染较轻，随着经济发展水平提高，环境污染逐渐恶化，到达一定顶峰（拐点）后，环境污染又伴随着经济发展水平的提高而逐渐好转。主要利用2.2.2理论分析框架对江苏省农业面源污染与经济增长关系进行环境库兹涅茨曲线验证，待验证的模型为：

$$N = \beta_0 + \beta_1 Pergdp + \beta_2 Pergdp^2 + \varepsilon \quad (4-1)$$

$$P = \beta_0 + \beta_1 Pergdp + \beta_2 Pergdp^2 + \eta \quad (4-2)$$

式中，N和P分别表示江苏省t年农业面源污染总氮排放量和总磷排放量；Pergdp表示江苏省人均GDP值。

4.1.2 变量定义与样本分析

对江苏省农业面源污染与经济增长关系进行研究时，本研究主要采用1978～

2009 年江苏省农业面源污染物的时间序列数据（Time Series Data），其结果具有一定的可靠性（彭立颖等，2008）。

农业面源污染数据，包括江苏省农业面源污染总氮排放量和总磷排放量均来自第 3 章测算结果。模型中以江苏省人均 GDP 作为衡量经济发展水平的指标，具体计算方法是江苏省 GDP 总量除以江苏省人口总量，两个指标数据均取自历年《江苏统计年鉴》。GDP 指标按 1978 年不变价格计算以剔除价格因素。各变量含义及描述性统计分析见表 4－1。

表 4－1 变量名称、单位及描述性统计分析

变量名称	符号	单位	均值	标准差	最小值	最大值
总氮	N	吨	385533.1	81977.0	227542.2	478332.8
总磷	P	吨	49065.4	7856.7	31767.3	58787.0
人均 GDP	Pergdp	元/人	8736.5	9452.8	762.2	35290.7

4.1.3 模型估计结果分析

利用 1978～2009 年江苏省相关数据，根据第 1 章研究方法，分别用农业面源污染氮排放指标和磷排放指标与人均 GDP 的关系进行回归检验。模型估计结果见表 4－2。

表 4－2 模型估计结果

变量	N	P
Pergdp	24.29*** (11.96)	2.32*** (11.27)
$Pergdp^2$	−0.00059*** (−9.53)	−0.000057*** (−9.02)
常数	270054.3*** (26.56)	38083.62*** (36.94)
$Adj-R^2$	0.8654	0.8493
F	93.20***	81.74***
Prob（F）	0.0000	0.0000

注：***表示通过 1% 水平的显著性检验；括号内数据为 T 值。

从表4－2可知，当因变量为农业面源污染氮排放量时，Adj－R^2 值为0.8654，这说明该模型对氮排放的解释能力为86.54%；F值较大，模型总体通过1%水平的显著性检验，说明模型中人均GDP因素一次项与平方项对氮排放的共同影响是显著的。同时人均收入的一次项系数为正，二次项系数为负，说明氮排放与人均GDP关系在一定时期内呈“倒U形”，拐点为20452.8元/人（按照1978年不变价）。

同时，当因变量为农业面源污染磷排放量时，Adj－R^2 值为0.8493，这说明该模型对磷排放的解释能力为84.93%；F值较大，模型总体通过1%水平的显著性检验，说明模型中人均GDP因素一次项与平方项对磷排放的共同影响是显著的。同时人均收入的一次项系数为正，二次项系数为负，说明磷排放与人均GDP关系在一定时期内呈“倒U形”，拐点为20349.1元/人（按照1978年不变价）。

最后，利用迪基—富勒（Dickey－Fuller）ADF检验法以及Engle和Granger的EG检验方法，对式（4－1）和式（4－2）所涉及变量进行平稳性检验和协整检验，结果表明农田化肥氮排放量和农田化肥磷排放量和人均GDP之间存在长期稳定的均衡。所以上述模型估计结果可信。

4.2 生态环境因素与环境库兹涅茨曲线类型

4.2.1 加入生态环境因素的环境库兹涅茨曲线

首先，我们需要在EKC曲线模型中加入生态环境概念，主要包括环境承受阈值线和安全警戒线，如图4－1所示。环境承受阈值线所对应污染物排放量是指生态环境所能承受的最大污染量，一旦污染量超过这个污染上限值，污染具有不可逆性；无论经济如何去修补环境，环境都不可恢复。安全警戒线所对应污染物排放量是指该污染物排放量已对环境产生一定影响，必须及时治理，是污染安全排放的极限值；在该点处，如果对环境污染及时做出“响应”，仍可以修复已遭破坏的环境。

如图4－1所示，在一定时间阶段内，点A、B、C分别是3个不同的“倒U形”曲线的拐点，其拐点污染物排放量（EKC曲线最大污染物排放量）分别是P_A、P_B、P_C。环境承受阈值线与纵轴相交的点为P_1，安全污染警戒线与纵轴相交的点为P_2。污染物排放量$P_A < P_2 < P_B < P_1 < P_C$。

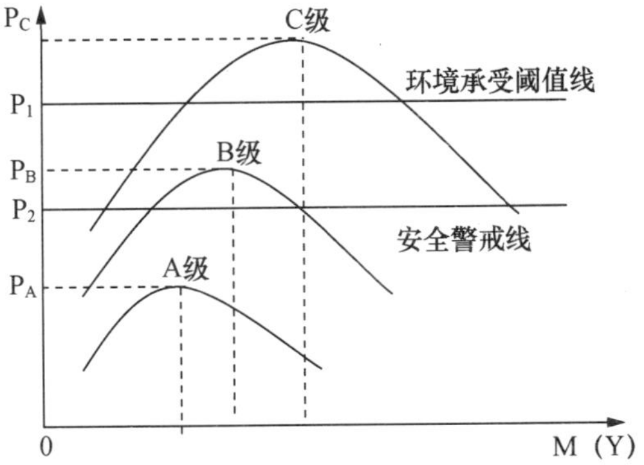

图4-1　引入环境承受阈值线与安全污染警戒线后的拐点

资料来源：作者在蒋萍（2006）文献基础上改编而得。

EKC污染级别。在其他条件不变的情况（原有的治理条件）下，拐点为A的EKC曲线（A级污染水平的EKC曲线），污染一直处于较低水平，没有达到安全污染警戒线（$P_A<P_2<P_1$），经济增长对环境造成的影响较小，说明经济增长规模、结构及政策措施比较合理，是经济增长过程比较理想的发展状态。

拐点为B的EKC曲线（B级污染水平的EKC曲线），拐点污染介于警戒线和阈值线之间（$P_2<P_B<P_1$），经济增长对环境已经造成恶劣的影响，但若采用及时有效的环境治理政策可以降低污染排放，并且被破坏的环境可以被修复；B级污染水平的EKC曲线，应当采取积极治理措施。通过治理会削减经济活动所产生的污染总量，在EKC形态上，就是使曲线更加"扁平化"（Torras和Boyce，1998；张红凤，2009），并整体降至安全警戒线以下。

拐点为C的EKC曲线（C级污染水平的EKC曲线），环境污染超过环境承受阈值值（$P_1<P_C$,），尽管可以采用一定的环境治理措施使污染排放有所降低，但是经济增长对环境造成了致命的影响。经济增长对环境造成了严重的负面影响，且所产生的污染量对环境的损坏是不可修复的。但即便经济增长产生的污染量对环境产生了不可逆的影响，也不能"破罐子破摔"从而导致生态环境的进一步恶化。

4.2.2　江苏省环境库兹涅茨曲线的污染级别判断

江苏省内目前水环境状况不容乐观，"太湖蓝藻事件"影响无锡市区70%、200多万市民的饮用水供应，直接损失和间接损失难以估量。

同时，江苏省2007年度农村地表环境质量监测结果表明，江苏省农村地表水功能区、乡镇及以上河流和行政村级河流水质总体上处于轻度污染状态。江苏全省共设置385个农村地表水功能区断面、1390个乡镇河流断面和14071个村级河流监测断面，其中，水质为Ⅰ～Ⅲ类的分别占48.0%、46.3%和38.3%，Ⅳ、

Ⅴ、Ⅵ类分别占 44.7%、48.9% 和 56.2%，劣Ⅴ类分别占 7.3%、4.7% 和5.5%。①

上述数据表明农村水污染现象在江苏省已较为普遍。虽然上述污染结果并不完全是由农业面源污染所致，但根据已有文献（张维理等，2004）中农业面源污染占污染总量的平均比重进行类推可得：江苏省农业面源污染已经造成江苏省水环境质量下降，农业面源污染物排放量已超过安全排放极限值。

综上所述，本研究大致判断：江苏省农业面源污染与经济增长关系的 EKC 曲线一定不是图 4－1 中的 A 级污染水平的 EKC 曲线，而是 B 级或者 C 级，拐点处污染程度已至少超过安全警戒值，所以治理的必要性显而易见。

4.2.3 进一步讨论

EKC 本身的政策含义是国家在经济发展的起飞阶段，必然伴随着环境的恶化，随着经济的好转，具备了环境治理的条件和实践后，环境会有所改善。但若将其直接用于讨论当前江苏省农业面源污染，它还存在局限性。

第一，正如 4.2.1 部分所述，EKC 模型一旦考虑了环境限制因素，治理必要性会加大，治理时间也需要提前。

第二，虽然 4.2.1 部分已考虑了环境限制因素，但也仅属于一个静态分析。所谓静态是指环境的各种限制条件是不随时间、地点而改变的。但是现实情况是，环境的安全警戒值有不断下降的倾向（见图 4－2）。

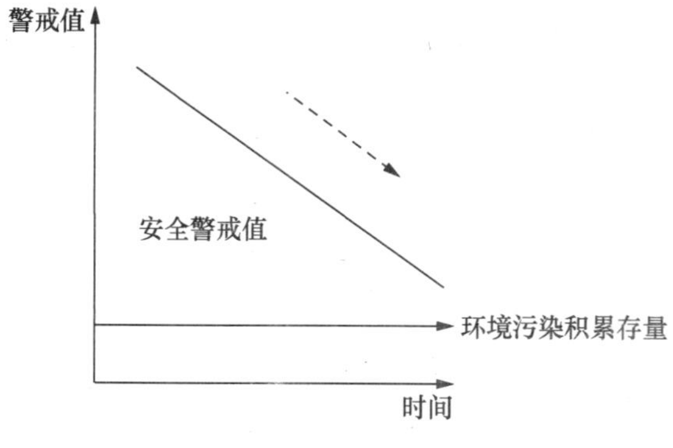

图 4－2 环境安全警戒值的变化趋势

图 4－2 说明，环境安全警戒线会随着环境质量下降而向下调整。其原因在于人类的经济活动对自然生态系统同时输入和输出大量不同品种物质，生态平衡遭到破坏，导致生态系统自动调节能力的降低，进而出现随着环境污染物的存量

① 江苏省农村地表水环境呈轻度污染状态，新华网，2008－03－31。

积累，环境安全警戒值下降。好比一个人，身体抵抗力强时，很多病菌才能导致生病；而身体抵抗力弱时，一丁点儿病菌也可能会导致生病。

图4－2还可以用于解释如下事实：发达国家在经济发展后期才出现污染问题，发展中国家却在经济发展早期就面临着类似的污染问题，主要原因就在于与发达国家相比，发展中国家所面临的环境安全警戒线已下降。发达国家先入为主利用早期丰厚的环境资源来发展经济（以耗费全球75%的资源为代价），享受着“优厚的环境待遇”；发展中国家却没有同样的发展机遇，随着发达国家对环境破坏的积累，发展中国家所面临的安全警戒线已低于同样经济发展水平下发达国家所面临的安全警戒线，再加上发达国家还源源不断地向发展中国家进行“污染输入”，进一步加剧发展中国家的环境污染问题。

第三，基于上述的分析，我们在4.2.2结论（江苏省农业面源污染EKC曲线虽然已过拐点，但是其污染级别不是图4－1中的A级，EKC曲线至少与安全警戒线相交）的基础上，还可以得到如下结论和启示：江苏省所面临的环境安全警戒线仍有不断下降的趋势，必须提前加强江苏省农业面源污染的治理工作。

4.3 环境库兹涅茨曲线分析框架下的治理必要性

4.3.1 环境库兹涅茨曲线分析框架下治理作用的理论分析

治理政策对环境库兹涅茨曲线“倒U形”关系解释的理论分析。假设经济中只有一个家庭且不存在外部性，家庭个体的帕累托最优就是全社会的帕累托最优。家庭效用函数表达式如下：

$$U = U(C, P) \quad (4-3)$$

式中，家庭消费量为C，消费量C会产生污染量为P。$U_C > 0$ 和 $U_P < 0$，分别表示家庭的效用随着消费量的增长而增加，随着污染量的增多而减少。污染量减少的途径有两种：一种是直接减少消费量进而减少污染量，另一种是对污染量进行治理。当对污染进行治理时需要投入资源量为E，再假设污染量P与消费量C和治理资源投入量E分别呈正相关关系和负相关关系，则污染是C和E的函数，表达式如下：

$$P = P(C, E) \quad (4-4)$$

式中，$P_C > 0$ 和 $P_E < 0$，分别表示污染随着消费的增加而增加，随着治理资源投入量的增加而减少。假定家庭收入一定，该收入可用于消费与治理，将消费

和治理相对成本标准化为1，则存在下式：

$$M = C + E \tag{4-5}$$

式中，M 即为家庭总收入。假设效用函数为式（4－6）：

$$U = C - zP \tag{4-6}$$

式中，z 是大于零的常数，表示污染的边际效用损失。再假设污染函数为式（4－7），并假定1个单位的消费会产生1个单位的污染，C 为治理前的总污染量，污染治理函数采用 C－D 函数形式。

$$P = C - C^{\alpha}E^{\beta} \tag{4-7}$$

家庭的行为选择方程就是在 M 一定条件下的效用最大化，即：

$$\begin{aligned} &\text{Max}U = C - zP \\ &\text{s. t. } P = C - C^{\alpha}E^{\beta} \\ &M = C + E \end{aligned} \tag{4-8}$$

设 z＝1 时，$C^{*} = \frac{\alpha}{\alpha+\beta}M$，$E^{*} = \frac{\beta}{\alpha+\beta}M$，

$$P^{*}(M) = \frac{\alpha}{\alpha+\beta}M - \left(\frac{\alpha}{\alpha+\beta}\right)^{\alpha}\left(\frac{\beta}{\alpha+\beta}\right)^{\beta}M^{\alpha+\beta} \tag{4-9}$$

则环境库兹涅茨曲线形状由式（4－9）导数决定：

$$\frac{\partial P^{*}(M)}{\partial M} = \frac{\alpha}{\alpha+\beta} - (\alpha+\beta)\left(\frac{\alpha}{\alpha+\beta}\right)^{\alpha}\left(\frac{\beta}{\alpha+\beta}\right)^{\beta}M^{\alpha+\beta-1} \tag{4-10}$$

当 $\alpha+\beta=1$ 时，式（4－10）为常数，所以 P 和 M 关系为线性关系，且当 $\alpha \geqslant 0$，$\beta \leqslant 1$ 时，P 和 M 呈正向线性关系（同步关系）。

当 $\alpha+\beta \neq 1$ 时，对式（4－10）求导，则有：

$$\frac{\partial^{2}P^{*}(M)}{\partial M^{2}} = -(\alpha+\beta-1)(\alpha+\beta)\left(\frac{\alpha}{\alpha+\beta}\right)^{\alpha}\left(\frac{\beta}{\alpha+\beta}\right)^{\beta}M^{\alpha+\beta-2} \tag{4-11}$$

当 $\alpha+\beta<1$（污染治理的规模效益递减）时，二阶导数值大于0，所以 P 与 M 呈"U 形"关系。

当 $\alpha+\beta>1$（污染治理的规模效益递增）时，二阶导数值小于0，所以 P 与 M 呈"倒 U 形"关系，即是 EKC 所描述的形状。

同样可以证明，当 $z \neq 1$ 的时候，依然只有当 $\alpha+\beta>1$（污染治理的规模效益递增）时，P 与 M 呈"倒 U 形"关系。

4.3.2 环境库兹涅茨曲线分析框架下治理作用的事实推断——以化肥污染为例

由于农业面源污染的来源途径有多种（见3.1部分），对应的治理政策也较复杂多样（见5.1部分），为简单化起见，仅以农田化肥为例，分析治理政策对

反映农田化肥产生农业面源污染与经济增长关系的环境库兹涅茨曲线影响。根据《太湖流域水环境综合治理总体方案》，从2005年开始全面推广实施的配方肥推广技术是江苏省针对农田化肥污染的主要治理政策。于是需要探讨的问题转化成2005年开始全面实施的配方肥技术推广政策对农田化肥产生农业面源污染与经济增长关系的EKC曲线的影响。具体研究步骤是：首先验证农田化肥产生农业面源污染与经济增长是否存在EKC曲线，如果存在，在此基础上分析治理政策对其的影响。

第一，农田化肥产生农业面源污染与经济增长的EKC曲线验证。

再次利用2.2.2理论分析框架对江苏省农田化肥产生的农业面源污染与经济增长关系进行环境库兹涅茨曲线验证，待验证的模型为：

$$FerN = \beta_0 + \beta_1 Pergdp + \beta_2 Pergdp^2 + \varepsilon \quad (4-12)$$

$$FerP = \beta_0 + \beta_1 Pergdp + \beta_2 Pergdp^2 + \varepsilon \quad (4-13)$$

式中，FerN和FerP分别表示江苏省t年农田化肥产生的农业面源污染总氮排放量和总磷排放量，Pergdp同式（4－1）与式（4－2），表示江苏省人均GDP值。

农田化肥产生的农业面源污染量均来自第3章测算结果，江苏省人均GDP算法同4.1.2部分。各变量含义及描述性统计分析见表4－3。模型的估计结果分别见表4－4。

表4－3　变量名称、单位及描述性统计分析

变量名称	符号	单位	均值	标准差	最小值	最大值
农田化肥氮排放	FerN	吨	172770.5	51355.0	72967.2	227803.5
农田化肥磷排放	FerP	吨	10382.8	2655.3	3922.9	13695.9
人均GDP	Pergdp	元/人	8736.5	9452.8	762.2	35290.7

表4－4　模型估计结果

变量	FerN	FerP
Pergdp	14.22*** (9.64)	0.73*** (8.63)
$Pergdp^2$	－0.00034*** (－7.43)	－0.000018*** (－6.77)
常数	103319.7*** (13.97)	6862.5*** (16.18)
$Adj-R^2$	0.8184	0.7764
F	65.33***	50.36***
Prob（F）	0.0000	0.0000

注：***表示通过1%水平的显著性检验；括号内为T值。

从表4-4可知，当因变量为农田化肥产生的农业面源污染氮排放量时，Adj-R^2值为0.8184，这说明该模型对氮排放的解释能力为81.84%；F值较大，模型总体通过1%水平的显著性检验，说明模型中人均GDP因素一次项与平方项对农田化肥氮排放的共同影响是显著的。同时人均收入的一次项系数为正，二次项系数为负，说明氮排放与人均GDP关系在一定时期内呈"倒U形"，拐点为21171元/人（按照1978年不变价）。同时按1978年不变价，2005年和2006年的人均GDP分别为19491.19元/人以及23505.47元/人，说明目前拐点处在接近于2006年处（见图4-3）。

同时，当因变量为农田化肥农业面源污染磷排放量时，Adj-R^2值为0.7764，这说明该模型对磷排放的解释能力为77.64%；F值较大，模型总体通过1%水平的显著性检验，说明模型中人均GDP因素一次项与平方项对农田化肥磷排放的共同影响是显著的。同时人均收入的一次项系数为正，二次项系数为负，说明磷排放与人均GDP关系在一定时期内呈"倒U形"，拐点为20864.4元/人（按照1978年不变价）。拐点位置与氮排放部分大致相同（见图4-3）。

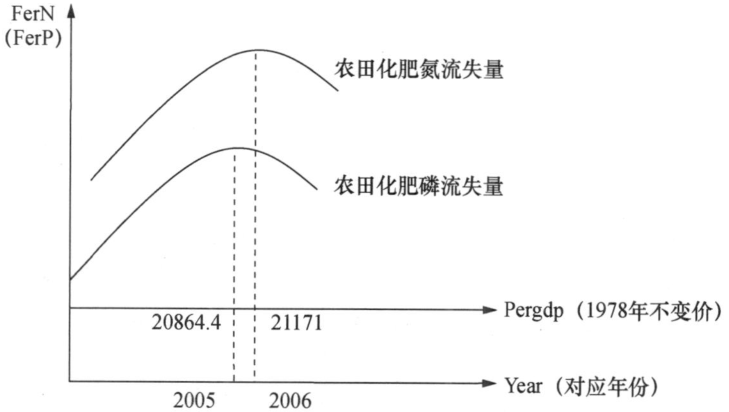

图4-3 农田化肥总氮（磷）排放量与人均GDP关系

最后，利用迪基—富勒（Dickey-Fuller）ADF检验法以及Engle和Granger的EG检验方法，对式（4-12）和式（4-13）所涉及变量进行平稳性检验和协整检验，结果表明农田化肥氮排放量和农田化肥磷排放量和人均GDP之间存在长期稳定的均衡。所以上述模型估计结果可信。

第二，2005年起全面推广的配方肥技术治理政策对EKC曲线影响的推断。江苏省用于治理农田化肥氮磷排放的重大政策主要有2005年起全面推广的配方肥技术治理政策、2007年起实施的绿肥种植以奖代补政策以及2008年起实施的商品有机肥推广政策。结合图4-3中农田化肥的氮磷排放量均在2006年左右出现下降趋势，再考虑到治理政策存在滞后期，大致可以判断2005年起全面实施的测土配方政策可能是形成农田化肥污染的EKC曲线“倒U形”存在的一个重要原因①。

4.4 本章小结

本章首先对江苏省农业面源污染与经济增长关系是否存在显著的“倒U形”关系进行验证。其次在EKC模型基础上加入环境约束条件后，重新审视江苏省农业面源污染EKC曲线的污染级别。最后尝试从治理角度对EKC形状进行解释。

（1）本部分在第3章江苏省农业面源污染氮、磷排放量测算的基础上，对江苏省农业面源污染与经济增长的关系进行环境库兹涅茨曲线验证，结果显示，江苏省农业面源污染排放与经济增长存在“倒U形”关系，这说明江苏省农业面源污染与江苏省经济增长之间已有分离趋势，前者没有完全跟随后者的增长而增长，有逐渐下降趋势（验证了假说1）。同时，计算得到江苏省农业面源污染量在2006年左右已过拐点。

（2）加入环境约束条件以后，重新审视江苏省农业面源污染EKC曲线的污染级别。在原先的环境库兹涅茨曲线中加入环境承受阈值线和安全警戒线以后，虽然江苏省农业面源污染物排放量已过拐点，但根据江苏省农业面源污染现状，可以判断江苏省农业面源环境库兹涅茨曲线的污染水平不是理想中的A级水平，其拐点至少位于环境安全警戒线以上。再加上随着环境污染物存量的增加，环境安全警戒线有继续下降的趋势，这就进一步增加了江苏省目前的污染状况已超越环境安全警戒线的可能性。因此，江苏省农业面源污染的治理工作具有一定的必要性。

（3）分别从理论和事实两个方面，分析治理对EKC“倒U形”存在的解释作用。理论方面得出当污染治理的规模收益递增，污染和经济增长之间会存在“倒U形”关系。事实方面，以农田化肥污染为例，首先证明江苏省农田化肥面源污染与经济增长存在“倒U形”关系，这说明江苏省农田化肥面源污染与江苏省经济增长之间已有分离趋势；其次推断农田化肥面源污染对应的治理政策——配方肥技术推广政策可能是农田化肥污染与经济增长之间“倒U形”关系存在的一个重要原因。

① 同时也排除了其他可能的原因，如种植业结构的调整、播种面积的减少等。

5 治理对江苏省农业面源污染影响的实证分析

治理政策是江苏省政府针对江苏省农业面源污染造成环境质量下降状态而采取的响应行为。本章主要内容先是总结梳理江苏省农业面源污染治理已有政策及其成效，再实证分析农业面源污染治理因素对农业面源污染的影响。

5.1 江苏省农业面源污染治理政策

江苏省农业面源污染治理工作主要源于太湖流域农业面源污染问题，从此意义上讲，研究江苏省农业面源污染的治理政策离不开研究江苏省内太湖流域农业面源污染治理政策。

虽然江苏太湖流域的治理工作可以追溯到20世纪80年代，但是根据2008年4月国家出台权威性文件《太湖流域水环境综合治理总体方案》（以下简称总体方案）①，其中江苏省农业面源污染治理部分着重提到的治理政策是江苏省2005年全面推广实施的、旨在减少化肥施用量的测土配方施肥技术（简称配方肥技术）推广政策。

直到2007年太湖无锡段“太湖蓝藻事件”爆发，江苏省又进入了新一轮大力治污阶段，并出台一系列农业面源污染治理政策（本书简称全面治污政策），包括迅速打捞太湖蓝藻、积极营造生态湿地、大力压缩养殖规模、努力建设生态林带、全面调整农业结构以及继续实行配方肥技术推广政策等。② 随着江苏省政府对农业面源污染治理重视程度的不断加强，农业面源污染治理范围也逐步由省内太湖流域扩大到全省范围。

在后续的政策介绍中主要按此逻辑，首先介绍2005年起全面推广的配方肥技术推广治理政策，其次介绍2007年起开始实施的全面治理政策。

---

① 参阅附录三。

② 后续的农业面源污染治理实践分析主要围绕这两个政策展开。

5.1.1 测土配方施肥技术推广政策

5.1.1.1 政策介绍

测土配方施肥技术介绍及其减污原理见章节 2.1.2。2005 年以前，江苏省已零星推广测土配方施肥技术，直到 2005 年，江苏省开始响应国家号召全面、大力推广测土配方施肥技术推广项目。截至 2009 年已基本实现了全省整体推进，做到主要农业县（市、区）全覆盖，项目县由 2005 年的 12 个，逐步扩展到 2006 年的 32 个、2007 年的 61 个、2008 年的 79 个（含农垦系统的两个中心农场）以及 2009 年的 80 个。5 年来，通过扩大测土配方施肥项目全面实施范围，突出主要农作物、主要区域和主要技术环节，拓展应用作物，全面推进测土配方施肥工作，项目实施面积由 2005 年的 739 万亩扩大到 2006 年的 1562 万亩、2007 年的 3320 万亩、2008 年的 5230 万亩、2009 年的 6018 万亩，涉及作物由以粮食作物为重点向粮经作物并重拓展，从重点解决氮、磷、钾平衡向有机无机肥平衡施用发展。覆盖村数由 2005 年的 2602 个，扩大到 2006 年的 7088 个、2007 年的 11204 个、2008 年的 15720 个和 2009 年的 15360 个。涉及农户由 2005 年的 136.87 万户，扩大到 2006 年的 355.02 万户、2007 年的 488 万户、2008 年的 627.2 万户和 2009 年的 700 万户。配方肥料施用面积由 2005 年的 401 万亩，扩大到 2006 年的 868.5 万亩、2007 年的 1992 万亩和 2008 年的 2615 万亩。配方肥施用总量由 2005 年的 23.6 万吨（实物量），增加到 2006 年的 41.89 万吨、2007 年的 63 万吨和 2008 年的 91 万吨。应用作物由粮食作物进一步向粮经作物拓展，截至 2009 年，全省实现粮食作物实施面积扩大到 5504 万亩，棉花、油菜、蔬菜实施面积分别达到 191 万亩、170 万亩和 153 万亩。

5.1.1.2 政策效果

第一，氮肥施用总量进一步下降。推广区小麦亩均施氮 15.5 千克，较同期习惯施肥亩均节氮 2.0 千克；推广区油菜亩均施氮 16 千克，亩均节氮 3.0 千克；推广区水稻亩均施氮 18.2 千克，亩均节氮 2.8 千克；推广区棉花亩均施氮 19.4 千克，亩均节氮 1.9 千克；推广区蔬菜亩均施氮 21.2 千克，亩均节氮 3.0 千克。不仅减少了肥料投入成本，而且降低了农业面源污染的风险。

第二，施肥结构进一步优化。氮、磷、钾投入结构：推广区小麦为 1∶0.32∶0.30，习惯施肥为 1∶0.30∶0.22；推广区水稻为 1∶0.23∶0.28，习惯施肥为 1∶0.28∶0.20；推广区玉米为 1∶0.22∶0.27，习惯施肥为 1∶0.27∶0.21；推广区油菜为 1∶0.28∶0.26，习惯施肥为 1∶0.28∶0.18；推广区棉花为 1∶0.21∶0.29，习惯施肥为1∶0.21∶0.23；推广区蔬菜为1∶0.33∶0.43，习惯施肥为1∶0.32∶0.35。①

5.1.2 农业面源污染全面治理政策

自2007年“太湖蓝藻事件”以后，江苏立即采取了相应的应急行动，并通过《江苏省太湖流域水环境综合治理实施方案》（以下简称《实施方案》）② 将一系列农业面源污染治理政策常态化，而不是出现环境污染问题时的“临时抱佛脚”。农业面源污染治理主要体现在六个方面：种植业治理、面源氮磷排放生态拦截农业湿地工程、畜禽养殖场废弃物处理利用工程、水产清洁养殖工程、网围养殖整治工程以及乡村生活污水生态净化处理工程。

5.1.2.1 政策介绍

第一，种植业治理。大力发展有机农业，调整优化种植结构，开展无公害农产品生产全程质量控制，全面推广农业清洁生产技术，减少化学氮肥、化学农药施用量。开展的治理措施主要有：①有机农业工程建设：在环太湖1千米以及15条主要入湖河流上溯10千米两侧各1千米范围内，建设有机农业生态圈，实施有机农业建设工程。区域内种植业全部按照有机农业栽培方式组织生产，参照有机农业国际通行标准，逐步向有机农产品转换。②化学氮肥减施工程：在苏州、无锡、常州3市及镇江所辖丹阳市实施测土配方施肥、商品有机肥和缓释肥推广应用、绿肥种植等综合措施。③化学农药减施工程：积极示范推广生物农药、高效低毒低残留农药和新型高效药械，以生物防治、物理防治部分替代化学防治，控制农作物虫害发生频次，减少化学农药用量。采取覆盖防虫网、推广生物农药、安置频振式杀虫灯等手段，全面开展植保专业化防治，提高农药利用率。

第二，面源氮磷排放生态拦截农业湿地工程。太湖流域乡村氮磷排放除农田排水和径流外，还有乡村生活污水及农户畜禽养殖尾水的排放，具有面广、量大、分散、间歇的峰值和高无机沉淀物负荷的特点。主要措施是：加快在太湖、滆湖、长荡湖、阳澄湖周边及主要入湖河道两侧建立面源氮磷排放生态拦截系统。重点在太湖流域建设生态沟渠294.8万米；建设生态池塘2647个，池塘总容积为868万立方米。

第三，畜禽养殖场废弃物处理利用工程。对流域内畜牧生产进行科学规划、合理布局、分区管理，划定畜禽禁止养殖区、限制养殖区和适度养殖区。按照“减量化、无害化、资源化、生态化”要求，进一步提高畜禽养殖污染治理的技术水平，重构养殖业发展和废弃物综合利用模式，推进农牧结合，逐步建立和完善农业产业结构的可持续循环生态链。力争到2012年，基本完成流域内规模畜

① 引自《2005～2008年江苏省测土配方施肥工作总结》。

② 苏政发〔2009〕第36号，2009年2月25日（参阅附录四）。

禽养殖场污染治理，粪污综合利用率达到85%以上；到2020年，太湖地区基本实现畜禽养殖场粪污“零排放”。主要治理措施有：

环太湖1千米及主要入湖河道上溯10千米两侧1千米范围为畜禽禁养区，禁养区内现有养殖场（户）必须在规定时间内关闭或迁移。环太湖1~5千米为限养区，禁止新建畜禽养殖场，对现有养殖场完善干湿分离、雨污分流等环保设施，实行粪污无害化处理和农牧结合，达到零排放；对不符合环保要求的畜禽养殖场，限期治理或强制关闭。适度养殖区：环太湖5千米外的养殖区要实行总量控制，实际载畜量控制在600万头猪单位。对新建规模养殖企业，要合理布局，配套建设粪污处理设备设施，提高粪污处理能力，严格执行环评制度。同时，积极引导和鼓励在丘陵山区利用山地、林地、果园、茶园等资源发展生态养殖。

大中型规模畜禽养殖场建设“三改两分再利用”治理工程；鼓励和扶持畜禽养殖场通过沼气工程、有机肥生产及沼渣沼液还田技术，进一步提高畜禽粪便的综合利用率；中小型畜禽养殖场大力推广发酵床生态养殖技术；对畜禽分散养殖实行粪便集中收集处理，实现物业化管理、专业化收集、无害化处理、商品化造肥和市场化运作的目标。按照人畜分离、集中管理的原则，在养殖大户相对密集的区域，建设清洁养殖小区，配套建设废弃物集中处理的利用工程。

第四，水产清洁养殖工程。通过实施池塘循环水养殖技术示范工程，控制流域内水产养殖对太湖水体的影响。对现有养殖池塘进行合理布局，在同一区域内规划为主养区、混养区、湿地净化区和水源区4个功能区，构建养殖池塘—湿地系统，实现养殖小区内水的循环利用。同时采用多级生物系统修复技术，对养殖池塘环境进行修复。根据水生态状况，有选择地投放草食性动物群，种植浮水、挺水、沉水植物，改善池塘生态系统。主要措施：2008年年底完成池塘水循环利用工程示范区建设。2009年，环湖5千米百亩连片养殖场全部实施池塘水循环利用工程。2010年，整体推进池塘水循环利用工程，太湖流域地区百亩连片养殖场20%实施池塘水循环利用工程，连片面积不足百亩的，15%养殖面积建立人工湿地。2012年，太湖流域地区百亩连片养殖场50%实施池塘水循环利用工程。2020年，太湖流域地区百亩连片养殖场全部实施池塘水循环利用工程。

第五，网围养殖整治工程。太湖流域围网养殖整治工作是减少湖体污染的重要措施，太湖流域网围养殖主要集中在太湖、滆湖等湖泊内。为减少网围养殖带来的水体污染，应逐步拆除围网养殖面积，压缩网围养殖规模，重点做好太湖、滆湖、长荡湖、阳澄湖等湖泊的围网清理工作，同时落实湖泊生态和环境修复措施，探索生态放养的相关机制，着力恢复湖泊生态功能，提高水体自净能力。

第六，乡村生活污水生态净化处理工程。凡具备接管集中处理条件的村镇，要扩大城镇污水管网的延伸覆盖，提高污水集中处理率；不具备接管条件的农村地区，按照因地制宜、分类处理的原则，采取微动力、少管网、低成本、易维护的生态处理模式。2010 年，太湖一级保护区农村生活污水处理率达到 70%；2012 年，太湖流域农村生活污水处理率达到 40% 以上，到 2020 年，力争达到 70% 以上。

5. 1. 2. 2　政策效果

截至 2009 年，江苏省已完成面源污染治理投资 44. 8 亿元。2009 年江苏省在太湖流域实施测土配方施肥面积达到 1000 万亩，实施商品有机肥补贴 14. 6 万吨，种植绿肥面积 14 万亩；取缔、关停和迁移禁养规定范围内环保不达标畜禽养殖场 1800 多处；完成 1604 个村庄的生活污水治理任务，新增农村生活污水处理能力 6. 5 万吨/日，在 153 个乡镇完成垃圾中转站建设，在 2855 个行政村、3. 41 万个自然村建立垃圾收运制度，新增垃圾收集能力 5300 吨/日；在太湖一级保护区和主要入湖河道两侧建立面源氮磷排放生态拦截系统，累计建成氮磷排放生态拦截工程 140 万平方米。自 2007 年以来，江苏省在太湖、滆湖、长荡湖分别实施了网围养殖综合整治工程，共拆除太湖网围面积 20 多万亩，拆除滆湖网围面积 8. 7 万多亩，拆除长荡湖网围面积 6. 5 万亩。江苏省还组织实施了池塘循环水养殖示范工程 31 处。

全面治理污染政策至 2009 年完成减污内容如下：①通过化肥减施和农药替代，总氮减排约计 3000 吨（其中，2009 年 300 吨），总磷减排约计 6. 5 吨；②通过氮磷拦截工程，2009 年总氮减排 980 吨，总磷减排 46. 2 吨；③通过畜禽养殖废弃物处理利用工程，畜禽粪便综合利用率由 2007 年的 65% 左右提高到 2009 年的 75% 以上，2009 年比 2007 年总氮排放量减少 2836 吨，总磷排放量减少 495 吨；④通过池塘循环水养殖示范工程，总磷排放量平均减少 4. 01 吨/年、总氮排放量平均减少 34. 59 吨/年。

通过全面治理污染政策，江苏省太湖流域水质有所改善，总氮浓度分别从 2006 年的 2. 85 毫克/升，下降至 2007 年的 2. 35 毫克/升、2008 年的 2. 42 毫克/升以及 2009 年的 2. 26 毫克/升；总磷浓度分别从 2006 年的 0. 096 毫克/升，下降至 2007 年的 0. 074 毫克/升、2008 年的 0. 072 毫克/升以及 2009 年的 0. 062 毫克/升。①

① 引自《太湖流域水环境综合治理总体方案实施情况检查评估报告》（2009 年度）。

5.2 江苏省农业面源污染治理实证分析

5.2.1 模型构建

根据式（2－3），从经济增长角度农业面源污染可设定为以下经济因素的函数：农业经济总量水平、农业结构调整（两个层面）、农业技术进步、人口规模以及环境治理政策。建立农业面源污染排放经济影响因素模型如下：

$$N = \beta_0 + \beta_1 NGDP + \beta_2 AS + \beta_3 PS + \beta_4 TEC + \beta_5 PE + \beta_6 ES + \mu \quad (5-1)$$

$$P = \beta_0 + \beta_1 NGDP + \beta_2 AS + \beta_3 PS + \beta_4 TEC + \beta_5 PE + \beta_6 ES + \sigma \quad (5-2)$$

式中，N、P 分别表示江苏省农业面源污染的氮、磷排放总量；NGDP 为农业经济规模；AS 为（广义）农业结构；PS 为种植业结构；TEC 为农业技术进步；PE 为农村人口规模；ES 为农业面源污染治理因素；μ 和 σ 为随机扰动项，反映无法关注到的其他因素。本部分内容拟从经济学视角对农业面源污染和治理之间关系进行实证研究。除农业面源污染治理因素以外，农业经济规模、农业结构、农业技术进步、农村人口因素影响农业面源污染的机理如下：

5.2.1.1 农业经济规模

在某一地区产业结构、技术条件不变的情况下，该地区经济规模越大，意味着消耗更多资源和产生更多污染（Dale，1998）。对于农业经济规模而言，在其他条件不变的情况下，农业经济规模越大，同样意味着消耗更多的农业资源和产生更多的农业面源污染物。因此，本研究预期，在其他条件不变的情况下，农业经济规模对农业面源污染物排放量有正向影响。

5.2.1.2 农业结构

当产业结构中不同行业的污染排放强度不同时，产业结构的变化会带来污染物排放量的变化。当污染密集型行业所占比重上升或发展速度加快时，污染物排放量会加大；当污染密集型行业所占比重下降或发展速度放慢时，污染物排放量则会减少。对于农业结构而言，在其他条件不变的情况下，农业结构的变化对农业面源污染物排放量也存在着影响。农业结构可分为农业（含农、林、牧、副、渔）结构和种植业结构两个层面。中国农业结构正由过去“以粮为纲”的单一结构向农、林、牧、副、渔并举的多元结构转变，并表现为种植业比重下降和种植业中粮食比重下降（张红宇，2000）。

农业结构调整中伴随着种植业比重下降的是附加值较高的养殖业比重上升。

农业结构调整的副效应是改变原有农业面源污染物排放的途径与结果。种植业污染以过量施用化肥和农田固体废弃物排放为主要形式，养殖业污染以饲料流失、养殖动物粪便排放为主要形式，单位产值之下种植业和养殖业污染排放量完全不同。同时，种植业的土地利用方式以耕地（包括水田）为主，养殖业的土地利用方式以旱地、牧地、渔业用地为主，不同土地利用方式下农业面源污染物排放系数不同。根据种植业和养殖业的农学特征，当农业结构由种植业向养殖业调整时，农业面源污染物排放量将增加。

种植业结构调整主要表现为粮食作物比重下降和经济作物比重上升。菜、果、花等经济作物的经济效益高，但生产过程中污染物排放量也较多，主要表现为：经济作物生产中化肥、农药使用量普遍高于粮食作物。对全国31个省（区、市）20余种作物的调查显示，菜、果、花农田上单季作物氮肥纯养分用量平均为569～2000千克/公顷，而作物氮素吸收总量一般不超过400千克/公顷，氮肥平均利用率仅为10%左右，远低于中国大田粮食作物35%的氮肥平均利用率（张维理等，2004）。同时，种植菜、果、花的农田由于集约化种植频繁而使用各种速溶化肥，使得土壤富含水溶性氮、磷，一旦遇到降雨就会引发大量的农田氮、磷排放。因此，当种植业结构中粮食作物比重下降和经济作物比重上升时，农业面源污染物排放量将增加。

5.2.1.3 农业技术进步

技术进步与环境污染之间存在着复杂的关系，一部分技术有利于环境质量的改善，另一部分技术则不利于环境质量的改善。在经济发展水平较低时，技术进步提高了产出水平和对能源的需求，并造成污染增加；但随着经济发展，稀缺资源的价格与治污成本会上升，低效高污染的技术将被高效低污染的技术所淘汰，进而有利于污染物排放量的减少。技术进步还可以找到替代资源或者对已有废弃物进行循环利用（Simon，1977），这样不仅不会造成经济系统崩溃，而且还会提高经济增长速度（Stiglitz，1974）。根据Grossman和Krueger（1995）研究，虽然部分技术存在污染环境的负效应，但总体而言，技术进步对污染有负向影响。

对于农业技术进步而言，它主要通过改变农业生产方式（如各种新型栽培技术）、产生新的生产资料进行要素替代（如化肥代替有机肥）、产生新的管理方式（如规模化生产的管理方式）以及提供环境友好型技术（如测土配方施肥技术等），对农业面源污染物排放量产生影响。一部分农业技术通过硬技术直接给环境质量带来好处，通过软技术优化经济增长方式和产业结构间接给环境质量带来好处。① 另一部分农业技术虽然在一定时期内可以促进农业经济增长，但是，

① 硬技术指各种实体化的技术；软技术指技术结构的合理化和劳动力质量的提高（吴方卫，1996）。

这类技术却给社会造成相当大的农业面源污染，例如大量施用化肥虽然促进了农业增长、保障了粮食安全，但不可回避的是，化肥滥用也造成了大量农业面源污染物排放量特别是氮排放量和磷排放量的增加。最后，根据 Grossman 和 Krueger（1995）研究，本书仍然预期农业技术进步对农业面源污染物排放量总体上有负向影响。

5.2.1.4　农村人口规模

人口规模增加会给环境带来压力：它一方面会造成产品需求增加并带动经济规模扩大，另一方面会造成消费增加，这两方面均会导致污染物排放量的增加。对于农村人口规模而言，一个地区农村人口规模越大，意味着该地区与环境污染相关的生产、消费活动也越多，所造成的污染物排放量也越多。另外，农村人口规模越大，也意味着所产生的人粪尿和生活污水越多。因此，本研究预期，农村人口规模对农村环境质量有负向影响，对农业面源污染物排放量有正向影响。

5.2.1.5　农业面源污染治理政策

Roca 等（2001）研究认为，环境治理政策、治理投入及其所产生的环境友好型生产行为可以减少污染物排放。Dinda（2004）也强调完善的环境治理政策和较高的环境治理效率可以改善环境。对于农业面源污染而言，政府通过制定农业面源污染治理政策，包括利用直接管制方法强制削减农业面源污染源、利用经济激励和教育等方法引导农户养成环境友好型生产与生活行为、投资于实施农业面源污染大型治理工程以及研发环境友好型技术，最终达到减少农业面源污染物排放量的效果。因此，本研究预期，农业面源污染治理政策对农业面源污染物排放量有负向影响。在一地区产业结构、技术条件不变的情况下，该地区的农业经济规模越大，意味着消费更多的资源和产生更多的污染（Dale，1998）。环境治理因素对江苏省农业面源污染事实影响见章节 5.1。因此假设农村面源污染产生要受到农业经济发展规模的影响，在其他条件不变的情况下，农业经济发展规模对农业面源污染有正向关系。

5.2.2　变量定义及样本分析

式（5－1）和式（5－2）中各变量在实际运用中计算方法见表 5－1。

表 5－1　变量定义及计算方法

变量名称	符号	计算方法	预期方向
氮（磷）污排放量	N（P）	氮（磷）排放量	（因变量）
农业经济规模	NGDP	农业 GDP	+
农业结构	AS	畜禽养殖与水产养殖产值之和/农业总产值	+

续表

变量名称	符号	计算方法	预期方向
种植业结构	PA	粮食播种面积/经济作物播种面积	-
农业技术进步	TEC	建立生产函数估计农业技术进步率	-
农村人口规模	PE	乡村人口数	+
农业面源污染治理政策	ES_1	测土配方施肥技术推广政策，2005 年以前取 0，以后取 1	-
	ES_2	“太湖蓝藻”事件后实施的全面治理农业面源污染政策，2007 年以前取 0，以后取 1	-

表 5 -1 中，农业经济规模用农业 GDP 来表示。农业结构主要由养殖业总产值占农业总产值之比计算而得。种植业结构主要由粮食播种面积与经济作物播种面积之比计算得到。本研究采用朱希刚所用的生产函数法对技术进步率进行估算，具体公式为：农业技术进步率 = 农业总产值增长率 - 各种投入产出弹性 × 各种投入增长率，各投入要素产出弹性由多因素生产函数法予以得到，考虑的投入要素主要是农业物质总投入、农业劳动力以及耕地面积。由于农村人口生活方法难以量化，因此，本研究中农村人口规模仅考虑农村人口数量并用乡村人口数指标来表征。用于反映治理农业面源污染的政策变量取两个：一个是 ES_1，反映 2005 年开始在江苏省全面施行的测土配方施肥技术，该变量在 2005 年以前取 0，2005 年以后取 1；另一个是 ES_2，反映 2007 年起实施的全面治污政策，该变量在 2007 年以前取 0，2007 年以后取 1。

数据主要来源于历年《江苏统计年鉴》、《新中国五十年统计资料汇编》和第 3 章有关农业面源污染的计算结果。江苏省农业面源污染氮、磷排放量由第 3 章中计算而得。用于计算结构的禽畜养殖业产值、水产养殖业产值和农业总产值均采用当年价计算。农业 GDP 采用 1949 年不变价格计算，以消除价格因素的影响。主要指标的描述性统计分析见表 5 -2。

表 5 -2 主要指标的描述性统计

变量	平均值	标准差	最小值	最大值
N（吨）	385533.1	81977.0	227542.2	478332.8
P（吨）	49065.4	7856.7	31767.3	58787.0
NGDP（亿元）	230.2	121.5	75.9	457.4
AS（%）	34.51	8.28	18.15	44.06
PA（%）	518.49	85.46	351.94	696.69
TEC	0.06	0.05	-0.06	0.15

续表

变量	平均值	标准差	最小值	最大值
PE（万人）	4768.48	616.84	3508.02	5307.96
ES_1	0.16	0.37	0	1
ES_2	0.09	0.30	0	1

资料来源：根据《江苏统计年鉴》、《中国统计年鉴》、《新中国五十年统计资料汇编》计算而得。

从描述性统计结果来看，江苏省农业面源污染氮排放在227542.2～478332.8吨，均值是385533.1吨，其标准差较大，达到了81977吨；江苏省农业面源污染磷排放在31767.3～58787.0吨，均值是49065.4吨。

农业GDP按1949年不变价计算，变化幅度在75.9亿～457.4亿元，标准差达到121.5。养殖业总产值占农业总产值之比在18.15%～44.06%，平均值是34.51%，标准差达到8.28。粮食播种面积与经济作物播种面积之比在351.94%～696.69%，平均值为518.49%，标准差为85.46；乡村人口规模变化范围在3508.02万～5307.96万人。从数量来看，1978～2008年总体呈现农村人口下降趋势。反映测土配方施肥技术推广政策的虚拟变量均值为0.16，反映全面治理农业面源污染政策的虚拟变量平均值为0.09，数值均较小，说明江苏省环境治理政策总体处于弱管理状态。

5.2.3 模型估计结果分析

单位根检验和协整检验。为防止时间序列数据出现虚假回归现象，对模型中变量进行了平稳性检验和变量间的协整关系检验。首先，利用迪基—富勒（Dickey－Fuller）ADF检验法得到变量均为一阶单整。其次，利用Engle和Granger的EG检验方法，通过对残差序列进行平稳性检验获得残差序列是平稳性的，因此，确认估计方程［式（5－1）与式（5－2）］中解释变量与被解释变量之间存在协整关系，即各变量之间确实存在着一个长期稳定的均衡关系。因此，可以直接利用上述估计方程来估计参数，不会导致虚假回归的产生。对农业面源污染氮、磷排放经济影响因素模型进行稳健型的OLS回归，回归结果见表5－3和表5－4。

表5－3 江苏省农业面源污染氮排放经济影响因素模型估计结果

变量	系数	标准误	T统计量
NGDP	999.92***	70.08	14.27
AS	186.44	605.46	0.31

续表

变量	系数	标准误	T 统计量
PA	-114.27**	47.11	-2.43
TEC	-76912.35*	38440.85	-2.00
PE	72.67***	11.40	6.37
ES_1	-14991.18*	7558.66	-1.98
ES_2	-47531.85***	8519.32	-5.58
_Cons	-123900**	50033.17	-2.48
$Adj-R^2$	—	0.9882	—
F 检验	—	708.45	—

注：*、**、***分别代表在10%、5%、1%的水平上统计显著。

从表5-3江苏省农业面源污染氮排放经济影响因素模型估计结果可知，模型结果总体上比较良好，调整 R^2 比较高，达到0.9882，说明模型中经济影响因素对农业面源污染氮排放的解释能力达到98.82%，即农业经济规模、农业结构、种植业结构、技术进步、人口规模、环境治理因素能够对江苏省农业面源污染中氮排放的98.82%做出解释。模型总体显著性在1%水平上通过检验，F 值较大。说明模型中各因素对氮排放的共同影响是显著的。

表5-4　江苏省农业面源污染磷排放经济影响因素模型估计结果

变量	系数	标准误	T 统计量
NGDP	109.07***	12.56	8.69
AS	228.26**	95.16	2.4
PA	-19.94**	7.97	-2.5
TEC	-10331.26*	6748.60	-1.75
PE	7.94***	2.02	3.93
ES_1	-1046.97	1070.20	-0.98
ES_2	-4513.24***	1354.24	-3.33
_Cons	5921.99	9139.45	0.65
$Adj-R^2$	—	0.9691	—
F 检验	—	308.88	—

注：*、**、***分别代表在10%、5%、1%的水平上统计显著。

从表5-4江苏省农业面源污染磷排放经济影响因素模型估计结果可知，模型结果总体上比较良好，调整 R^2 比较高，达到0.9691，说明模型中经济影响因素对农业面源污染氮排放的解释能力达到96.91%，即农业经济增长、农业结构、种植业结构、技术进步、人口规模、环境治理制度能够对江苏省农业面源污染中磷排放的96.91%做出解释。模型总体显著性在1%水平上通过检验，F值较大，说明模型中各因素对磷排放的共同影响是显著的。

5.2.3.1　农业面源污染治理政策对农业面源污染氮、磷排放的影响

反映推广测土配方施肥技术的政策因素在氮排放模型中通过了显著性检验且系数为负，与预期一致；在磷排放模型中不显著。根据江苏省土肥站《2009年江苏省测土配方施肥工作总结》，测土配方施肥技术推广区小麦亩均施氮肥（折纯量，下同）15.5千克，较同期习惯施肥亩均节省氮肥2.0千克；推广区油菜亩均施氮肥16千克，亩均节省氮肥3.0千克；推广区水稻亩均施氮肥18.2千克，亩均节省氮肥2.8千克；推广区棉花亩均施氮肥19.4千克，亩均节省氮肥1.9千克；推广区蔬菜亩均施氮肥21.2千克，亩均节省氮肥3.0千克。以上来自实践的数据表明：测土配方施肥技术的采用确实能够有效减少氮肥施用量，有利于进一步减少农业面源污染物氮排放量。

反映2007年开始实施全面治污的政策因素在氮排放模型和磷排放模型中均通过了显著性检验且系数为负，与预期一致。从系数绝对值大小可以看出，同2005年全面实施的测土配方施肥技术政策相比，2007年开始实施的全面治污政策的减污效果更好。可能原因在于：第一，2007年开始实施的全面治污政策的治理对象更宽（针对各种污染），而2005年开始全面实施的测土配方施肥技术仅用于缓解农田化肥污染；第二，2007年开始实施的治污政策多属于命令控制型政策，而2005年开始实施的全面推广测土配方施肥技术的政策则属于自愿计划型政策，其政策成效还取决农民自愿的技术采用率。

这里仅以畜禽养殖污染治理政策来说明2007年开始实施的全面治污政策的强制力：《江苏省太湖水污染治理工作方案》[①] 中提到，环太湖1千米及主要入湖河道上溯10千米两侧1千米范围为畜禽禁养区，禁养区内现有养殖场（户）必须在规定时间内关闭或迁移；环太湖1~5千米范围为限养区，禁止新建畜禽养殖场，对现有养殖场完善干湿分离、雨污分流等环保设施，实行粪污无害化处理和农牧结合，达到污染物零流失；对于不符合环保要求的畜禽养殖场，限期治理或强制关闭。上述强制措施有效减少了江苏太湖流域因畜禽养殖业造成的农业面源污染物排放量。

5.2.3.2　控制变量对农业面源污染氮排放的影响

第一，农业经济规模。在氮排放模型和磷排放模型中，农业经济规模因素均

① 江苏省人民政府：《江苏省太湖水污染治理工作方案》（苏政发〔2007〕97号），2007年9月10日。

通过了显著性检验且系数为正，与预期一致。这说明，改革开放以来，在其他条件一定的情况下，农业经济规模扩大确实会增加农业面源污染物氮排放量和磷排放量。可能原因在于：农业经济规模扩大往往是社会对农产品需求增加的结果，当农业部门在短期内无法通过对自身的根本性改造来满足社会需求时，就会通过粗放型、掠夺型的生产方式消耗资源以增加产量，从而形成对生态环境的威胁。

第二，农业结构。在氮排放模型中农业结构因素不显著；在磷排放模型中农业结构因素通过了显著性检验且系数为正，与预期一致。这说明，随着农业结构由种植业向养殖业调整，在其他条件一定的情况下，磷排放量会增加。农业结构因素仅在磷排放模型中显著的可能原因在于，养殖废弃物中含有大量磷元素而不是氮元素。

第三，种植业结构。在氮排放模型和磷排放模型中，种植业结构因素均通过了显著性检验且系数为负，与预期一致。这说明，随着粮食作物比重下降和经济作物比重上升，在其他条件一定的情况下，氮排放量和磷排放量会增加。根据《2010 年主要农作物科学施肥指导意见》[①] 数据，经济作物施肥强度要明显高于粮食作物，例如，产量水平在 4500 ~ 6000 千克/亩的大白菜（仅施化肥），每亩氮肥建议施用量为 21 ~ 28 千克，磷肥为 18 ~ 23 千克；而产量水平在 600 千克/亩以上的小麦，每亩氮肥建议施用量为 14 ~ 16 千克，磷肥为 8 ~ 10 千克[②]。因此，经济作物播种面积比重上升和粮食作物播种面积比重下降意味着更高的氮排放量和磷排放量。

第四，农业技术进步。在氮排放模型和磷排放模型中，农业技术进步因素均通过了显著性检验且系数为负，与预期一致。这说明，虽然在农业发展过程中会出现部分给环境增加压力的非环境友好型技术，但总体而言，农业技术进步对农业面源污染物排放存在缓减效果。在其他条件一定的情况下，农业技术进步率越高，氮、磷排放量就越少。农业技术进步的环境友好效应可以在如下几个方面得到体现：其一，技术通过替代或减少资源消耗来达到减污目的。例如，缓释肥通过在化肥颗粒表面包上一层很薄的膜，其肥效比常规化肥长 30 天，用量比常规化肥减少 10% ~20%[③]。其二，掌握技术可以改善资源利用方式。例如，根据华北的试验结果，碳铵或尿素采用深施技术，其肥效比表施技术高 1 倍左右，氮排放量也明显减少（朱兆良，2009）。其三，专门的治污技术给环境问题的解决提供了有效途径。例如，太湖治理中将蓝藻打捞出水并采用专门工艺将其转化成有

① 农业部办公厅：《2010 年主要农作物科学施肥指导意见》（农办农〔2010〕36 号），2010 年。

② 如果再考虑农民的化肥滥用行为，那么经济作物化肥施用量与粮食作物化肥施用量的差距还会更大。

③ 引自《什么是缓释肥》，百度知道网站（http：//zhidao. baidu. com），2010 年 5 月 15 日。

机肥，实现了资源的循环利用并减少了污染。

第五，农村人口规模。在氮排放模型和磷排放模型中，农村人口规模因素均通过了显著性检验且系数为正，与预期一致。其主要原因在于，在现有技术水平和环境治理措施下，农村人口增加会带来生活废水、生活垃圾和人粪尿排放增多，造成氮排放和磷排放增加。

上述实证分析验证了假说2，农业面源污染治理政策对农业面源污染有显著的负向影响。

5.3 本章小结

本章内容主要有两部分：第一部分是江苏省农业面源污染量治理的主要政策；第二部分是建立农业面源污染经济影响因素模型，实证分析治理对农业面源污染的影响。

（1）根据《总体方案》以及江苏省农业面源污染治理实践，将农业面源污染治理政策梳理成两个：一个是江苏省2005年开始全面实施的、旨在减少化肥施用量的测土配方施肥技术推广政策；另一个是2007年太湖无锡段“太湖蓝藻事件”爆发后，江苏省政府启动的农业面源污染全面治理政策（简称全面治污政策），包括迅速打捞太湖蓝藻、积极营造生态湿地、大力压缩养殖规模、努力建设生态林带、全面调整农业结构等。另外，分别介绍两个政策的执行情况及减污效果。

（2）结合农业面源污染性质、农村发展实际以及以往文献，将农业经济规模、农业结构、农业技术进步、农村人口、农业面源污染治理5个因素共同列为农业面源污染的经济影响因素，并建立农业面源污染经济影响因素模型。

计量结果表明表征农业面源污染治理因素的两个政策中，2005年起实施的测土配方施肥技术推广政策对江苏省农业面源污染氮排放总量有负向影响，对磷排放没有显著影响。2007年起实施的全面治理农业面源污染政策对农业面源污染氮、磷排放均有显著的负向影响。至此，验证了假说2。

其他控制变量：农业经济规模对农业面源污染排放呈正向影响。养殖业在农业结构中比重上升对江苏省农业面源污染磷排放呈显著正向影响，对氮排放影响不显著，说明养殖业比重增加会显著带来磷排放增长。随着种植业结构中粮经比的下降，江苏省农业面源污染量有显著增加趋势。农业技术进步对江苏省农业面源污染氮、磷排放有显著的负向影响。农村人口对江苏省农业面源污染氮、磷排放有显著的正向影响。

6　治理政策下的农户响应分析——以配方肥技术推广政策为例

发达国家成功经验表明：农业面源污染治理以源头治理为主。因此，政府治理政策一个重要目的就是将农户原有行为调整成环境友好型行为，以达到减污目的。从此意义上讲，农户对农业面源污染治理政策的响应是农业面源污染治理政策能否生效的关键。

在本章的具体分析中，本文将农户行为锁定为农户的氮肥施用行为，将农业面源污染源头治理政策锁定为旨在治理农田化肥污染的配方肥技术推广政策。原因如下：

第一，选择农户的氮肥施用行为作为典型的农户行为。根据第 3 章结论，农田化肥产生面源污染是目前农业面源污染，特别是氮污染和主要贡献来源和氮污染变化的主要驱动因素（第 3 章），因此，本研究首先确定以农户的氮肥施用行为作为农户产污的典型行为。

第二，选择配方肥技术推广政策作为典型的农业面源污染治理政策。相对其他农田化肥减污政策，如绿肥补贴、有机肥补贴政策等，配方肥技术推广政策是专门针对化肥过量施用问题全面实施时间最早、实施范围最广的一项治理政策。因此，本研究确定以配方肥技术推广政策作为农田化肥面源污染治理的典型政策。

本章配方肥技术推广政策下的农户响应行为主要分为三部分：第一部分是配方肥技术推广政策对农户施肥量的影响；第二部分是农户配方肥技术采用行为；第三部分是农户采用配方肥技术对种植效率的影响（见图 6－1）。

6.1　配方肥技术推广政策对农户施肥量的影响

选择农户的氮肥施用量间接替代农户氮肥施用所产生的农业面源污染量。鉴于农业面源污染特点，氮肥施用产生的农业面源污染量监测成本过高，调研中难

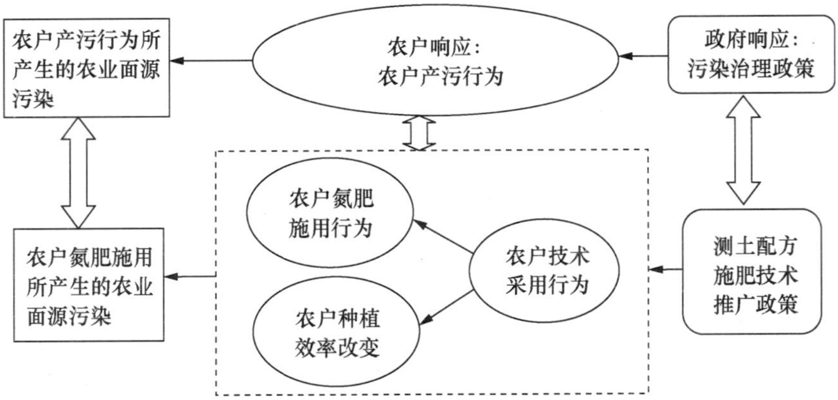

图 6－1 配方肥技术推广政策下农户响应行为

注：虚线框内为本章主要研究内容。

以获得农户氮肥施用行为所产生的实际污染量。同时考虑到氮肥施用量和农业面源污染确实存在某种正向关联，因此本研究采用农户氮肥施用量间接替代农业面源污染量，分析配方肥技术的减污作用。

6.1.1 模型构建

假设农户以期望净收益最大化为行为准则，以生产稻谷为例，农户 i 可以自由地决定施用氮肥，其行为准则受到“理性经济人”制约，即施肥的目的是为了达到期望净收益最大化。根据第 2 章理论分析框架，农户期望净收益最大化及氮肥施用量均会受到农户户主基本特征、农户家庭及生产特征、商品交易特征、农户的科学施肥能力特征以及治理政策特征等共同因素的影响。因此，建立农户单位面积氮肥施用量的影响因素模型为：

$$Fer = f(Per, Fam, E, Cap, Pol) + \varepsilon \quad (6-1)$$

式中，因变量 Fer 代表稻农单位播种面积的纯氮施用量；Per 代表农户户主基本特征；Fam 代表农户家庭及生产特征；E 代表商品交易特征；Cap 代表农户的科学施肥能力特征；Pol 代表变量代表治理政策特征，其中包括农户是否采用配方施肥技术因素；ε 代表随机扰动项，反映无法关注到的其他因素。所有变量中，治理政策特征是关键变量，其他变量为控制变量。

户主个人特征（Per）。主要包括户主年龄、文化程度（用受教育年限表示）、是不是村干部。农户的年龄越大所拥有农业生产经验越多，且年龄越大越不易接受先进施肥理念，因此年龄越大的农户倾向于按习惯多施肥。文化程度对农户施肥量有负向影响，农户受教育年限越多、文化程度越高，接受新事物能力越强，采用科学施肥方式意愿也越强，因而可能会采用相对较少的化肥施用量。

是不是村干部对农户施肥行为有负向影响，主要考虑到村干部会出于示范目的而少施肥。

农户的家庭及生产特征（Fam）。主要包括劳动类型、家庭收入、土地肥力类型以及是否采用有机肥。劳动类型是指家庭劳动力是否以农业劳动为主，该变量对化肥施用量影响方向难以确定。家庭收入对氮肥施用量影响方向难以确定，一方面，对于较高收入家庭而言，化肥施用成本无论是绝对值还是相对值均显得较小，因此收入较高农户有可能多施化肥（刘光辉等，2005）；另一方面，如果该收入中种植业收入比重很小，说明农民对种植业依赖性不强，多施化肥增产动力不强，因而可能减少化肥施用量。一般而言，土地肥力较差的农户倾向于多施肥以弥补土地贫瘠缺陷。有机肥和氮肥可以互相替代，因此施用有机肥用户可能倾向于少施氮肥。

商品交易特征（E）。主要是包括氮肥价格和农作物商品率。关于氮肥价格，通常认为价格越高，农户氮肥需求量越少，并倾向于少施肥。农产品商品率是指农作物的售出比例，商品率低是指大部分农作物用于自我消费而非销售，从农村当前实际来看，商品率很低的农户一般拥有土地面积较少，易对稻田精细管理并施用有机肥，因此倾向于少施肥。商品率很高的农户一般生产规模较大，如一些种植大户，该类农户成本收益意识和接受新技术能力均较强，往往倾向按照现代化农业生产方式实施精确施肥，从而导致氮肥施用量减少。综上所述，商品率对农户施肥量影响方向难以确定，但该变量平方项可能对农户施肥量有负向影响。

农户的科学施肥能力特征（Cap）。一般认为农户科学施肥能力越高，倾向于精确施肥可能性越高，因此假设该特征对农户施肥量有负向影响。

治理政策特征（Pol）。主要包括农户是否参加过化肥使用培训、是否采用配方肥技术。为了减少化肥过量施用对社会环境所产生的负面影响，政府有责任指导和推动农户少施化肥，对农户进行科学施肥知识培训以及配方肥技术推广工作就是政府当前推行的主要政策，且前者是后者的一个重要辅助政策。在此假设参加过化肥使用知识培训的农户和采用配方肥技术的农户会对氮肥使用量有负向影响。

6.1.2 变量定义与样本分析

主要变量定义见表6－1。

资料来源。主要资料来源于笔者组织南京农业大学经济管理学院在校学生于2010年寒假进行的入户调研。最后，收集到问卷238份，剔除因为逻辑错误或数据缺失等原因无效的调查问卷14份，有效问卷224份。结合资料来源，文中所涉变量及简单统计分析见表6－2。

表 6－1 主要变量的含义及描述性统计分析

变量名称	变量定义	预期方向
因变量：农户氮肥施用量	氮肥折纯量	
自变量：		
1. 户主基本特征（Per）		
年龄（Per_1）	户主实际周岁年龄（岁）	+
文化程度（Per_2）	户主正规教育年限（年）	−
村干部（Per_3）	是村干部 =1；不是 =0	−
2. 家庭及生产经营特征（Fam）		
劳动类型（Fam_1）	以 50% 以上时间务农 =1；其他 =0	?
家庭收入（Fam_2）	家庭年人均收入（元/年）	?
土地肥力类型（Fam_3）	土地肥力差 =1；其他 =0	+
是否采用有机肥（Fam_4）	采用有机肥 =1；其他 =0	−
3. 商品交易特征（E）		
化肥价格（E_1）	纯氮的平均价格（元/千克）	−
商品率（E_2）	农产品售出量与农产品产量之比	?
4. 科学施肥能力特征（Cap）	看懂化肥袋上说明书 =1；不懂 =0	−
5. 治理政策特征（Pol）		
是否参加化肥知识培训（Pol_1）	参加 =1；没参加 =0	−
是否采用配方肥技术（Pol_2）	采用技术 =1；没采用 =0	−

表 6－2 样本主要变量的简单描述性统计分析

变量名称	均值	标准差
1. 户主基本特征（Per）		
年龄（Per_1）	54.768	11.385
文化程度（Per_2）	7.688	3.763
村干部（Per_3）	0.036	0.186
2. 家庭及生产经营特征（Fam）		
劳动类型（Fam_1）	0.856	0.353
家庭收入（Fam_2）	6763.786	2469.417
土地肥力类型（Fam_3）	0.045	0.207
是否采用有机肥（Fam_4）	0.054	0.226

续表

变量名称	均值	标准差
3. 商品交易特征（E）		
化肥价格（E_1）	8.244	3.803
商品率（E_2）	0.485	0.368
4. 科学施肥能力特征（Cap）	0.661	0.476
5. 治理政策特征（Pol）		
是否参加化肥知识培训（Pol_1）	0.946	0.226
是否采用配方肥技术（Pol_2）	0.188	0.392

在224户种稻农户中，户主年龄主要集中在40～60岁，占54.46%；户主文化程度主要是初中文化，占41.07%；家庭年人均收入主要集中在5000～9000元，占52.68%；纯氮价格主要集中在每千克6～10元，占64.29%；稻谷商品率在70%以上的农户比例达到53.57%；稻谷商品率在70%以上的农户比例达到53.57%。样本所涉虚拟变量基本特征描述见表6－3。

表6－3　样本所涉虚拟变量基本特征

变量名称	分类情况	频数	所占比重（%）
村干部	是	8	3.57
	不是	216	96.43
劳动类型	以50%以上时间务农	118	52.68
	少于50%以上时间务农	106	47.32
土地肥力类型	土地肥力差＝1	10	4.46
	其他＝0	214	95.54
是否采用有机肥	采用有机肥＝1	12	5.36
	其他＝0	212	94.64
认知	看懂化肥袋上说明书＝1	148	66.07
	看不懂化肥袋上说明书＝0	76	33.93
是否参加化肥知识培训	参加＝1	212	94.64
	没参加＝0	12	5.36
是否采用配方肥技术	采用技术＝1	42	18.75
	没有采用技术＝0	182	81.25

在虚拟变量部分：有52.68%的家庭其50%以上劳动时间用于农业生产；大

部分农户认为自己土地肥力较好，认为其较差的占4.46%；仅有5.36%的样本农户使用了有机肥，大部分农户未采用有机肥，说明目前有机肥的使用率相当低；占样本总数66.07%的农户能够读懂化肥袋上的说明书，并了解所涉及符号含义，如N、P、K及养分含量含义；高达94.64%的农户参加过化肥技能培训；但是实际采用配方肥技术的农户比例还处于较低水平，仅为18.75%。

6.1.3 模型估计结果分析

运用Stata统计软件对调查数据进行多元线性回归，并选用逐步回归方法。除商品率变量是以平方项形式代入模型外，其他变量均采用一次项形式。在处理过程中首先将所有可能对因变量有影响的自变量都引入模型进行显著性检验（结果见模型一），然后根据检验结果，在一个或多个不显著的变量中，将t检验值最小的那个变量剔除再重新拟合回归方程，并进行各种检验，直到所保留的自变量对因变量的影响都通过显著性检验为止（结果见模型二）。具体结果见表6－4。从回归结果看，模型整体拟合效果较好。

表6－4　稻农施氮肥行为模型估计结果

变量名称	模型一		模型二	
	系数	T统计值	系数	T统计值
年龄（Per_1）	－0.016	－0.03	—	—
文化程度（Per_2）	－0.231	－0.15	—	—
村干部（Per_3）	－46.830***	－4.00	－45.757*	－1.76
劳动类型（Fam_1）	9.957	0.60	—	—
家庭收入（Fam_2）	0.00036	0.15	—	—
土地肥力类型（Fam_3）	117.750***	7.13	118.246***	5.08
是否采用有机肥（Fam_4）	－11.001	－0.75	—	—
化肥价格（E_1）	－2.941**	－2.73	－2.975**	－2.36
商品率（E_2^2）	－44.664***	－2.96	－5.735***	－3.19
认知（Cap）	－43.246***	－3.63	－44.046***	－4.34
是否参加化肥知识培训（Pol_1）	－49.864**	－2.04	－46.925***	－3.00
是否采用配方肥技术（Pol_2）	－48.779***	－3.41	－47.953**	－3.88
常数	392.532***	9.860	397.297***	15.55
模型整体检验统计量	—	—	—	—
F检验	—	19.98***	—	15.66***
Adj-R^2检验	—	0.519	—	0.483

注：*、**、***分别代表在10%、5%、1%的水平上统计显著。

6.1.3.1 治理政策特征对农户氮肥施用量的影响

是否参加化肥知识培训变量在两个模型中均通过了5%水平的显著性检验且方向为负，与假设一致；系数含义表明，与没有参加化肥知识培训的农户相比，参加培训农户平均每公顷节氮49.864千克①。

是否使用配方肥技术变量在两个模型中均通过1%水平的显著性检验，与假设一致；系数含义表明，在其他条件不变的情况下，与没有采用配方肥技术的农户相比，采用技术农户平均每公顷节氮48.779千克。该结果验证了假说3，即农业面源污染治理政策对农户行为导致的农业面源污染量有负向影响。

6.1.3.2 控制变量对农户氮肥施用量的影响

首先，农户户主基本特征对农户施氮量的影响。户主年龄和文化程度对施肥量没有显著的影响。户主是村干部对施肥量有显著的负向影响作用，该变量模型一通过了1%水平的显著性检验，模型二通过了10%水平的显著性检验，与假设一致；与不是村干部农户相比，村干部倾向于少施氮肥。

其次，农户家庭及生产特征对农户施氮量的影响。劳动类型、家庭收入和是否采用有机肥对农户施肥量没有显著的影响。土地肥力类型变量在两个模型中均通过了1%水平的显著性检验且方向为正，与假设一致。在其他条件不变的情况下，相对土地肥力不差的农户，土地肥力差的农户平均每公顷施氮量要增加117.75千克，影响较大。原因在于农户考虑到土地肥力较差，倾向于多施化肥来增加肥力，加之盲目心理作用推波助澜，导致系数较大。

再次，商品交易特征对农户施氮量的影响。化肥价格在两个模型中均通了5%水平的显著性检验且方向为负，与假设一致。该结果意味着在其他条件不变的情况下，纯氮肥价格每千克增加1元，农户化肥施肥量减少2.941千克，从此意义上讲可以通过价格杠杆来调节农户化肥施用量。商品率在模型中采用的是平方项，商品率平方项在两个模型中均通过了1%水平的显著性检验，且符号为负，与假设一致。稻谷商品率较低的农户主要以自我消费为主，化肥施用量较低；随着商品率的提高，农户为提高产量倾向于多施化肥；但是随着商品率继续提高到一定程度，农户对种植业依赖继续增大，这时农户成本收益意识更强，愿意采用新施肥技术控制成本，减少单位土地化肥施用量。

最后，农户的科学施肥能力特征对农户施氮量的影响。科学施肥能力变量用农户是否读懂化肥袋上的说明书表示，知道为1，不知道为0。估计结果显示该变量在两个模型中均通过了1%水平的显著性检验且方向为负，符合原假设。系数含义表明，与不懂化肥相关知识的农户相比，懂化肥知识的农户其施氮量每公

① 系数主要根据模型一结果分析，后同。

顷节约 43.246 千克。

6.2 农户配方施肥技术采用行为分析

6.1 节研究结果表明，测土配方技术采用行为确实对农户氮肥施用量产生负向影响并有助于农业面源污染的减少。那么，农户配方施肥技术采用行为就成为治污过程中重要的一环。要研究农户配方施肥技术采用行为，首先要回顾配方肥技术的政策特点。根据理论部分对农业面源污染治理政策的分类方法，目前江苏省治理政策可做如下梳理：①命令控制型政策，该方法是一种强制方法，也是占统治地位的政策工具，如畜禽养殖场的强制关停，又如太湖沿岸种植业生产的限制。②经济激励型政策，如绿肥以奖代补、商品有机肥补贴政策。③自愿计划型政策，与命令控制型政策不同，自愿计划型政策是通过面源污染者自愿采用政府提倡的减污技术而达到减污效果。自愿计划型政策被广泛用于美国、西欧等发达国家，如美国实施的最佳管理实践。为提高其实施效果，自愿计划型政策往往会辅之以一些强制性、激励性政策或者采用广泛宣传、教育培训等推广方式。江苏省目前所推行的配方肥技术推广政策就是一项典型的自愿计划政策。

配方肥技术有测土、配方与施肥 3 个环节。当地政府在完成“测土”和“配方（指导）”环节以后，剩余的“施（配方）肥”环节实施与否完全取决于农户技术采用行为，政府主要采用广泛宣传、教育培训等辅助方式推动农户采用新技术，但不能强制农户使用。农户技术采用行为成为决定配方施肥技术推广工作成败的关键点。本节就是在上一节的基础上，对影响农户配方肥技术采用的诸多因素进行研究，以期找到有助于提高农户该技术采用率和采用强度的政策措施。为深入研究农户配方施肥技术采用行为，首先将其分解成技术选择和采用强度两步。分析逻辑示意见图 6-2。

本部分对农户配方肥技术采用行为进行研究的调研数据来自江苏省土肥站于 2009 年 8 月中、下旬组织的江苏省配方肥效果的调查（不同于 6.1 所用数据）。在全省 80 个实施配方肥技术推广项目的县中按照随机抽样的原则，分别在 2005 年、2006 年、2007 年和 2008 年新增项目县中各抽取 2 个项目县为调查点，合计抽取海安、江都、溧阳、扬中、滨海、常熟、姜堰、铜山共 8 个县（市）。在每个调查县（市）中随机抽取 3 个乡镇进行访谈，在每个调查乡镇抽取 2 个村进行访谈，每个村依据户主花名册随机等间距抽取 8 个农户进行问卷调查。共完成农户调研问卷 384 份，剔除因逻辑错误或数据缺失等原因无效的调查问卷 8 份，有效问卷 376 份。样本分布如表 6-5 所示。

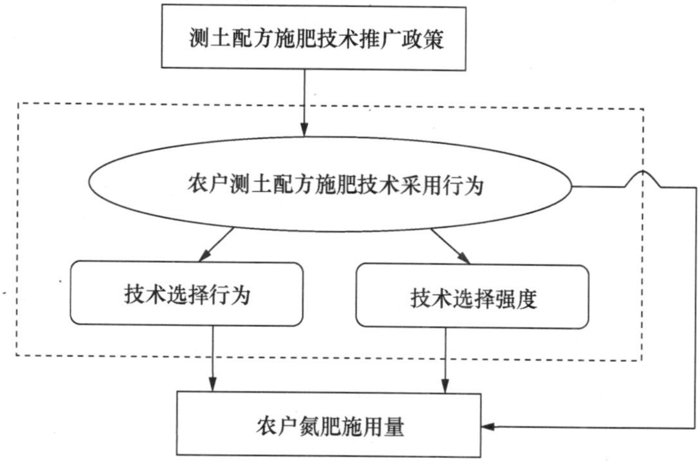

图 6-2 农户配方施肥技术采用行为分析

注：虚线框内为 6.2 研究内容。

表 6-5 调研样本点的分布情况

地区	样本数量（个）	样本比例（%）
海安	46	12.23
江都	47	12.50
滨海	47	12.50
姜堰	47	12.50
常熟	48	12.77
铜山	47	12.50
溧阳	48	12.77
扬中	46	12.23
合计	376	100

6.2.1 成本收益分析①

根据第 2 章理论分析框架，理性农户在进行生产决策时，希望实现一定时期内在一定约束条件下目标函数的最大化。在假设这一目标仅为经济利益的前提下，要使农户采用某项农业技术，就要使农户实现采用该技术的净收益最大化。进一步说，如果将采用农业技术的过程看成新旧技术应用效果对比的过程，则新技术得到采用的条件是采用该技术的净收益不会低于采用传统技术的净收益。技

① 引自《2009 年江苏省测土配方施肥效果评价报告》。

术采用后是否有节本增效的好处是决定农户采用该技术的关键因素。

对8个县（市）调查农户2009年水稻和小麦两季作物肥料施用成本及作物产出效益进行了测算，结果显示（见表6－6），测土配方施肥农户（简称测土户）年亩产出扣除化肥支出后收益较非测土配方施肥农户（简称非测土户）平均增加73元。其中，扬中和常熟两县（市）每亩最低，分别仅为13元、15元；其他县（市）年亩增加值达61～198元，以铜山县为最高。

表6－6　调查项目县（市）农户施肥支出与产出效益情况

单位：元/年亩

地区	类别	肥料支出	稻麦产出	扣除肥料支出的产出收益	测土户较非测土户年亩增加收益（产出－肥料支出）
海安	测土配方施肥户	233	1907	1674	75
	非测土配方施肥户	271	1870	1599	
江都	测土配方施肥户	261	1875	1614	61
	非测土配方施肥户	296	1850	1554	
姜堰	测土配方施肥户	284	1790	1506	102
	非测土配方施肥户	329	1733	1403	
扬中	测土配方施肥户	318	1794	1476	15
	非测土配方施肥户	337	1798	1461	
溧阳	测土配方施肥户	270	1754	1484	92
	非测土配方施肥户	271	1663	1392	
常熟	测土配方施肥户	249	1661	1412	13
	非测土配方施肥户	241	1640	1399	
铜山	测土配方施肥户	300	1965	1665	198
	非测土配方施肥户	317	1784	1467	
滨海	测土配方施肥户	288	1780	1492	26
	非测土配方施肥户	308	1774	1466	
平均	测土配方施肥户	284	1816	1532	73
	非测土配方施肥户	304	1764	1460	

资料来源：《2009年江苏省测土配方施肥效果评价报告》。

根据8个县（市）调查农户水稻、小麦种植面积、施肥量及产出情况，计算出产出收益扣除肥料成本后增加值及增收节支总额，如表6－7和表6－8所示。结果表明，水稻测土配方施肥农户年亩产出收益扣除肥料成本后平均值分别比非测土户增加37元，8个县（市）水稻测土配方施肥累计节本增效达到1.9亿元①。小麦测土配方施肥农户年亩产出收益扣除肥料成本后平均值比非测土施肥

① 假设除化肥外其他成本均保持不变。

户平均增加 32 元。8 个县（市）小麦测土配方施肥累计节本增效达到 1.4 亿元①。上述数据均表明测土配方技术确实有节本增效的好处。

表 6－7 调查项目县（市）水稻测土配方施肥节本增效情况

县别	肥料成本（元/亩）		产出（元/亩）		产出收益－肥料成本（元/亩）	水稻种植总面积（万亩）	节本增效总额（万元）
	测土户	非测土户	测土户	非测土户			
海安	133	159	1174	1150	50	56.6	2830
江都	138	164	1120	1112	34	85.0	2890
姜堰	156	190	1092	1064	62	49.1	3044
扬中	139	189	1234	1224	60	13.4	804
溧阳	167	149	1160	1074	68	60.7	4128
常熟	160	159	1056	1042	15	35.2	528
铜山	151	174	1146	1046	123	56.0	6888
滨海	184	168	1100	1118	－34	68.7	－2336
累计	—	—	—	—	—	424.7	18776
平均	162	169	1135	1104	37	—	—

资料来源：《2009 年江苏省测土配方施肥效果评价报告》。

表 6－8 调查项目县（市）小麦测土配方施肥节本增效情况

县别	肥料成本（元/亩）		产出（元/亩）		产出收益－肥料成本（元/亩）	水稻种植总面积（万亩）	节本增效总额（万元）
	测土户	非测土户	测土户	非测土户			
海安	100	112	733	720	25	55.0	1375
江都	123	132	755	738	26	69.0	1794
姜堰	128	140	698	669	41	41.8	1714
扬中	179	204	560	574	11	10.0	110
溧阳	103	122	594	589	24	30.0	720
常熟	89	74	605	598	－7	26.0	－182
铜山	149	143	819	738	75	72.0	5400
滨海	104	139	680	656	59	53.8	3174
累计	—	—	—	—	—	357.6	14105
平均	122	135	681	660	32	—	—

资料来源：《2009 年江苏省测土配方施肥效果评价报告》。

① 引自《2009 年江苏省测土配方施肥效果评价报告》。

6.2.2 模型构建

结合已有文献研究方法和数据可得性，在分析农户配方施肥技术采用行为的影响因素时，将引入模型中的解释变量主要分成5类：户主基本特征、家庭及生产经营特征、户主科学施肥能力特征、市场环境特征、治理政策环境特征（具体设置见表6-9）。被解释变量则有两个：一个是反映农户是否选择配方施肥技术的二元选择变量；另一个是反映农户配方施肥技术采用强度的变量，具体采用配方肥施用比例。

户主基本特征。主要包括户主年龄、文化程度、是不是村干部以及主要劳动类型。农户的年龄越大越不易接受先进施肥理念，越倾向保留原有施肥方式而不采用配方施肥技术。农户教育程度越高，接受新事物能力越强，采用科学施肥方式意愿也越强，因而越倾向于采用施肥较少的配方施肥技术。假设是不是村干部对配方施肥技术采用有正向影响，主要考虑到村干部会出于示范目的而带头采用政府推广技术。劳动类型对技术采用行为的影响方向难以确定。

户主家庭及生产经验特征。主要包括家庭规模、家庭收入、土地规模特征，该特征对技术采用行为影响难以确定。

户主科学施肥能力特征。主要包括3个认知变量特征：第一，是否知道化肥袋上N、P_2O_5、K_2O的含义，其中N是指氮元素，P_2O_5是指含磷元素化合物，K_2O是指含钾元素化合物；第二，是否知道化肥袋上养分含量标注比例的含义，如15-15-15是指上述所涉及3种元素（化合物）的比例是15:15:15；第三，是否认为“施肥越多，产量越高”正确。如果农户能说出第一个和第二个指标的正确含义，一般认为该农户科学施肥能力越强，因此配方肥技术采用倾向越高。第三个指标，如果认为其正确则反而说明其科学施肥能力弱，配方肥技术采用倾向则低些。

市场环境特征。主要包括配方肥销售价格以及村级化肥店的数量。关于配方肥价格，通常认为价格越高，农户越不倾向于购买配方肥，亦即越倾向于放弃配方施肥技术。村级化肥店的数量反映农户购买配方肥的便利程度，一般认为，村级化肥店数量越多，农户越能方便购得配方并采用配方肥技术。

治理政策环境特征，主要包括是否是示范户、是否拿到配方卡、参加培训次数以及所在乡镇参加培训的人数。一般认为是示范户、拿到配方卡以及参加配方肥培训次数的农户家庭越倾向于采用配方肥技术。所在乡镇参加培训的人数（结果来自针对于乡镇的调研问卷），间接反映配方施肥技术在本乡镇推广力度与可能获得的配方肥技术采用氛围，假设所在乡镇参加培训的人数越多，当地的推广氛围越好，农户越倾向于使用配方施肥技术。

6.2.2.1 模型Ⅰ：农户配方肥技术选择行为模型

第一步，农户的技术选择只有两种：一种是选择新技术，另一种是不选择新技术。为考察各影响因素对农户配方施肥技术选择的影响，建立理论模型（模型Ⅰ）如下：

$$\text{Prob}\ (\text{tech}=1) = \beta_{10}+\beta_{11}X_1+\beta_{12}X_2+\beta_{13}X_3+\beta_{14}X_4+\beta_{15}X_5+\sigma \qquad (6-2)$$

模型Ⅰ中 tech =1 代表农户选择测土配方技术，tech =0 代表农户不选择测土配方技术，X_1 代表户主基本特征，包括年龄、文化程度以及是不是村干部特征；X_2 代表家庭及生产经营特征，包括家庭规模、家庭收入、土地规模以及主要劳动类型；X_3 代表户主科学施肥能力特征，主要包括 3 个认知变量特征（具体设置见表 6－2）；X_4 市场环境特征，主要包括配方肥销售价格以及村级化肥店的数量；X_5 治理政策环境特征，主要包括是不是示范户、是否拿到配方卡、参加培训次数、所在乡镇培训总人数；σ 为误差项。

考虑到因变量是二元选择变量，选择 Probit 模型对式（6－2）进行估计。Probit 模型工作原理如下：

在一个二值响应模型中，响应概率如下式：

$$P(y=1 \mid x)=G(\beta_0+\beta_1x_1+\beta_2x_2+\cdots+\beta_kx_k)=G(\beta_0+x\beta) \qquad (6-3)$$

式中，x 表示全部解释变量所构成的集合；y 表示采用配方施肥技术；G 表示一个标准正态的累积分布函数，取值范围严格介于 0 ~ 1 的函数：对所有实数 z，都有 0 < G（z） < 1。

$$G(z) = \Phi(z) \equiv \int_{-\infty}^{z} \varphi(v)\,dv \qquad (6-4)$$

式中，$\varphi(z)=(2\pi)^{-1/2}\exp(-z^2/2)$ (6－5)

Probit 模型可以从一个满足经典线型模型假定的潜变量模型（Latent Variable Model）推导出来。对于 Probit 模型采用最大似然方法进行估计。

在具体运用中，以农户选择与不选择配方肥技术为因变量，分别用 1 和 0 表示，分析各种影响因素对农户技术选择的影响。

6.2.2.2 模型Ⅱ：农户配方肥技术采用强度模型

第二步，在分析农户是否采用配方技术影响因素的基础上，进一步分析农户配方肥采用强度。农户配方肥采用强度用农户所施配方肥中氮含量占全部化肥氮含量之比来表示。为考察各影响因素对农户配方肥采用强度的影响，建立模型Ⅱ如下：

$$\text{prop}=\beta_{20}+\beta_{21}X_1+\beta_{22}X_2+\beta_{23}X_3+\beta_{24}X_4+\beta_{25}X_5+\varepsilon \qquad (6-6)$$

式中，prop 为农户施用配方肥氮折纯量占全部施用化肥氮折纯量比例（简称配方肥施用比例）；X_1、X_2、X_3、X_4 以及 X_5 含义以及所含变量同式（6－5）；ε

为误差项。

考虑到模型中部分没有采用配方肥的农户其配方肥施用比例为零，因变量将同时存在大量零值和介于 0 和 1 之间的正值连续变量。因此，对式（6－6）进行估计时采用受限因变量的 Tobit 模型。Tobit 模型的工作原理如下：

农户配方肥采用强度是一个限值因变量，在严格为正值时大致连续，但总体中有一个不可忽略的部分取值为零，即采用配方施肥技术的农户其配方肥数量占总体化肥数量比例为大致连续的正值，但是没有采用配方施肥技术的农户配方肥施用比例为零。Tobit 模型可以定义为一个潜变量模型：

$$y^* = \beta_0 + x\beta + \mu \mid x \sim Normal(0, \sigma^2) \tag{6-7}$$

$$y = \max(0, y^*) \tag{6-8}$$

潜变量 y^* 满足经典线性模型假定。具体而言，它服从具有线性条件均值的正态同方差分布。式（6－8）意味着，当 $y^* \geq 0$ 时，所观测的变量 $y = y^*$，当 $y^* < 0$ 时，则 $y = 0$。由于 y^* 服从正态分布，所以 y 在严格正值上连续分布。具体而言，对于正值，给定 x 下 y 的密度与给定 x 下 y^* 的密度一样。而且 u/σ 服从正态分布并独立于 x，所以：

$$P(y=0 \mid x) = P(y^* < 0 \mid x) = P(u < -x\beta) = P(u/\sigma < -x\beta/\sigma)$$
$$= \Phi(-x\beta/\sigma) = 1 - \Phi(x\beta/\sigma) \tag{6-9}$$

若 (x_i, y_i) 是来自总体的一次随机抽取，则在给定 x_i 下 y_i 的密度为：

$$(2\pi\sigma^2)^{-1/2}\exp[-(y-x_i\beta)^2/(2\sigma^2)] = (1/\sigma)\,\phi\,(y-x_i\beta)/\sigma,\ y>0 \tag{6-10}$$

$$P = (y_i = 0 \mid x_i) = 1 - \Phi(x_i\beta/\sigma) \tag{6-11}$$

式（6－11）中，ϕ 为标准正态分布函数。和 Probit 模型一样，对 Tobit 模型可以采取极大似然估计法进行模型结果估计。

6.2.3 变量定义与样本分析

模型中所涉变量含义见表 6－9。

表 6－9 主要变量含义及预期影响方向

变量名称	变量定义	预期方向
户主基本特征（X_1）		
年龄（x_{11}）	户主的实际周岁年龄	－
文化程度（x_{12}）	户主正规教育年限	＋
村干部（x_{13}）	是村干部为 1，不是为 0	＋
劳动类型（x_{14}）	以 50% 以上时间务农为 1，其他为 0	＋

续表

变量名称	变量定义	预期方向
家庭及生产经营特征（X_2）		
家庭规模（x_{21}）	家庭实际人口数	?
家庭收入（x_{22}）	家庭年人均收入	?
土地规模（x_{23}）	实际种植规模	?
科学施肥能力特征（X_3）		
认知1（x_{31}）	知道化肥袋上N、P_2O_5、K_2O的含义为1，不知道为0	+
认知2（x_{32}）	知道化肥袋上养分含量标注比例（如15－15－15）的含义为1，不知道为0	+
认知3（x_{33}）	认为“施肥越多，产量越高”正确为1，认为不正确为0	−
市场环境特征（X_4）		
配方肥价格（x_{41}）	配方肥价格	−
本村化肥店数（x_{42}）	本村化肥经销店的数量	+
治理政策环境特征（X_5）		
示范户（x_{51}）	是配方施肥技术示范户为1	+
是否拿到配方卡（x_{52}）	拿到配方卡为1，没有为0	+
参加培训次数（x_{53}）	参加培训次数，没参加为0	+
本乡镇培训总人数（x_{54}）	所在乡镇培训人数	+

结合资源来源，样本简单描述性统计分析见表6－10。

表6－10　样本简单描述性统计分析

变量名称	均值	标准差	最小值	最大值
年龄（x_{11}）	53.843	10.948	35	82
文化程度（x_{12}）	7.689	3.561	0	16
村干部（x_{13}）	0.168	0.374	0	1
劳动类型（x_{14}）	0.795	0.404	0	1
家庭规模（x_{21}）	4.170	1.428	1	9
家庭收入（x_{22}）	27991.614	2843.377	12534	45800
土地规模（x_{23}）	12.201	59.425	0.4	1100
认知1（x_{31}）	0.585	0.493	0	1
认知2（x_{32}）	0.729	0.445	0	1

续表

变量名称	均值	标准差	最小值	最大值
认知 3（x_{33}）	0.082	0.275	0	1
配方肥价格（x_{41}）500 克/元	1.219	0.339	0.5	2.9
本村化肥店数（x_{42}）	1.173	0.982	0	4
示范户（x_{51}）	0.301	0.459	0	1
是否拿到配方卡（x_{52}）	0.851	0.356	0	1
参加培训次数（x_{53}）	3.082	3.697	0	30
本乡镇培训总人数（x_{54}）	15662.02	32486.75	15	143385

6.2.4 模型估计结果分析

根据6.2.2 内容，将农户配方施肥技术采用行为分解成两步，第一步是技术选择行为，第二步是技术采用强度，分别运用 Stata10.0 软件对两部分模型进行估计。表 6－11 与表 6－12 分别为农户配方施肥技术选择行为以及农户配方施肥技术采用强度的模型估计结果。①

6.2.4.1 模型Ⅰ：农户配方肥技术选择行为模型

从表 6－11 可知，农户配方肥技术选择行为模型（模型Ⅰ）估计结果总体良好。各变量对农户配方施肥技术选择行为的影响分析如下：

表 6－11 农户配方施肥技术选择行为模型估计结果（模型Ⅰ）

自变量	系数	Z 统计值
户主基本特征		
年龄	0.008	0.78
文化程度	0.016	0.50
村干部	0.358	1.04
劳动类型	－0.105	－0.44
家庭及生产经营特征		
家庭规模	0.040	0.52
家庭收入	0.00008 *	1.85

① 同时采用运用 Heckman 模型估计方法对可能偏差进行纠偏。但因模型结果中逆米尔斯率（IMR）的 Z 值不显著，说明样本不存在选择问题所以无须纠偏，故弃用 Heckman 模型。

续表

自变量	系数	Z 统计值
土地规模	0.0006	0.15
科学施肥能力特征		
认知 1	0.450*	1.71
认知 2	-0.363	-1.26
认知 3	-1.200***	-4.09
市场环境特征		
配方肥价格	-1.107***	-3.38
本村化肥店数	-0.200*	-1.75
治理政策环境特征		
示范户	1.125**	3.24
是否领配方卡	0.975***	4.02
参加培训次数	0.113*	1.82
乡镇培训人数	0.000009*	1.89
常数项	0.382	0.38
Log likelihood	-96.375	
Pseudo R^2	0.329	

注：***、**、*分别表示通过1%、5%以及10%水平的显著性检验。

户主基本特征。户主基本特征对农户是否选择配方施肥技术没有显著的影响。

家庭及生产经营特征。家庭及生产经营特征中仅有家庭收入在10%的显著水平上通过检验并对农户技术选择行为有正向影响，可能原因在于配方肥与普通肥相比价格稍贵，因此家庭收入较大农户与收入较小农户相比，更易采用配方施肥技术。

科学施肥能力特征。科学施肥能力特征中认知1在10%的显著性水平上通过检验并与农户技术选择正相关，与假设一致。认知2对农户技术采用行为的影响不显著。认知3在1%的显著性水平上通过检验并与农户技术选择负相关，与假设一致。“施肥越多，产量越多”本身是一种错误判断，认为该判断正确（取值=1）的农户说明其对化肥认识存在偏差，科学施肥能力较弱，从而配方施肥技术选择的概率下降。

市场环境特征。市场环境特征对农户技术选择行为有显著影响。配方肥价格在1%的显著性水平上通过检验，且对农户技术选择行为有负向影响，与假设一致。配方肥价格越高，对配方施肥需求就越少并带来技术采用的降低。

本村化肥经销店个数变量在1%的显著性水平上通过检验，且对农户技术选择行为有负向影响，与假设不一致。原因在于：相当一部分村级化肥店不是农技推广部门指定的配方肥销售点，店内只有部分或完全没有配方肥出售，化肥店出于自身利益考虑会增加“促销”力度游说农户购买本店的非配方肥，因此，会出现化肥店数量越多反而对配方施肥技术选择产生负面影响。

治理政策环境特征。治理政策环境特征对农户技术选择行为有显著影响。是否是示范户在5%的显著性水平上通过检验，且示范户倾向于选择配方技术，与假设一致，原因在于示范户具有带头选择技术的义务，从而更倾向于选择配方施肥技术。

是否拿到配方卡在1%的显著性水平上通过检验，且与配方施肥技术选择呈正相关，与假设一致，原因在于入户的配方卡是农技人员根据农户情况提供的、具有针对性的配方肥施用信息（包括施肥种类、数量、时间等），因此拿到配方卡的农户更倾向于选择配方施肥技术。

农户参加培训次数在10%的显著性水平上通过检验，且与配方施肥技术选择呈正相关对农户技术选择行为有正影响，与假设一致，原因在于培训次数越多的农户对配方肥施用的好处和方法认识越多，越愿意采用配方施肥技术。

所在乡镇培训总人数在10%显著性水平上通过检验，且与配方施肥技术选择呈正相关，原因在于当更多的农户通过培训了解技术后，一方面良好的舆论环境有助于农户选择技术，另一方面“从众”心理也会推动农户选择技术。

6.2.4.2　*模型Ⅱ：农户配方肥技术采用强度模型*

从表6－12可知农户配方肥技术采用模型（模型Ⅱ）估计结果，模型结果总体良好。Tobit模型结果与Probit模型实证结果大部分一致，但也存在差别，具体各变量对农户配方施肥技术采用强度的影响分析如下：

表6－12　农户配方施肥技术采用强度模型估计结果（模型Ⅱ）

自变量	系数	Z统计值
户主基本特征		
年龄	－0.002	－1.39
文化程度	0.013***	2.62
村干部	0.020	0.51
劳动类型	0.099**	2.47
家庭及生产经营特征		
家庭规模	0.005	0.44

续表

自变量	系数	Z 统计值
家庭收入	0.00004	0.65
土地规模	0.0009 **	2.55
科学施肥能力特征		
认知 1	0.078 *	1.93
认知 2	-0.053	-1.19
认知 3	-0.141 **	-2.55
市场环境特征		
配方肥价格	-0.221 ***	-4.48
本村化肥店数	-0.051 ***	-3.12
治理政策环境特征		
示范户	0.017	0.50
是否领配方卡	0.231 ***	5.04
参加培训次数	0.012 ***	2.61
乡镇培训人数	0.00002	0.57
常数项	0.528 ***	3.66
Log likelihood	-100.027	
Pseudo R^2	0.348	

注：***、**、*分别表示通过 1%、5% 以及 10% 水平的显著性检验。

户主基本特征。户主基本特征中教育对农户配方肥施用比例有负影响，且通过 1% 的显著性水平检验，与假设一致。说明教育程度虽然对农户的技术选择行为没有显著的影响，但是一旦选择了技术，则教育程度越高越倾向于更高的配方肥施用比例。劳动类型对技术采用强度有正影响，且通过 5% 的显著性水平检验，可以解释为劳动类型以务农为主的农户对技术施用情况更是关注，一旦得到增产增收的有利信息后，也更愿意提高配方肥施用比例。

家庭及生产经营特征。家庭及生产经营特征中土地规模对农户配方肥施用比例有正影响，且通过 5% 的显著性水平检验。

农户科学施肥能力特征。农户科学施肥能力特征中的第一个认知对配方肥施用比例有显著正向影响，且通过 10% 的显著性水平，与假设一致。第二个认知对配方肥施用比例无显著影响。第三个认知对配方肥施用比例有显著负向影响，且通过 5% 的显著性水平，与假设一致。同样可以理解为科学施肥能力越高的农户对配方肥的使用好处更为了解，也更愿意提高配方肥施用比例。

市场环境特征。市场环境特征对配方技术采用强度有显著影响。配方肥价格在 1% 的显著性水平上通过检验，且对农户配方肥施用比例有负向影响，与假设一致。配方肥价格越高，对配方施肥需求就越少，从而导致配方肥施用比例越小。

本村化肥经销店个数变量在 1% 的显著性水平上通过检验，且对农户的配方肥施用比例有负影响，与假设相同，其原因仍然同上述分析，由于大多数村级化肥店只有部分或完全没有配方肥出售，化肥店因为销售压力会增加“促销”力度游说农户购买本店的非配方肥，从而减少了配方肥施用比例。这一点可以充分说明化肥销售市场失灵会产生更多的农业面源污染。

治理政策环境特征。治理政策环境特征中拿到配方卡在 1% 的显著性水平上通过检验，且对农户配方肥施用比例有正向影响，与假设一致；参加培训次数在 1% 的显著性水平上通过检验，且对农户配方肥施用比例有负向影响，与假设一致。原因同上。值得思考的是“示范户”变量虽然显著影响农户的配方施肥技术选择行为，但对配方肥施比例却没有预期的正向影响。通过调研，笔者认为主要原因在于部分示范户仅是出于完成示范任务而选择配方施肥技术，对技术认识并不深入，从而出现虽然选择配方施肥技术但是配方肥施用比例却不高的现象。

6.3 配方施肥技术对种植技术效率的影响

测土配方施肥技术（简称配方肥技术）是我国正在推广的用于缓解农业面源污染的环境友好型技术，主要有测土、配方和施配方肥 3 个环节。该技术通过精确施肥，一方面有助于减少农户过量施用的营养元素（如氮肥），减少农业面源污染物排放量；另一方面有助于增加农作物缺乏的营养元素，提高土壤肥力和作物产量。截至 2011 年 7 月，我国测土配方施肥技术覆盖面积已超过 8 亿亩。

技术效率用来衡量要素在等量投入条件下实际产出与最大产出之间的距离，距离越大，则技术效率越低。技术效率越高意味着投入要素资源利用能力越高，反之亦然。测土配方施肥技术作为一项环境友好型技术，是否能带来种植技术效率的提高？这是一个值得研究的问题。测土配方施肥技术目前主要应用于粮食类作物，按照农业部计划还将逐步推广至棉花、油菜、蔬菜类作物。若该技术能够有效改善种植技术效率，则一方面意味着相同投入下的农业产出提高，另一方面意味着相同产出下包括化肥在内的要素投入减少。那么，无论是基于环境友好视角还是粮食安全视角，测土配方施肥技术都将是一个利好技术。

已有关于测土配方施肥技术的研究主要集中于自然科学领域，如确定测土配方肥施用参数、利用 GIS 建立测土配方施肥决策系统等。近年来，在人文社会科学领域，与测土配方施肥技术有关的研究也开始出现，代表性研究有张成玉、肖海峰通过建立粮食作物的单产函数，证实测土配方施肥技术具有一定经济可行性，水稻种植采用测土配方施肥技术每亩单产可增加 32.35 千克，净收益增加 32.81 元。葛继红、周曙东等建立农户决策模型对农户测土配方施肥技术采用行为进行分析，结果表明，良好的技术推广政策环境（如发放配方卡以及增加农户技术培训）是提高农户测土配方施肥技术采用率和采用强度的有效途径。邓祥宏、穆月英等（2011）研究已开始涉及测土配方施肥技术对种植技术效率的影响，文章利用河南省 4 种不同粮食品种（水稻、玉米等）测土配方施肥技术补贴政策出台前后投入产出（宏观）数据建立 8 个决策单元，运用数据包络法（Data Envelopment Analysis，DEA）得到测土配方施肥技术补贴政策实施后技术效率要高于政策实施前技术效率的结论。该研究利用 DEA 方法是一个较好尝试，但鉴于不同作物品种之间投入产出具有较大差异，生产前沿面也不尽相同，因此，将不同作物品种决策单元置于同一模型以同一生产前沿面进行技术效率分析，似有不妥。

以下部分拟以已有文献为基础，利用 2011 年江苏省稻农调研数据，建立技术效率损失模型，探讨测土配方施肥技术对种植技术效率的影响，以期为该技术长期推广提供必要政策依据。与已有关于测土配方施肥技术对种植技术效率影响文献不同之处主要在于：第一，仅以水稻为研究对象，而不是采用多种作物类型为研究对象；第二，利用微观调研数据进行分析；第三，主要采用随机前沿分析方法（Stochastic Frontier Analysis，SFA）建立误差损失模型，以是否采用测土配方施肥技术为影响效率损失的关键变量，分析该技术对水稻种植技术效率的影响。

6.3.1 模型构建

测量技术效率通常有两种方法：一种是非参数方法，如 DEA 方法；另一种是参数方法，如 SFA 方法。两种方法各有长短。相对于 DEA 方法，SFA 方法主要具有两大优势：第一，SFA 方法是一种经济计量方法，以概率分布的观念考察样本点效率的不同，具有统计特征，可对模型本身和模型中参数进行检验；DEA 方法则是一种数学规划方法，不具有统计特征，无法对模型进行检验。第二，SFA 方法可以建立随机前沿模型，使前沿面本身是随机的，而且区分了统计误差项和管理误差项，可以很好地避免不可控因素对非效率产生的影响，使结果更接近于实际；DEA 方法的前沿面是固定的，所有的观察单元共用一个前沿面，并忽略了样本之间的差别，把可控和不可控因素均归为非效率，从而在一定程度上影响了结果的正确性。

根据 Battese 和 Coelli 提出的效率模型，建立随机前沿生产函数以及技术效率损失模型如下：

$$Y_i = X_i\beta + (V_i - U_i)\ (i=1,\ 2,\ \cdots,\ n) \tag{6-12}$$

$$m_i = z_i\delta \tag{6-13}$$

式（6-12）为随机前沿生产函数。Y_i 是生产单位 i 产出；X_i 是生产单位 i 投入要素的 p×1 维向量；β 是生产函数待估参数向量；$V_i - U_i$ 是复合扰动项；V_i 是随机误差项，反映不包括 X_i 的其他因素对产出产生的随机影响；U_i 是管理误差项，反映生产过程中由于管理无效造成的技术效率损失。模型假设如下：随机误差项 V_i 为服从于正态分布的随机变量，方差为 σ_v^2，即 $V_i \sim N(0,\ \sigma_v^2)$，且与管理误差项 U_i 独立；U_i 是非负随机变量，服从均值为 m_i，方差为 σ_u^2 的半正态分布，即 $U \sim |N(m_i,\ \sigma_u^2)|$。

式（6-13）为技术效率损失模型。其中，z_i 是技术效率的 k×1 维向量，δ 是待估参数的 1×k 维向量。δ 为负值表示对技术效率损失有负向影响，即对技术效率有正向影响；δ 为正值表示对技术效率损失有正向影响，即对技术效率有负向影响。

在随机前沿生产函数中，虽然它具有参数线性特性，但因其误差项与最小二乘法的古典假定不同，所以不能用最小二乘法来估计有关参数。运用 Battese 和 Corra 的参数替换方法，用 σ^2 来代替 σ_u^2 和 σ_v^2，令：

$$\sigma^2 = \sigma_u^2 + \sigma_v^2 \tag{6-14}$$

$$\gamma = \frac{\sigma_u^2}{\sigma_u^2 + \sigma_v^2} \tag{6-15}$$

这样可以简化模型的计算。参数 γ∈（0，1），以便在迭代求极大值时有合适的初始范围，并用 Davidon－Fletcher－Powell（DFP）方法进行最终求解。各个生产单位的技术效率（TE_i）以及平均技术效率（TE）计算方法如式（6-16）所示：

$$TE_i = \frac{E(Y_i^* \mid U_i,\ X_i)}{E(Y_i^* \mid U_i = 0,\ X_i)}$$

$$TE = \frac{1}{n}\sum_i TE_i \tag{6-16}$$

式中，i 为观测个数；n 为样本个数。

本研究假定随机前沿生产函数为 C－D 生产函数形式，并且技术进步是中性的，随机前沿生产函数如下：

$$LnY = \beta_0 + \beta_1 LnX_1 + \beta_2 LnX_2 + \beta_3 LnX_3 + \beta_4 LnX_4 + \beta_5 LnX_5 + \beta_6 LnX_6 + \cdots + (V_i - U_i) \tag{6-17}$$

式（6－17）中，产出变量为水稻种植亩均产出（Y），投入变量为亩均投入，主要有：劳动（X_1）、化肥（X_2）、种子（X_3）、农药（X_4）、机械（X_5）、水电（X_6）。各变量均取对数形式。需要说明的是土地虽然是农业生产中重要的投入要素，但由于模型分别以亩均投入和亩均产出为投入、产出变量，因此，在效率损失模型中不考虑土地投入变量。

与式（6－13）相对应的技术效率损失函数设定如下：

$$m = \delta_0 + \delta_1 Z_1 + \delta_2 Z_2 + \delta_3 Z_3 + \delta_4 Z_4 + \delta_5 Z_5 + \delta_6 Z_6 + \delta_7 Z_7 + \delta_8 Z_8 \quad (6-18)$$

式（6－18）中因变量 m 是技术效率损失，根据已有文献，设定影响水稻生产技术效率损失的因素主要有：是否使用测土配方施肥技术（简称配方肥技术，Z_1）、户主性别（Z_2）、年龄（Z_3）、文化程度（Z_4）、家庭非农收入比例（Z_5）、水稻商品率（Z_6）、土地质量（Z_7）和受灾率（Z_8）。其中，是否采用配方肥技术是关键变量，其他变量是控制变量。考虑到采用测土配方施肥技术可减少肥料投入和提高肥料利用率，因此，假设在其他条件不变的情况下，使用测土配方施肥技术有利于减少水稻种植技术效率损失，即假设式（6－18）中 δ_1 值为负。

6.3.2 样本分析

本研究数据来自南京农业大学经济管理学院学生于 2010 年寒假期间在江苏省农村展开的实地调研。江苏省测土配方施肥技术整体推广情况详见第 5 章，不再赘述。样本描述可以参见表 6－13。

表 6－13 变量描述性统计分析

变　量	均值	标准差	最小值	最大值
劳动（折合天数）	7.02	30.22	2	22
化肥（折纯量，斤）	42.41	10.34	20	69
种子（元）	29.66	11.82	10	78
农药（元）	50.54	63.65	30	200
机械（元）	93.75	34.60	85	150
水电（元）	45.09	33.16	26	80
是否使用配方肥技术（采用＝1，未采用＝0）	0.18	0.39	0	1
性别（男＝1，女＝0）	0.87	0.50	0	1
年龄（实岁）	54.77	11.39	20	78
文化程度（年）	7.69	3.76	0	15
非农收入比例（%）	81.73	23.51	0	100
水稻商品率（%）	48.50	36.75	0	100
土地质量（好＝1，不好＝0）	0.59	0.49	0	1
受灾率（%）	3.55	8.36	0	50

6.3.3 模型估计结果分析

6.3.3.1 随机前沿生产函数

本研究使用了 Frontier 4.1 软件对随机前沿生产函数进行极大似然估计（ML），表 6－14 为 Frontier 4.1 软件输出结果。

表 6－14　随机前沿生产函数极大似然估计结果

变量	系数	标准差	T 检验
劳动 X_1（对数形式）	0.0203***	0.0085	2.3780
化肥 X_2（对数形式）	0.3666***	0.0411	8.9226
种子 X_3（对数形式）	0.0136	0.0184	0.7382
农药 X_4（对数形式）	0.0172	0.0143	1.2056
机械 X_5（对数形式）	0.0078	0.0226	0.3455
水电 X_6（对数形式）	－0.0063	0.0174	－0.3638
常数项	5.4341***	0.1689	32.1796
σ^2	0.0878***	0.0245	3.5886
γ	0.9116***	0.0325	28.0163
Log likelihood function	132.3120***		
LR	39.0424***		

注：*、**、*** 分别代表在 10%、5%、1% 的水平上统计显著。

表 6－14 中似然值和似然比检验值表明模型估计结果的可靠性。劳动、化肥两种要素产出弹性通过显著性检验且为正。化肥产出弹性达到 0.3666，说明在其他条件不变的情况下化肥投入仍具有较强增产能力，与亢霞等、赵贵玉等研究结论一致。近年来，国家大力提倡使用测土配方肥、缓释肥、有机肥，有利于土壤肥力和农作物产出的提高。

6.3.3.2 技术效率损失模型

表 6－14 中似然比检验值服从卡方分布，并在 1% 水平上通过显著性检验，说明存在技术效率损失。σ^2 和 γ 高度显著，且 $\gamma = 0.9116$，表明农户水稻生产效率损失是造成最优产出和实际产出差距的主要原因；在影响农户水稻产出的各个随机因素中，有 91.16% 可以由技术效率损失来解释。有必要对式（6－18）进行估计，表 6－15 报告了利用 Frontier 4.1 软件估计随机前沿生产函数时得到的技术效率损失模型估计结果。

表 6-15 效率损失模型的估计结果

变量	系数	标准差	T 检验
是否使用配方肥技术 Z_1	-0.4763***	0.2176	-2.1884
性别 Z_2	-0.7114***	0.2750	-2.5873
年龄 Z_3	0.0027	0.0045	0.5920
文化程度 Z_4	-0.0419**	0.0192	-2.1782
非农收入比例 Z_5	0.0071**	0.0041	1.7570
水稻商品率 Z_6	-0.0067**	0.0035	-1.9055
土地质量 Z_7	-0.0166	0.0714	-0.2323
受灾率 Z_8	0.0122***	0.0040	3.0741
常数项	-2.3986**	1.2075	-1.9865

注：*、**、***分别代表在10%、5%、1%的水平上统计显著。

在技术效率损失模型中，是否使用配方肥技术、性别、文化程度、家庭非农收入比例、水稻商品率和受灾率均对技术效率损失有显著影响。鉴于因变量是技术效率损失而不是技术效率，如果自变量系数符号为负，意味着该自变量对效率损失有负向影响、对技术效率有正向影响。

关键变量。是否使用配方肥技术变量系数为负，且在1%水平上通过显著性检验，说明在其他条件不变的情况下，稻农使用测土配方施肥技术有利于技术效率损失的减少。其原因主要在于农户根据测土配方施肥技术所采用的配方肥施肥数量、施用时期和施肥方法，是科技人员以土壤测试和肥料田间试验为基础，根据作物需肥规律、土壤供肥性能和肥料效应提出的合理方案。采用测土配方施肥技术的农户能够有针对性地为作物补充营养元素，满足作物生长需要，避免化肥过度投入和浪费，有利于种植技术效率损失的减少。

控制变量。第一，户主性别系数为负，男性作为家庭生产行为决策者较之女性有利于技术效率损失的减少，符合我国传统生活方式“男主外、女主内”的特点：男性更倾向于管理田间农业生产，女性更倾向于对家庭内部的管理。第二，户主文化程度系数为负，原因在于教育水平有利于增加农户人力资本，提高农户科学安排生产能力，有利于技术效率损失的减少。第三，家庭非农收入比例系数为正，该比例越高说明农户家庭对农业生产依赖程度越低，越容易轻视田间管理导致技术效率损失的提高。第四，水稻商品率系数为负，商品率反映产品市场化程度和产品获利能力，市场化程度较高有利于农户提高市场意识并按市场需求合理组织生产，有利于技术效率损失的减少。第五，受灾率系数为正，受灾率增加会导致水稻种植中投入资源浪费与产出减少，进而导致技术效率损失的提高。

6.4 本章小结

6.4.1 配方肥技术对农户氮肥施用量的影响

由于农户氮肥施用量及其所产生的农业面源污染量之间存在着正向关联，在其他条件不变的情况下，农户氮肥施用量越多，则产生的农业面源污染量也就越多。因此，为了研究包括治理政策在内的影响因素对农业面源污染排放量的影响，就首先将其转化为研究包括测土配方技术推广政策在内的诸多影响因素对氮肥施用量的影响。

本部分研究内容首先从农户微观层面建立农户氮肥施用量的行为模型，探讨包括污染治理政策在内的影响因素对农户氮肥施用行为的影响。研究结果表明：治理政策特征对农户施肥量有显著的负影响，参加过化肥知识培训的农户施肥量明显少于不参加化肥知识培训的农户施肥量。采用测土配方技术的农户施肥量显著少于不采用配方施肥技术的农户，该技术的采用对农户施肥量存在明显负向影响（验证了假说3）。

其他控制变量。是村干部的农户单位面积稻田施氮量要显著低于不是村干部的农户。土地肥力类型对农户施肥量的影响较大，说明土地肥力较差的农户倾向于多施化肥以弥补土地肥力不足。化肥价格对农户化肥施氮量有负向影响，但影响作用较小。稻谷商品率平方项对农户施氮量有负向影响，说明商品率较低和较高的农户都倾向于少施化肥。农户的科学施肥能力特征对农户施肥量有负向影响。

6.4.2 农户配方肥技术采用行为

江苏省用于治理化肥过量施用的配方肥技术推广工作是一项自愿性计划型政策，农户技术采用行为成为决定配方施肥技术推广工作成败的关键点。通过对影响农户配方肥技术采用的诸多因素进行分析，以期找到有助于提高农户技术采用率和采用强度（响应程度）的政策措施。

首先，农户配方肥技术采用前后的成本收益比较表明该技术有节本增收功效。

其次，将农户配方肥技术采用行为分解成两步：第一步是农户的技术选择行为，农户有选择与不选择技术两种情况；第二步是农户的技术采用强度，在实证中主要运用配方肥施用比例来衡量。

最后，农户配方肥技术采用行为实证研究结果表明，相对于户主基本特征和家庭生产经营特征而言，农户科学施肥能力特征、市场环境特征以及治理政策环境特征对农户的配方施肥技术选择与技术采用强度有更显著的影响。

具体而言，科学施肥能力越强的农户更倾向于采用配方肥技术和更高的技术采用强度。

市场环境特征中配方肥价格对农户的技术选择和技术采用强度均有显著的负向影响；农户所在村化肥经销店的个数对农户的技术选择和采用强度均存在显著负向影响，主要原因在于大多数村级化肥店不是农技推广部门指定的配方肥销售点，店内只有部分或完全没有配方肥出售，化肥店出于自身利益考虑会增加“促销”力度游说农户购买本店的非配方肥，对配方施肥技术采用行为产生负面影响，表现出配方肥销售的市场失灵。

治理政策环境特征中是示范户、拿到配方卡、参加培训的次数越多以及所在乡培训总人数越多的农户越倾向选择配方施肥技术。就技术采用强度而言，拿到配方卡和参加培训的次数越多的农户，其配方肥施用比例越高。

该部分结果表明，农户的配方肥技术采用行为受农户施肥能力、市场环境、治理环境等因素的影响，并且不同因素的影响大小存在差异。至此，验证了假说4。

6.4.3 配方肥技术对农户种植效率的影响

本研究借助农户微观调研数据，利用随机前沿分析方法建立技术效率损失模型，探讨测土配方施肥技术对种植技术效率的影响。研究结果表明：稻农采用测土配方施肥技术有利于水稻种植技术效率的提高。同时，在随机前沿生产函数估计结果中，劳动、化肥对水稻产出弹性显著为正。在技术效率损失模型估计结果中，户主性别为男性、文化程度和水稻商品率对技术效率损失有显著负向影响，即对技术效率有显著正向影响；家庭非农收入比例和受灾率对技术效率损失有显著正向影响，即对技术效率有显著负向影响。

本研究关于测土配方施肥技术有利于提高水稻种植技术效率的结论，为该技术在全国推广提供必要的政策依据。大力推广测土配方施肥技术不仅有利于减缓农业面源污染物排放量，而且还有利于提高水稻种植技术效率，获得农村环境保护和粮食生产两方面双赢。因此，本研究建议进一步加强测土配方施肥技术的推广工作。第一，将测土配方施肥技术推广工作做细、做精，保证测土工作常态化（如每年测土）以提高测土精度，用更因地制宜的小配方代替笼而统之的大配方。第二，深入开展测土配方施肥技术推广工作和教育培训工作，提高农户科学认识和使用配方肥的能力，并利用舆论导向和农户从众行为推动更多农户采用测土配方施肥技术。第三，进一步提高配方卡入户比例；配方卡本身是针对农户生产情况所制定的“一对一”配方肥施用指南，是农户配方施肥的直接依据。第四，完善基层（村级）配方肥销售渠道，引导大中型化肥供销企业进一步运用连锁超市、配送等现代物流手段完善村级供肥服务网络，确保基层农民能方便、快捷地买到放心配方肥。同时，为了进一步提高水稻种植技术效率，政府可以通过教育、培训等方式提高农户教育文化水平；适度推进土地流转速度，提高水稻种植规模和水稻商品率；兴修水利等灌溉设施，降低自然灾害率对水稻种植效率的负面影响。

7 江苏省农业面源污染治理实践——以无锡为例

本章主要从实践的角度分析江苏省农业面源污染的治理政策和治理成效，并将江苏省无锡市作为主要研究对象对上述内容展开分析。选择无锡市的原因有三个：第一，无锡市于2007发生了惊动全国的“太湖蓝藻事件”，该事件是一个典型的水污染事件且后果严重，直接导致无锡市地区70%、200多万居民的供水危机，造成极大的社会反响。第二，无锡市在2007年“太湖蓝藻事件”爆发以后开始展开新一轮全面治污工作，投入大量人力、物力，其环境污染治理的力度当属江苏之最。第三，虽然农业面源污染治理工作不是无锡市太湖治污的全部，但是随着太湖点源污染治理成效不断加强，农业面源污染治理工作已经成为无锡市太湖治理工作的一个核心部分且治理走在全省前列。

无锡市区域简介。无锡市地属苏南，2010年全市实现地区生产总值5758亿元。按常住人口计算人均生产总值超过9万元，按现行汇率折算超过1.3万美元。无锡市素有“太湖明珠”美称，位于太湖之滨，长江三角洲的中部。全市总面积4787.61平方千米（其中市区1622.65平方千米），水面积1277.1平方千米。无锡市的河湖水系概括为：北靠长江，南临太湖，中有江南运河，长江及太湖之间有锡澄、宜兴两大河网水系。无锡市水域中太湖及其湖湾面积达613平方千米，占水域总面积的48%。太湖流域在无锡市境内部分如表7－1所示。

表7－1　太湖流域无锡部分情况

湖泊	位置	面积（km^2）	境内岸线长度（m）	备注
太湖湖体	市区南部，宜兴以东	2003	48	无锡市与苏州市共有
梅梁湖（太湖西北部湖湾）	市区西南部	124.5	45	太湖西北部湖湾
贡湖（太湖北部湖湾）	市区东南部	147	24	太湖北部湖湾，与苏州市共有
竺山湖（太湖西北部湖湾）	市区马山西部	56.7	25	无锡市占面积一半左右，与常州市共有

资料来源：王鸿涌（2009）。

7.1 “压力—状态—响应”分析

在对无锡市农业面源污染治理实践进行分析时，主要采用“压力—状态—响应”（Press - State - Response，PSR）政策分析框架（2.2.1 部分）。结合无锡实际情况，压力因子指无锡市农村居民的生产与生活行为对周围环境的影响和破坏；状态因子指无锡市农业面源污染结果；响应因子指无锡市政府面对农业面源污染造成环境质量下降的状态所采取的治理措施。

压力、状态及响应三因子之间在时间上是交错互织的，但为反映响应效果，在此大致确定一个响应环节的起点时间，以便用于环境状态治理前后对比。太湖治污实践本身可以追溯到 1991 年第一期太湖水环境治理工程，但是农业面源污染的治理起点较晚。在 2008 年《太湖流域水环境综合治理总体方案》中关于农业面源污染治理的说法是“农业面源污染治理开始启动”以及“农村面源污染治理严重滞后”，同时考虑到 2007 年 9 月《江苏省太湖水污染治理工作方案》中正式对农业面源污染控制指标提出明确要求，因此研究就以 2007 年作为响应环节的起点时间。分析如图 7－1 所示，响应因子中的治理政策和治理效果是分析重点。

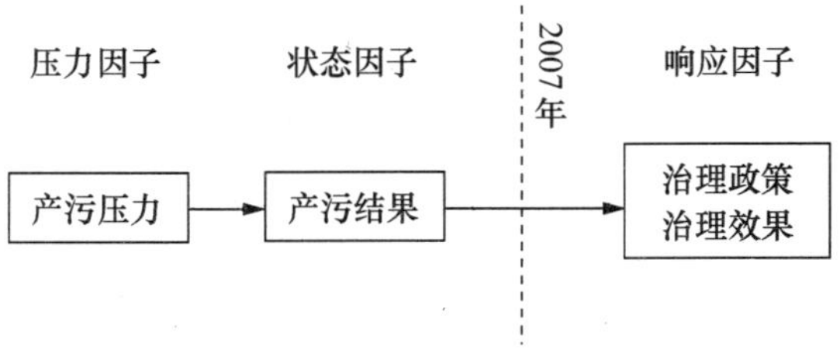

图 7－1　无锡市农业面源污染“压力—状态—响应”模型分析

7.1.1　压力因子

压力因子是指无锡市农村居民生产、生活行为产生农业面源污染。结合农业面源污染的来源途径，本文分别从农田化肥、畜禽养殖、水产养殖、固体废弃物以及农村生活几方面对农业面源污染形成压力予以说明。

第一，农田化肥形成农业面源污染。主要表现为 3 点：首先，无锡市化肥施用经历“无—有—多”的过程。20 世纪五六十年代，主要使用农家肥、自然肥，包括河湖淤泥，八九十年代化肥使用大量增加，据无锡市环境监测中心站在 1996 年 1

月至1998年8月对水稻田和麦田的农田径流多次监测的加权平均值为：总氮是21.01毫克/升（范围在0.38~80.5毫克/升），总磷是0.14毫克/升（范围在0.01~0.32毫克/升）。目前包括无锡在内的太湖流域耕地平均化肥施用量每亩约40千克，是全国平均水平的2.16倍，特别是氮肥的大量使用，给水体污染造成很大困扰。其次，无锡市农业大多为灌溉农业，灌溉水和灌溉余水污染加大了化肥的排放程度，该排放程度要远高于旱地作物因降雨形成的地面径流污染。最后，种植业结构调整，传统的粮、棉、油生产向菜、果、花生产转化，导致污染进一步加重。有研究表明，在包括无锡在内的经济发达的流域地区，菜、果、花、农田面积平均增长了4.4倍，而蔬菜的化肥施用强度和吸收均低于大田作物，造成农田污染的增加。

第二，畜禽养殖形成农业面源污染。主要表现为3点：首先，20世纪80年代以来，随着农业产业结构调整以及政府实施“菜篮子工程”，畜禽养殖量连年增加。其次，在养殖量增加的同时，单位产出的排污量（入水部分）相应增加，主要原因在于养殖规模化造成用水量增加，如养牛、猪、鸡养殖场棚圈冲洗、卫生用水增加。以牛为例，每头牛每天需用水50升，大量的排泄物随用水进入水体。最后，很多畜禽养殖场是傍河而建，且没有污水处理设施，污水直接入河量较大。

第三，水产养殖形成农业面源污染。主要表现为4点：首先，水产养殖面积变大。自1982年试验围网养殖成功以后，太湖人工养殖业得到迅猛发展，养殖的主要形式是围网养殖、围栏养殖及沿湖围垦区的池塘养殖；地点主要集中在五里湖、竺山湖、梅梁湖、贡湖，尤以东太湖养殖面积超常发展。其次，水产养殖类型经历由鱼到蟹的过程，原因在于养蟹净收益较养鱼多。而养殖蟹类对水体的污染要高于鱼类。再次，养殖形式由粗养到精养，单位面积的饵料投入品种和数量均因追求产量而快速增加，过量饵料成为重要的污染源。最后，清塘底泥不再用作种植业底肥，排入水体成为又一污染源。

第四，农田固体废弃物形成农业面源污染。农作物秸秆资源丰富，但随着农村社会发展，农田秸秆利用率逐渐下降和弱化，造成秸秆大量废弃（如随意焚烧或堆积在田埂、路边、水旁），并跟随降水（尤其是暴雨）进入河道形成水体污染。蔬菜废弃物同秸秆相比，则更具有高营养成分的特点，一旦腐烂变质更容易形成农业面源污染。

第五，农村生活形成农业面源污染。无锡地区农村生活条件较好，大部分的农村家庭均有自来水、卫生盥洗设备，并通过排污口或者雨水排污口排入水体，而小部分是明沟排放或直接泼洒在地，靠自然蒸发或渗入地下。但是经由排污口排出的水体，仅有少部分经过污水处理厂（处理能力严重不足），加上未经排污口部分，农村生活污水大部分以直接或间接方式排入到水系之中。

7.1.2 状态因子

来自农业的面源污染除一部分被环境自我净化而消化吸收以外，更多的是留在环境中并同其他来源的污染一同造成周边（水）环境质量下降，最后以极端事件形式爆发出来，“太湖蓝藻事件”就是其表现之一。2007 年发生了惊动全国的“太湖蓝藻事件”，该污染事件直接导致无锡市地区 70%、200 多万居民的供水危机，造成极大的社会反响。事实上，自 20 世纪 90 年代以来，太湖流域富营养化趋势不断加强，蓝藻几乎年年不同程度地爆发。每年春末至秋初间，梅梁湖中的藻类数量在每升 450 万 ~2 亿个，超出了自来水对蓝藻水的处理工艺标准，对自来水的供应屡屡产生影响。

根据《太湖流域水环境综合治理总体方案》，导致 2007 年无锡供水危机的内因是蓝藻爆发，诱因是污水团，根本原因是长期污染。农业面源污染则在太湖长期污染中占有一席之地。根据《江苏省太湖流域水环境综合治理实施方案》数据，江苏省内太湖流域总氮和总磷来自农业面源污染的比例分别达到 47% 和 66%；[①] 其中，总氮与总磷是太湖水体富营养化主要的限制因子。

7.1.3 响应因子

随着城市点源污染治理的边际效用不断递减，农业面源污染治理开始引起广泛关注。包括无锡市在内的各级政府已经意识到：近年太湖污染治理效果并不理想的一个重要原因就是重点源轻面源，重工业轻农业，重城市轻农村，重治理轻预防。因此，政府逐年增加了对无锡市农业面源污染的治理力度。无锡市农业面源污染治理实践中的政策工具，根据已有文献分类方法，可以分成命令控制型、经济激励型、自愿计划型以及其他 4 种类型。

第一，命令控制型政策（包括农业规划、标准制定），该方法是一种自上而下强制推行的方法。主要有：①推进农村城市化，农村人口向城镇集中，2010 年城市规划率达到 75%，2020 年计划达到 85%。②在农村内部建设农业农村污染控制区，通过建立统一的管理机构，对农村各种污染进行统一规划、分类综合处理、建设相应的工程设施。③对种植业重新规划：对农业集中经营，规模经营，调整种植结构，发展生态有机农业和都市农业。④对畜禽养殖业重新规划：划定畜禽禁养区、限制养殖区和适度养殖区。按照人畜分离的原则，在养殖大户相对密集的区域，建设清洁养殖小区；对环太湖 1 千米及主要入湖河道上溯 10 千米两侧 1 千米范围划定畜禽禁养区，原有养殖场（户）必须在规定时间内关闭或迁移。对环

---

① 2008 年国家出台《太湖流域水环境综合治理总体方案》则为另一组数据：其中，总氮的 67.5%、总磷的 51.3% 来自于农业面源污染。

太湖1~5千米，禁止新建畜禽养殖场，并原有养殖场完善环保设施以达到“零排放”。⑤对水产养殖业重新规划。对现有连片规模养殖池塘进行合理布局，在同一区域内规划为主养区、混养区、湿地净化区和水源区4个功能区，构建生态养殖系统；将城镇、太湖周围和水源地附近的鱼池填平，改作绿化、风景建设或退鱼塘还湖。推进农村城市化进程，建设农村污水处理系统。⑥做好生活垃圾的定点集中收集、运输和无害化处理、资源化利用工作。⑦制定标准：制定太湖流域种植业单位面积施用氮、磷肥标准，农田径流污染控制标准，畜禽水产养殖的污染物排放和污水（肥水）处理标准；制定农村生活污水简易处理系统污染物排放标准等；建立农业污染源监测技术规范、建立生态农业园场建设管理标准等。

第二，经济激励型政策。主要包括绿肥补贴和有机肥补贴两大类。首先，针对农户种植绿肥实施补贴，鼓励种植业生产使用绿肥。种植绿肥补贴每亩60元，具体补贴环节及标准为：一是用种奖励：主要用于农民购买绿肥种子的补助，适宜的绿肥种类有紫云英（红花草）、黄花苜蓿、紫花苜蓿、苕子、箭舌豌豆、田菁及其他豆科作物（含肥饲结合、肥菜兼用的经济绿肥）等；按每亩用种2千克，每千克20元标准，每亩补贴40元。二是根瘤菌剂补贴：主要用于农民种植绿肥购买根瘤菌、促进绿肥生长等方面的物资补贴，每亩补贴10元。三是种植补贴，用于农民种植绿肥中的开沟排水、翻压掩埋等劳务补贴，每亩补贴10元。其次，有机肥补贴。为加快规模养殖有机废弃物无害化和资源化利用，发展商品有机肥生产，促进农村环境治理，提高耕地质量，对利用规模养殖畜禽粪便等有机废弃物为原料进行无害化发酵处理，生产推广商品有机肥进行补贴。对推广应用的商品有机肥实行零售最高限价，即每吨不高于520元，省级与地方财政补贴每吨200元，其中，省级财政补贴150元，项目县（市、区）财政补贴50元。财政补贴资金在农民购买有机肥时直接补贴给农民，即农户在购买有机肥时只需支付零售价扣除财政补贴后的部分。

第三，自愿计划型政策，主要是引导农户自愿采用环境友好型技术推广政策，类似于欧美国家所推行的农田最佳养分管理措施（BMPs）：①研发推广各种节氮控磷减农药技术：推广测土配方施肥技术，推行水稻—小麦、水稻—绿肥、水稻—油菜轮作制度，减少基肥用量，研究新型缓释肥，采用节水灌溉方法、减少农田余水等。②推广稻麦草全量还田技术等。③在中小型养殖场大力推广畜禽养殖无污染或少污染的养殖和管理方式；在养殖大户相对密集的区域，建设清洁养殖小区，中小型畜禽养殖场大力推广发酵床生态养殖技术，实现养殖场（圈、栏）无冲洗零排放。④在鱼池区域内推广养殖区和湿地处理净化区技术。

第四，其他政策：①大型生态修复工程。该政策由政府牵头进行，如全面启动贡湖湾等湖岸湿地工程，沿太湖纵深200米范围内开展生态修复，建设防护林和入湖河道生态绿地等，建设农田生态沟和生态隔离带、建设农田余水入河前置库以及建设河道生态修复方廊道等。②对秸秆和农副产品及加工废弃物等，抓紧研制变废为宝产业化的综合再利用技术。③辅助政策。为配合上述治理政策，采用宣传教育，增强环保责任等辅助措施，加强农户保护环境的责任感，要使农户意识到“自己既是污染的贡献者，又是受害者，治理的责任人、决策的监督人”。

各种政策效果的比较分析。首先，命令控制型政策是最基本的解决农业面源污染问题的方法，其好处是能够保证结果确定性，而且见效较快。但是它要求花费巨大的直接成本和间接成本，需要有效的监督和执法措施。其次，经济激励型政策利用市场机制进行农业面源污染治理，它们以其易于管理和低成本而备受各国政府的重视；但是当补贴金额较低时，或者补贴金额难以真正流入农民手中，无论是种植有机肥补贴还是绿肥补贴，均难以达到预期的效果。最后，自愿计划型政策（环境友好型技术推广）实施效果如何，取决于多方面因素，包括技术是否简单易学易操作、技术是否经过“最后一千米”推广到农户手中、农户是否愿意采用该技术等。

7.2 治理成效分析

再次运用第3章的单元调查法，并根据无锡当地实际确定排放系数（王鸿涌，2009），结合历年《无锡统计年鉴》相关数据估算得出近几年无锡市农业面源污染排放的总氮、总磷值如图7-2所示。与前一年相比2007年、2008年和2009年总氮排放量分别减少252.72吨、570.41吨和294.64吨，总磷排放量分别减少2.15吨、45.84吨和19.76吨，说明该市农业面源污染治理工作初见成效。

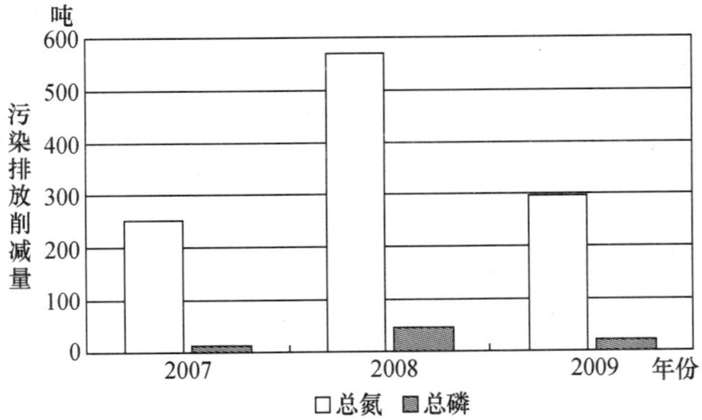

图7-2　2007~2009年无锡市农业面源污染总氮与总磷排放量年度削减量

7.3 进一步讨论

无锡市农业面源污染治理本身并不是一个简单的牺牲农业的过程，而是农业升级改造的过程，从量变到质变的过程。具体表现有3方面：第一，农业污染源减少；第二，农业规模和农业生产率稳步上升；第三，高效农业和生态农业得到长足发展。

第一，农业污染源减少。以无锡市畜禽养殖业为例，污染源减少一方面体现为养殖数量的限制与减少；另一方面体现为留存的畜禽养殖生产尽量达到零排放标准。养殖数量减少主要是在畜禽禁养区、限制养殖区缩减畜禽养殖发展，2005～2009年，牛、羊、猪、兔养殖数量变化见图7－3；牛、羊因饲养期超过一年养殖总量用年末存栏量计，猪、兔因饲养期少于一年养殖总量用当年出栏量计。由图7－3可知：猪、牛养殖数量一直呈现下降趋势，羊养殖数量在2005～2008年一直呈下降趋势，在2009年出现反弹；兔养殖数量出现波动，但2007年以来也一直呈现下降趋势。

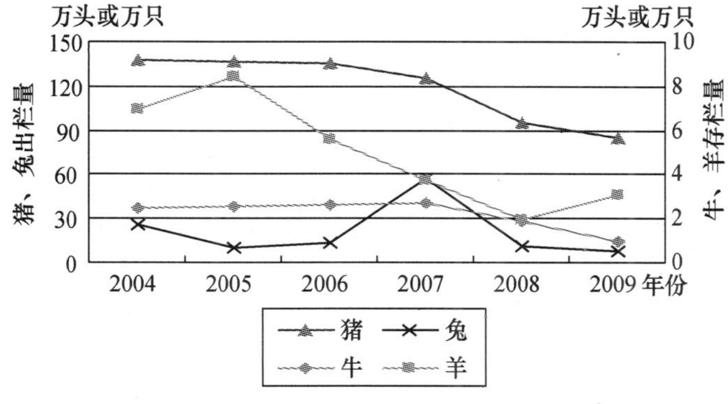

图7－3　无锡市近年畜禽养殖数量变化情况

第二，农业规模和农业生产率稳步上升。无锡市农业面源污染治理中虽然减少了一部分农业污染源，但并不以牺牲农业为代价，近年来无锡市的农业规模总量与农业生产率均稳步提高。按2009年可比价格计算，2005～2009年包括农、林、牧、副、渔在内的农业总产值分别是95.38亿元、101.23亿元、107.67亿元、142.55亿元以及152.70亿元，实现了逐年递增。部分农作物的生产率也有上涨趋势：同

2005年相比，2007年、2008年与2009年粮食单产分别上涨了2.70%、5.88%与8.85%，油料作物单产分别上涨了4.13%、19.29%与15.53%。

第三，高效农业与生态农业得到长足发展。伴随着农业面源污染的治理工作，无锡市农业还呈现出一个显著的特点：高效农业与生态农业获得长足发展。到2009年，全市现代高效农业总面积达106万亩，占耕地面积比重达50.6%，新增设施农业面积3.8万亩，总面积达19.3万亩。培育年产值亿元园区5个，农业适度规模经营面积比例达72.2%。通过市场导向、集中扶持、贴近服务，调动政府、农民、企业3方面积极性，引导工商资本投资开发农业，建设生态高效农业园区，成功培育江阴阳光生态农林园、霞客现代农业园区、宜兴外向型农业园区、锡山红豆杉科技产业园、惠山精细蔬菜产业园5个年产值超亿元的农业园区。

生态农业的发展还体现在林业获得较大发展：2004~2009年四旁植树分别新增574万株、564万株、384万株、507万株、505万株以及298万株，新造林面积分别达到4132公顷、3188公顷、3607公顷、3734公顷、5015公顷以及2778公顷。

农业面源污染本身的分散性、难以监测以及源头控制形式确实给农业面源污染治理带来了困难，取得上述治污效果实属不易。但就无锡市政府农业面源污染治理本身来说，其政策设计和管理效率尚存在一定的问题。

第一，治理政策相对缺位。城乡二元体制决定了目前污染治理存在重点源轻面源、重工业轻农业、重城市轻农村的问题，并导致在主流的环境政策中，缺乏对农村环境保护的关注，对面源污染和土壤污染等方面的相关立法尚处于调研和论证阶段。已有的部分农村环保政策也因可操作性较差而缺乏约束力。目前，无锡市已有的针对农业面源污染的治理政策大多是2007年“太湖蓝藻事件”爆发后采取的应急政策，尚没有完全制度化。总体而言，针对农业面源污染的治理政策相对缺位。

第二，管理效率相对低下。农业面源污染治理的环保管理体系不完善，环保机构长期缺失，环保管理效率相对低下。由于农业面源污染源头地处农村以及污染的非点源性质，造成农业面源污染治理监督成本和执行成本较高，给污染治理工作造成相当大的难度。目前大部分农村基层环保部门处于“无人员、无经费、无仪器”的“三无”状态，造成了相当地区的农业面源污染治理基本处于管理缺位状态。

同时，无锡市农业面源污染治理与太湖污染治理密不可分，因此不能孤立地看待无锡市农业面源污染治理问题，它必须和整个太湖流域污染治理联系在一起。由于无锡市特殊的自然条件和地域条件，导致水藻爆发主要集中在无锡地区，无锡则理所当然地成为（包括农业面源在内的）污染治理的主力军。所涉及的其他省、市、地区则有“搭便车”行为，既可以少治理，又可以享受无锡市污染治理的好处。正如《太湖流域水环境综合治理总体方案》所提“太湖流域的开发、利用与保护，涉及众多部门和两省一市，有关部门各自为政，职能交叉，地区之间存在一定的利益冲突，导致治理效率低下”。

第三，环境治理政策中农户参与性不高。农业面源污染治理的国际通行方法是以源头治理为主。无锡市已有的政策中大部分属于“一刀切”的命令控制型政策，能够切实有效地从源头对农户行为调节的政策尚不多，导致农户参与性不强。

农户虽然知道应该保护环境，但是却不愿意做出保护环境的行为，并认为治理工作应由政府全权负责，因此，农业面源污染治理陷入“政府边治理，农户边污染”的恶性循环。在激励缺失的情况下，农户的有限理性只会让这种恶性循环越走越远，所以政府有责任提高农户的环保责任心与参与意识，在政策设计时考虑到农户主体地位，设计出能够激励农户参与治理的政策，否则农业面源污染的源头治理原则就是一纸空文。在政策设计时，可以借鉴美国的最佳管理措施（BMPs），基于激励和奖励，使农民能够在经济受益的前提下完成环境友好型技术的采用，如对农户使用配方肥进行奖励并保证其使用配方肥收益至少不低于使用前收益。

7.4　本章小结

运用“压力—状态—响应”政策分析框架对无锡市农业面源污染治理实践进行分析。结果表明，农业中农田化肥、畜禽养殖、水产养殖、固体废弃物以及农村生活等给无锡市及周边流域生态环境带来压力，并直接造成周边流域环境质量的下降；政府部门已着手运用大量的命令控制型（如规划与标准的制定）、经济激励型（如绿肥补贴与有机肥补贴）、自愿计划型（如测土配方施肥技术推广）等政策治理工具对农业面源污染进行响应与治理。

在利用单元调查法估算得出无锡市农业面源污染量的基础上，进一步得到2007年、2008年和2009年无锡市农业面源污染总氮排放量分别较前一年减少252.72吨、570.41吨和294.64吨；2007年、2008年和2009年无锡市农业面源污染总磷排放量分别较前一年减少2.15吨、45.84吨和19.76吨。以上数据说明无锡市农业面源污染治理工作已初见成效。同时，无锡市农业面源污染治理本身并不是一个简单的牺牲农业的过程，而是农业升级改造的过程，从量变到质变的过程。具体表现有三个方面：第一，农业污染源减少；第二，农业规模稳步上升；第三，高效农业和生态农业得到长足发展。

8 欧美国家农业面源污染治理政策经验借鉴

目前公认农业是当今最主要的面源污染来源之一。全世界有退化迹象的12亿公顷耕地中，约有12%是由农业面源污染引起的。美国环保局2003年的调查结果显示，农业面源污染是美国河流和湖泊污染的第一大污染源，它导致大约40%的河流和湖泊水体水质不合格，是造成地下水污染和湿地退化的主要原因。在欧洲国家，农业面源污染同样是造成水体，特别是地下水硝酸盐污染的首要来源，也是造成地表水中磷富集的最主要原因，由农业面源排放的磷为地表水污染总负荷的24%～71%，例如在瑞典，不同流域来自农业的氮占流域总氮输入量的60%～87%。爱尔兰大多数富营养化的湖泊流域内并没有明显的点源污染，面源污染成为水体污染的最重要的原因。芬兰20%的湖泊水质恶化，而农业面源排放的磷素和氮素在各种污染源中所占比重超过半数，各流域内高投入农业比例大的湖区更容易导致氮、磷等营养物质的富集。荷兰农业面源污染提供的总氮、总磷分别占环境污染的60%、40%～50%（张维理等，2004）。

欧美国家对农业面源污染主要采取源头治理对策。其核心特征为依靠农业科技、研究和发展环境友好的农业生产技术替代原有的技术，通过鼓励农民自愿或通过政府奖惩措施，推动农民采用新的替代技术，在重要的水源保护区和流域，制定和执行限定性农业生产技术标准，减少农田、畜禽养殖业和农村地区氮、磷径流和淋溶。与源头治理相配套①，欧美国家在农业面源污染治理过程中采取多种管理政策。本章后续部分将对欧美国家农业面源污染治理政策按命令控制型、经济激励型以及自愿计划型分成3类，并以此为鉴以期为我国农业面源污染治理工作提供政策依据。②

① 源头治理特别强调农业面源污染的源头预防。从此意义上说，农业面源污染的治理工作包括事前预防和事后控制两个方面。

② 本章主要参考文献有周早弘（2009）、李海鹏（2009）、李一花（2009）、金书秦（2009）、汪洁等（2010）、汤红娜（2012）等文献。

8.1 美国

美国对面源污染的认识始于20世纪70年代，真正开展污染治理和控制研究的时间则是20世纪80年代末。其中，乔治亚州、弗吉尼亚州、切萨皮克海湾等都开展了本地区的农业面源污染专题研究。在专题研究的基础上，美国环境保护总署（EPA）、美国农业部（USDA）等还开展了全国性的农业面源污染控制管理策略方面的专题研究。美国农业部的调查资料也表明：在美国，流入地表水的水质污染物约有50%来自农业生产活动。农业生产上使用的化学物质一旦污染了地下水，就会污染整个地下水水脉，而地下水质的污染危及农业生产地区人口总数的97%、占美国总人口50%的居民的健康。经过10多年的有效治理控制，美国的农业面源污染已大幅减少。据2006年统计，美国农业面源污染面积已比1990年减少近65%（汪洁，2010）。

8.1.1 命令控制型政策

美国通过制定法律、法规和标准，确立相关的政策框架，然后制订各种行动计划来推动政策实施。美国在农业污染控制方面有系统的法律框架，如美国环保局实施了非点源污染管理计划，农业部实施了乡村清洁水计划、国家灌溉水质计划、农业水土保持计划等；此外，还有其他国家职能部门制订的如清洁水法案、最大日负荷计划、杀虫剂实施计划以及海岸非点源污染控制实施计划等，并积极鼓励农民对农业污染进行主动性控制，对减少面源污染起到很大作用。美国的农业面源污染治理通常在联邦和州两个层次开展，联邦和各州在农业面源污染治理方面的侧重点各有不同，比如联邦侧重地表水管理，各州侧重地下水管理等。美国一些州在防治农业面源污染立法方面，已经走在了国家前面，像宾夕法尼亚州等政府已制定了防止农业面源污染法规（张宏艳，2006）。

美国1936年制定了第一个面源污染控制法，由政府设定农村环境质量指标通过环境立法强制执行，至今已多次对此进行了修订。美国早在20世纪70年代就规定对面源污染自愿采取防制措施者，政府将分担一部分费用；对于自愿采取其他措施的，政府给予减免税额等政策。在美国，1972年联邦水污染控制法（FWPCA）首次明确提出控制面源污染，倡导以土地利用方式合理化为基础的“最佳管理实践”（BMPs）。1972年《联邦杀虫剂控制法》提倡对杀虫剂使用进行管制，禁止使用DDT等有毒化学品。1977年的清洁水法（CWA）进一步强调面源污染控制的重要性。1987 年的水质法案（WQA）则明确要求各州对面源污染进行系统的识别和管理，并给予资金支持。美国有针对化肥的法律和法规，规定了生产、销售化肥的注册登记、许可制度以及化肥抽样检验制度。表 8 - 1 为美国农业面源污染治理相关的主要命令控制型政策（法律、法规）。

表 8 - 1　美国农业面源污染治理的命令控制型政策

命令控制型政策	政策内容
《防洪法令》（1936）	将农业面源污染的防治工作提升到国家战略，并将这一规划控制工作交由水土保持局负责
《联邦水污染控制法案》（FWPCA）（1972）	首次明确提出控制面源污染，倡导“最佳管理措施（BMPs）”
《联邦杀虫剂控制法》（1972）	对杀虫剂使用进行管制，禁止使用 DDT 等有毒化学品
《清洁水法》（CWA）（1977）	最大日负荷排放量标准；实行面源污染统一管理行动计划
《水质法案》（WQA）（1987）	明确要求各州对面源污染进行系统的识别和管理，并给予资金支持
《安全饮用水法案》（SDWA）（1996）	规制污染物名单，一些农业化学品成为受限制对象；饮用水供应商必须向其消费者告知污染物的含量、环保相关标准、污染物的可能来源等有关信息，促使人们关注饮用水的来源地，并对农民施加压力
《联邦农药、杀真菌剂和杀鼠剂法案（修正案）》（FIFRA）（1988）	制定和实施农药登记制度
《农业安全与农村投资法案》（2002）	扩大农地、草地、湿地等保护面积，加大对耕地保护、水利设施等方面投资来改善土壤状况和环境质量，防治农业面源污染

资料来源：作者在周早弘（2009）[①]、汤红娜等（2012）文献基础上改编而得。

8.1.2　经济激励型政策

首先，补贴政策。美国在农业政策中实行“绿色”补贴的趋势越来越明显，即提高农业法案中现有环保条例的效率和执法力度，将农业支持和环境保护进行捆绑，逐步把大量农业补贴转变成农业污染补贴，将保护农民收入与改善环境质量目标挂钩。“绿色”补贴政策倾向于鼓励和引导农民采取有利于环境的生产方式或开发经营绿色产业，是政府对生产者的环保行为进行补偿、资助或奖励，鼓励生产者加强环境保护。

2002 年美国联邦政府颁布的新农业法案大幅提高了“环境保护”方面的补

① 周早弘．农业面源污染实证分析与政策选择［D］．南京林业大学，2009.

贴，“六年期计划”高达171亿美元，其中“环境质量鼓励计划”达到90亿美元。美国联邦政府农业绿色补贴计划的特点是，设置了一些强制的条件，要求受补贴农户自觉地检查自己的保护行为，定期对自己农场所属区域的野生资源、森林、植被情况进行调查。同时还要对土壤、水质、空气进行检验和测试，限期向有关部门提交报告。政府再根据农户的环境保护情况进行实际核查，来决定是否对农户给予补贴以及补贴多少（李一花等，2009）。

补贴标准测算包括两个方面：一方面是以水质水量所付出的努力即直接投入为依据，主要包括环境污染综合整治、农业非点源污染治理、污水处理设施建设、修建水利设施等项目的投资；另一方面是以水质水量所丧失的发展机会为损失即间接投入为依据，主要包括节水的投入、限制产业发展的损失等。纽约市与上游 Catskills 流域（位于特拉华州）之间的清洁供水交易就是一个典型的例子（赵玉山等，2008）。当地水务局通过协商确定流域上下游水资源与水环境保护的责任与补偿标准，通过对水用户征收附加税、发行纽约市公债及信托基金等方式筹集补偿资金，补贴上游地区的环境保护主体，以激励他们采取有利于环境保护的友好型生产方式，从而改善 Catskills 流域的水质（汪洁等，2010）。

其次，排放收费（Emission Charges）。排放收费是美国水污染控制的激励政策之一，如佛罗里达、康涅狄格和纽约，政府制定了以体积为基础的排污收费制度，而加利福尼亚、印第安纳、路易斯安那和其他州则制定了以体积和污染物为基础的排污收费制度，一些公共处理工程也运用了相似的手段。

再次，可交易排污许可证（Transferable Discharge Permits）。交易排污许可证方法在大气污染控制上特别有效，现在又被提倡用于水污染控制，并再一次要求有强大的监督能力。20世纪80年代初期，科罗拉多狄龙水库出现磷污染危机，提出的解决方案就是引进点源和非点源间的磷交易计划，目的是允许点源，特别是公共污水处理厂向非点源购买磷排放许可证，后者的边际磷治理成本低一些（汪洁等，2010）。

最后，环境税。由于税收具有强制性、无偿性和固定性的基本特征，这就使税收手段在美国环境经济政策体系中具有不可替代的优越性。美国的化学原料消费税的纳税人是化学原料的生产者和进口商，课税对象为42种化学原料，税率根据化学品的类别而定。从每吨10美分到每吨24美分不等，但是这些化学品出口免税。① 美国有几个州对化肥和杀虫剂征税，如爱达荷州1987年的《地下水保护法案》对化肥和杀虫剂实行征税，税率为杀虫剂零售额的0.1%，厂商销售额的0.2%和0.75美元/吨氮肥，所得税收用于资助全州可持续农业项目和对公共水资源供给进行检测和研究（李一花等，2009）。

① 说明美国对内对外实行的是两种不同的污染防治政策。

8.1.3 自愿计划型政策

操作简单、价格便宜的替代技术是农业面源污染控制的关键。鼓励农民自愿采用环境友好的替代技术。在这种条件下，发展操作简单、价格便宜的替代技术，供农民广泛采用十分重要。最佳管理措施（BMPs）中的非工程（管理）措施是自愿计划型政策用于农业面源污染治理实践的一个典型案例。BMPs 是美国综合养分管理计划的一部分，是指任何能够减少或预防水资源污染的方法、措施或操作程序，包括工程、非工程措施的操作与维护程序，BMPs 可以分为工程措施和非工程（管理）措施。工程措施主要为增加湿地或植被缓冲区，降低污水地表径流速度，以拦截、降解、沉降污染物；非工程（管理）措施包括规划农户教育、奖励等形式，促使农民自觉使用廉价的环境友好技术。BMPs（特别是非工程措施）由于其较大的灵活性得到一定程度的推崇，并且这种基于奖励和自愿的方法也不会对本国的农业发展造成负面影响（金书秦等，2009）。

8.2 欧盟

随着历史的发展和经济、科技的进步，欧共体对农村和农业环保的重要性的认识程度逐渐提高。20 世纪 50 年代，由于当时的首要任务是提高农业生产率，环境保护并未受到关注，因此，罗马条约制定的共同农业政策未涉及环境问题。60 年代以后，由于欧共体的农业政策对环境造成了损害，特别是 1972 年，世界首次环境会议的召开，促进了欧共体关注环保问题，农业开始考虑环境保护问题。1975 年，欧共体制定了第一个环境行动纲领并贯彻落实，1987 年 7 月制定了“欧洲统一行动”（EEA），为环境政策提供了法律基础（张宏艳，2006）。欧盟对面源污染的控制与美国有很大的不同，除了环境立法外，还实施行业规制政策，以“共同农业政策”配合环境立法来控制面源污染，共同农业政策是欧盟自创立以来一直保持的行业政策，这个行业政策有自愿性和强制性两种：一种是市场支持，包括建立直接付款的营销团体和采用诸如调节、存贮这样的市场手段；另一种是包括 11 条措施的农村发展项目（朱兆良，2006）。

随着欧盟对农业面源污染的治理工作的深入，农业集约化程度高的西欧国家（欧盟成员国）自 20 世纪 80 年代末以来，各国流域逐步实施农业投入氮、磷总量控制，氮、磷化肥用量分别下降了 30% 和 50% 。连续 20 年氮、磷化肥用量的大幅度下降使得农业面源污染得到了有效的控制，使农业农药、化肥及畜禽废水等排污量大大减少，农田环境及生态环境得到了较大的改善。同时，由于欧盟成员国在大幅度减少氮、磷化肥用量的同时，通过农业政策的落实，提升农业科技水平，提高氮、磷化肥和农业系统中有机氮、磷资源的利用率，促进高产水平下物质投入在生产系统内部的良性循环，因此，虽然耕地面积和化肥投入量不断下降，但其耕地产出率和作物产量逐年上升，粮食总产和单产分别比20世纪90年代初期增加了57%和80%（谭绮球等，2008）。

8.2.1 命令控制型政策

自欧盟形成以来，不断在政策中增加支持农村发展的内容，致力于改善农业环境，促进农业持续发展，并将农业政策与欧盟的总政策结合在一起发展农村地区，确保其社会和经济的生命力。1992年6月，欧盟部长会议正式采纳了共同农业政策。共同农业政策中支持的农业和土地利用的有关措施，包括环境保护措施的引进、农业用地中的造林项目和农民早期退休计划等。在化肥和农药的管理上，一些欧盟国家根据农药和化肥的毒性、用量和使用方法对生态环境和公众健康可能造成的危害，加强管理并建立严格的登记制度。近十几年来，欧盟水体系指令、减少农业面源污染的硝酸盐指令（91/676）、控制杀虫剂最大使用量的杀虫剂法（91/414/EEC）、限制水中杀虫剂残留的措施及为保护鱼种、贝类安全而制定的水清洁的共同体措施等，已成为治理农业面源污染的重要措施（谭绮球等，2008）。欧盟农业面源污染治理实践中主要的命令控制型政策如表8-2所示。

表8-2 欧盟农业面源污染治理的命令控制型政策

命令控制型政策	政策内容
《硝酸盐施用指令》	实施硝酸盐脆弱区行动计划，每隔4年进行一次国际监测；在农田尺度上控制牲畜密度、制定禁肥期、制定坡地上施肥方法、建立缓冲带、确定肥料的存储量、确定合理的肥料施用比例、调查冬季或者雨季植被的覆盖状况、记录施肥情况以及规定施肥限额（如肥料氮最多为170 kg/ha^2）
《饮用水指令》	地下水次级指令：为成员国提供评价地下水化学状况指标（该指令规定，地下水中硝酸盐和农药质量浓度的临界指标分别为50mg/l和0.1μg/l）；提供污染物浓度变化趋势的鉴定标准；制定间接排放限额
《农药立法》(1989)	首先，在行业水平上评价各种用于农药生产的毒性物质的作用，合格品列入准许进口的货单中，各成员国可以检验并批准含有这些物质的农药产品投入生产，农民需按产品标签上的规定来施用，并对农产品中各种污染物的残留量分别做出规定，以确保人体摄入最低量的有害物质
共同农业政策（2000年议程）	制定了农民在当地从事农业生产活动时所应遵循的标准，农民的直接支付与环保标准

资料来源：周早弘（2009）文献。

8.2.2 经济激励型政策

同时，欧盟各成员国还制定了合理的经济政策，鼓励生态农业的开展，惩罚违反农业环境法规的情况。

首先是绿色补贴。20 世纪 60 年代德国、法国、瑞士鼓励农场转向生态耕作，欧盟于 1988 年规定，为控制生产和保护环境，实行 20% 的农地不耕作。对恢复自然植被的农户损失进行直接补偿，农户有义务按一定比例将低产农地转为生态用地，用于野生生物栖息地，保护生物多样性。政府就此与农户立下契约，最低期限 5 年，长期自愿者为 20 年。

德国与英国在 20 世纪 90 年代初构建了“适当的农业活动准则”，严格控制不宜施肥时期的施肥量，河流附近的畜产农户必须有家畜粪尿的处理设施。农户严格遵守准则，发生的损失由政府财政给予补贴。德国萨克森州规定：农民从事氮肥用量减少 20% ~50% 的生态农业模式或综合农业模式的经营，每公顷可得到 80 ~1500 马克的补贴，这笔资助主要用于进行土壤矿质氮的分析，少用或不用农药、采用的一定轮作类型的耗工。欧盟在德国和英国的基础上，于 1992 年 6 月颁发《生态农业及相应农产品生产的规定》，其环保的基准水平进一步提高，“污染者负担原则”的适用范围有所扩大。产品如何生产，哪些物质允许使用，哪些物质不允许使用，都有明确规定。所采用的附加料都要在产品中标明其比例，只有 95% 以上的附加料是来自生态的，才可作为纯生态产品出售。同时，欧盟各国所有的资助项目都规定，农民必须按照生态农业标准，耕种 5 年才能得到资助，否则必须退还所领款项。除了生态经营以外，被要求实施额外环境措施的相关费用，由财政另行拨付。

其次是环境税。近年来，欧盟国家越来越多地采用环境税来控制面源污染。多数欧盟国家都征收工业废水排放费。这种费用一般是根据废水排放量征收的，而且对不同的污染物收取的费用也不一样，但由于面源污染的不确定性及广泛性等特点，通过实施标准来控制农业面源污染的一个不足之处在于监控难度较大的问题。针对这一问题，欧盟现在越来越多地采用产品收费这种间接手段，就是对销售可能污染环境的物质收税，而不是针对向河流或其他水体排放的污染物征税。例如，欧盟各国普遍采用征收肥料税的办法来减少地表水和地下水中氮的排放。下面以欧盟 3 个成员国征收环境税为例予以说明。

丹麦 1998 年引入氮税，对任何氮含量超过 2% 的肥料征收 0.67 欧元/千克氮的税，该税率一直未变。该税率虽然相比匈牙利高得多，但丹麦的税收减免非常普遍，例如，只要年营业额超过 2700 欧元的农户就可以免税；其他农户只要年使用肥料超过 2000 千克也可以免税；对于年用肥量不超过 2000 千克的用户，只要每年缴纳的税金超过135欧元，也将得到部分返还。因此，该项税收对于农民没有实质上的约束，主要是针对家庭少量的肥料使用行为，例如花园的施肥，对于环境质量的改善几乎没有贡献。

匈牙利1986年开始实施化肥税。最初的税率是0.25欧元/千克氮，0.15欧元/千克磷（换算成欧元计）。该税率逐年增长，到1994年该国加入欧盟而被废除。该税收实施以来肥料的使用量约以3%的速度逐年下降，但相应的化肥的价格以约10%的速度上涨，较大地增加了农民的生产成本。尽管如此，研究表明，该政策对于环境质量改善的直接效果仍然非常有限，并且化肥上涨的成本被没有能力转变为有机农户的种粮农户所承担，对于化肥公司基本没有影响。

荷兰是欧洲化学养分投入最多的国家，从1998年开始使用MINAS（Mineral Accounting System）系统控制化肥的使用。该系统本质上是一个养分标准，其控制对象不是氮、磷等养分的投入，而是养分的剩余（或流失）。在这个系统下，每个农民的养分投入和产出情况都被记录下来，如果其养分剩余（或流失）在规定的标准之内，则无须交税；如果超出标准，则需要缴纳较高的税。随着免税的标准越来越严，超出标准的税率也越来越高。尽管监测数据显示荷兰地下水的养分浓度在1992~2000年有所下降，但是这项政策仍然由于其高昂的执行费用（特别是监测费用）以及对于环境质量贡献的不确定性受到质疑。该政策已于2006年1月被废除。

8.2.3 自愿计划型政策

自愿计划型政策的关键是在于民众（特别是农民）有较高的环保意识，并能在源头上自觉采用一些环境友好型技术。因此，欧盟在广泛宣传农业面源污染科普知识的同时，积极开展一些便于操作、不增加农民负担（使用技术的额外成本）但可有效减少农田和场地氮、磷径流和淋溶的替代技术。如在20世纪60年代推出的农田养分收支平衡记录单模型法，自80年代末以来经过科研部门的不断摸索、改进，目前在欧盟国家已经成为农户进行农田养分管理的一项实用技术被广泛采用。这一技术简单易行便于操作，不用进行化学测试，成本低廉，可有效提高肥料利用率，降低养分过剩对环境的不良影响。相较之下，一些价格较贵的尖端性农业生产技术，包括缓控释肥料技术、微生物肥料技术，至今没有成为农业面源污染控制的主流技术。

8.3 本章小结

欧美发达国家的农业面源污染治理是一个渐进的过程，从认识农业面源污染危害性到治理农业面源污染，再到农业面源污染治理成效显现并不是一蹴而就的过程。我国一方面要认识到农业面源污染治理工作是一个艰巨而又相对较长的过程；另一方面作为一个具有后发优势的国家，应当积极学习欧美发达国家农业面源污染治理的经验。

欧美发达国家农业面源污染治理实践表明：第一，确立源头预防原则。农业面源污染因其一系列特点导致其最有效的方法就是采取事前预防措施，而不单单是事后治理补救。第二，制定命令控制型政策以保护农业面源污染治理工作有法可依、有法必依和违法必究，在命令控制型政策基础上制定一系列行动计划和措施。第三，积极运用经济激励政策，绿色补贴政策是目前运用较为广泛的农业面源污染治理的经济激励政策；相对而言，环境税（如化肥税）会因为污染监督成本较大或者政策目标易偏等原因而难以实施（实现污染治理目标）。第四，农业面源污染治理一个关键是农业生产者在源头采用环境友好型农业技术，因此，需要大力推广旨在引导农民采用减污技术的自愿计划型政策。自愿计划型政策的前提是开发出使用成本较低（或者不能让农民经济利益受损）、易于掌握、减污效果明显的实用技术，然后辅以教育等推广措施。以上四点相辅相成，第一点、第二点是前提，第三点是保障，第四点是关键。

9 结论与政策建议

9.1 主要结论

本研究是在农业面源污染给江苏省可持续发展带来负面影响的背景下，利用“压力—状态—响应”分析框架，分别从宏观层面和微观层面对江苏省农业面源污染及其治理予以经济学分析。考虑到总氮和总磷是水体富营养化的主要限制因子，本研究农业面源污染指标主要采用总氮和总磷两个指标。在宏观层面，利用单元调查法对江苏省农业面源污染总氮和总磷排放量进行估算；在引入环境生态因素条件后，验证江苏省农业面源污染的环境库兹涅茨曲线存在性及类型，并从理论和事实两方面分析了治理对环境库兹涅茨曲线的解释作用；实证分析已有农业面源污染治理政策因素对污染的治理效果。在微观层面，以农田化肥污染及对应的治理政策——配方肥技术推广政策为例，分析农业面源污染治理政策下农户响应行为。最后，以无锡市为例对农业面源污染治理实践进行典型案例分析。

（1）本研究在确定江苏省农业面源污染主要来源途径的基础上，对江苏省农业面源污染排放总量进行估算和分析。①结合江苏省情况，确定农田化肥、农田农药、畜禽养殖、水产养殖、农田固体废弃物以及农村生活污染是农业面源污染产生的最主要污染途径。②选择单元调查法对农业面源污染物总负荷进行估算，估算结果表明，2009 年江苏省农业面源污染总氮排放量为 45.07 万吨，总磷排放量为 5.54 万吨；1978 年江苏省农业面源污染总氮排放量为 22.75 万吨，总磷排放量为 3.18 万吨。改革开放以后，江苏省农业面源污染总氮、总磷排放量基本呈现稳步上升趋势，在 1997 年和 2007 年分别有两次下降。③从长期来看，江苏省各污染单元氮排放量占总氮排放量百分比由大到小分别是农田化肥、畜禽养殖、农村生活、农田固体废弃物以及水产养殖，数值分别达到 43.89%、33.40%、11.68%、9.11%以及 1.91%；江苏省各污染单元磷排放量占总磷排放量百分比由大到小分别是畜禽养殖、农田化肥、农村生活、水产养殖以及农田固体废弃物，数值分别达到54.07%、20.83%、19.86%、4.58%以及0.66%。畜禽养殖来源和农田化肥来源是农业面源污染排放的主要来源。④从动态的污染变化率分解分析来看：1978～2009年，农田化肥单元、禽畜养殖单元分别是驱动江苏省农业面源污染氮排放变化和磷排放变化的最活跃因素。

（2）本研究对江苏省农业面源污染量和经济增长是否符合环境库兹涅茨曲线（EKC）假说进行验证，从理论和事实两方面分析了治理对EKC的解释作用；并在EKC模型基础上加入环境约束条件后，对江苏省EKC曲线拐点级别和治理必要性进行重新判断与定位。①在第3章江苏省农业面源污染氮、磷排放量估算的基础上，对江苏省农业面源污染与经济增长的关系进行库兹涅茨曲线验证的结果显示，江苏省农业面源污染排放与经济增长存在“倒U形”关系，这说明江苏省农业面源污染与江苏省经济增长与农业面源污染增长已有分离趋势，前者没有完全跟随后者的增长而增长，有逐渐下降趋势（验证了假说2）。②在原先的环境库兹涅茨曲线中加入环境承受阈值线和安全警戒线以后，判断江苏省农业面源环境库兹涅茨曲线的污染水平不是理想中的A级水平，其拐点至少位于环境安全警戒线以上。再加上环境安全警戒线有继续下降的趋势，因此，有必要加强和加快对江苏省农业面源污染的治理工作。③分别从理论和事实两个方面，分析治理对EKC“倒U形”存在的解释作用。事实方面，以农田化肥污染为例，分析得到其对应的治理政策——2005年起开始全面实施的配方肥技术推广政策可能是农田化肥污染与经济增长“倒U形”关系存在的重要原因。

（3）通过构建江苏省农业面源污染的经济影响因素模型实证分析了江苏省污染治理效果，并以无锡为典型案例分析了江苏省农业面源污染治理实践。①根据《总体方案》以及江苏省农业面源污染治理实践，按时间先后顺序将农业面源污染治理政策梳理成两类：一类是江苏省2005年开始全面实施的、旨在减少化肥施用量的配方肥技术推广政策；另一类是2007年太湖无锡段“太湖蓝藻事件”爆发后，江苏省政府启动的农业面源污染全面治理政策（简称全面治污政策）。通过简单定量分析得到两个政策均有较明显的减污成效。②构建江苏省农业面源污染经济影响因素模型实证分析了治理因素对农业面源污染的影响，结果表明：2005年起全面实施的配方肥技术推广政策对江苏省农业面源污染氮排放总量有负向影响，对磷排放没有显著影响。2007年起实施的全面治理农业面源污染政策对农业面源污染氮、磷排放均有显著的负向影响。至此，验证了假说2。其他控制变量：农业经济规模对农业面源污染排放呈正向影响。养殖业在农业结构中比重上升对江苏省农业面源污染磷排放呈显著正向影响，对氮排放影响不显著，说明养殖业比重增加会显著带来磷排放增长。随着种植业结构中粮经比的下降，江苏省农业面源污染量有显著增加趋势。农业技术进步对江苏省农业面源污染氮、磷排放有显著的负向影响。农村人口对江苏省农业面源污染氮、磷排放有显著的正向影响。

（4）以配方肥技术推广政策和农户施肥行为为例，分析治理政策下的农户响应行为。通过构建农户氮肥施用行为模型，以江苏省稻农为例实证分析了影响农户氮肥施用量的因素。结果表明：治理政策特征对农户施肥量有显著的负向影响，参加过化肥知识培训的农户施氮量明显少于不参加化肥知识培训的农户施肥量；用配方肥技术的农户施氮量显著少于不采用配方肥技术的农户，配方肥技术采用对农户施氮量存在明显负向影响（验证假说3）。

通过构建农户配方肥技术采用行为模型，首先运用Probit模型实证分析了影响农户是否选择配方肥技术的因素，其次运用Tobit模型实证分析了影响配方肥施用比例（采用强度）的因素。研究结果表明，在技术采用节本增效的前提下，对于户主基本特征和家庭生产经营特征而言，农户科学施肥能力特征、市场环境特征以及治理政策环境特征对农户的配方施肥技术选择与技术采用强度有更显著的影响，具体而言：科学施肥能力越强的农户更倾向于采用配方肥技术和更高的技术采用强度。市场环境特征中配方肥价格对农户的技术选择和技术采用强度均有显著的负向影响。农户所在村化肥经销店的个数对农户的技术选择和采用强度均存在显著的负向影响，主要原因在于大多数村级化肥店不是农技推广部门指定的配方肥销售点，店内只有部分或完全没有配方肥出售，化肥店出于自身利益考虑会增加“促销”力度游说农户购买本店的非配方肥，对农户配方施肥技术采用行为产生负面影响，表现出配方肥销售的市场失灵。治理政策环境特征中是示范户、拿到配方卡、参加培训的次数越多以及所在乡培训总人数越多的农户越倾向于选择配方施肥技术。就技术采用强度而言，拿到配方卡和参加培训的次数越多的农户，其配方肥施用比例越高（验证假说4）。

进一步借助农户微观调研数据，利用随机前沿分析方法建立技术效率损失模型，探讨测土配方施肥技术对种植技术效率的影响。研究结果表明：稻农采用测土配方施肥技术有利于水稻种植技术效率的提高（验证假说5）。同时，在随机前沿生产函数估计结果中，劳动、化肥对水稻产出弹性显著为正。在技术效率损失模型估计结果中，户主性别为男性、文化程度和水稻商品率对技术效率损失有显著负向影响，即对技术效率有显著正向影响；家庭非农收入比例和受灾率对技术效率损失有显著正向影响，即对技术效率有显著负向影响。

（5）运用“压力—状态—响应”政策分析框架对无锡市农业面源污染治理实践进行分析。结果表明：①农业中农田化肥、畜禽养殖、水产养殖、固体废弃物以及农村生活等给无锡市及周边流域生态环境带来压力，并直接造成周边流域环境质量的下降；政府部门已着手运用大量的命令控制型（如规划与标准的制定）、经济激励型（如绿肥补贴与有机肥补贴）、自愿计划型（如配方肥技术推广）等政策治理工具对农业面源污染进行响应与治理。②在利用单元调查法估算得出无锡市农业面源污染量的基础上，进一步得到2007年、2008年和2009年无锡市农业面源污染总氮分别较前一年减少252.72吨、570.41吨和294.64吨；总磷分别较前一年减少2.15吨、45.84吨和19.76吨，说明无锡市农业面源污染治理工作已初见成效。③同时，无锡市农业面源污染治理本身并不是一个简单的牺牲农业的过程，而是农业升级改造、从量变到质变的过程。具体表现有3方面：第一，农业污染源减少；第二，农业规模和农业生产率稳步上升；第三，高效农业和生态农业得到长足发展。

9.2 主要政策建议

9.2.1 重视农业面源污染治理工作，加大农业面源污染治理力度

第一，在推动江苏省农业经济发展的同时，切实引入生态环境限制条件，促进江苏省农业经济发展和环境质量协调发展。研究结果表明，江苏省农业面源污染与经济增长虽然呈“倒U形关系”，但是其拐点已超出了环境安全警戒值；同时，截至2008年，江苏省农业面源污染治理“才刚开始启动”且“严重滞后”,[①] 因此，有必要在思想上进一步重视农业面源污染治理工作。

第二，加强污染来源途径识别和分类治理。研究结果表明，农田化肥和畜禽养殖分别是总氮和总磷排放的最主要贡献来源，畜禽养殖是近期以来农业面源污染总氮和总磷排放变化的主要驱动单元。因此，农业面源污染治理应以畜禽养殖和农田化肥为主要污染治理对象，同时需要及早控制水产养殖污染，以免其污染进一步加剧。

第三，由应急治理向长久治理转变。江苏省相当一部分污染治理政策（包括农业面源污染治理政策在内）均是一些应急治理政策，如对太湖沿岸土地利用方式、畜禽养殖等采取强制命令形式进行限制，在短时期确实起到了减污作用。但从长期来讲，应当出台一些既考虑民生又能调节农户行为的治理政策，以实现对农业面源污染的长效治理。

第四，在江苏省范围内全面实施农业面源污染治理工作。目前大部分农业面

---

① 引自《太湖流域水环境综合治理总体方案》。

源污染治理政策主要集中在苏南地区（如无锡等地），研究结果表明，以化肥为例，苏北诸市化肥施用强度并不亚于苏南地区化肥施用强度，说明江苏省除苏南以外，其他地区农业面源污染形势也不容乐观。① 因此，应当在江苏省范围内全面推行农业面源污染治理工作。

第五，做好农业规划工作。各级政府应确立农业经济和环境协调发展原则，根据当地农业发展特点以及与河流湖泊的距离远近，规划好农业结构；优先发展生态农业、提高农业生产率，保证农业污染源削减后能够继续推进农业稳步发展。

9.2.2 进一步加大测土配方施肥技术推广力度

宏观和微观两个层面的研究结果表明，测土配方施肥技术的减氮效果明显，因此，应当加大测土配方施肥技术推广力度。同时为提高农户配方施肥技术采用率，建议如下：

第一，将测土配方施肥技术推广工作做细做精。为提高农户采用率，需要保证测土工作常态化（如每年测土）以提高测土精度，用更因地制宜的小配方代替笼而统之的大配方；在经费有限的前提下，建议适度缩小配方肥推广面积，力争做细、做精。对江苏省内种植地块按种植作物主要类别进行分区分块，对各区域内主要作物优先推行配方施肥技术，达到以点带面，逐步推进的效果。

第二，适当利用配方肥价格杠杆作用。研究结果表明，配方肥价格对技术采用行为有显著负向影响，因此，建议适度降低配方价格和提高普通肥价格。

第三，深入开展教育培训工作。研究结果表明，教育培训对技术选择和配方肥施用比例均有显著正向影响，通过培训、教育提高农户科学认识和使用配方肥的能力，并结合舆论力量、农户从众行为等因素一起推动更多农户采用配方施肥技术。

第四，提高配方卡入户比例。配方卡本身是针对农户情况所制定的“一对一”配方肥施用指南，是农户配方施肥的直接依据。研究表明，农户领到配方卡对技术采用行为有积极影响，因此，有必要做好配方卡入户工作。同时，在进一步提高入户比例的基础上，要做好跟踪服务、指导工作，及时解决农户疑问，提高技术采用率和采用强度。

第五，加强对示范户指导，深度挖掘示范户的示范力量。研究结果表明，农户一旦成为“示范户”，其选择配方施肥的技术倾向提高，但对配方肥施用比例没有显著影响，这说明目前农技部门对部分示范户的指导很大程度上仅止于该示范户已采用技术，有必要对示范户深入指导以提高其配方肥施用比例，进一步挖掘示范户的榜样力量。

---

① 只是没有以极端事件形式表现出来而已。

第六，完善基层（村级）配方肥销售渠道。研究结果表明村级化肥店个数对农户技术采用行为有消极影响，主要原因在于目前负责配方肥销售的主体是大中型肥料产销企业，它们的基层（尤其是村级）销售渠道还不太健全，而其他普通村级化肥店没有或很少有配方肥销售。因此为确保基层农民能及时地买到放心配方肥，可引导大中型企业进一步运用连锁、超市、配送等现代物流手段完善村级供肥服务网络。

9.2.3 切实开展农业面源污染的全面治理政策

第一，加强全面治理。由于调整农业（农、林、牧、副、渔）结构和种植业结构、提高农业技术进步，加大治理投入，特别是研发一些有针对性的减污技术，能够对农业面源污染达到缓解效果。因此，在推动江苏省农业经济可持续发展的同时，应充分利用上述影响因素，对农业面源污染进行全面治理。

第二，加强源头治理。针对农户源头的农业面源污染治理工具主要有3种，分别是命令控制型工具、经济激励型工具以及自愿计划型工具3种基本形式，测土配方施肥技术推广政策属于第三种政策。江苏省目前治理政策主要以强制性的命令控制型工具为主，经济激励型工具和自愿计划型工具较少。命令控制型政策特别适用于污染治理工作的初期，可以集中一切政府力量做到“快刀斩乱麻”。在治理中后期，建议在了解农户行为机制的基础上，进一步开发出能够有效激励农户自觉采用环境友好型生产，生活行为的税、费（包括补贴）以及技术推广政策，提高经济激励型政策和自愿计划型政策比例，继续推行绿肥补贴和有机肥补贴政策。

9.2.4 开展全民范围的环境教育宣传工作

除了上述利用各种政策进行农业面源污染治理以外，还需要多途径广泛宣传“可持续发展”理念，以及“环境保护，人人有责”理念，使农户对农业面源污染发生根源、种类、后果、减污渠道有所了解，推动农户自觉采用环境友好型生产与生活行为。

9.3 进一步展望

（1）农业面源污染治理关键是对农户的生产（生活）行为进行调节，本书研究只是对农户的施肥行为以及技术采用行为进行探讨。由于数据有限，没有对农户的其他生产、生活行为（如养殖行为）及相应产污结果做细致分析。在今后的研究中，拟收集数据对农户其他生产、生活行为进行深入研究。

（2）农业面源污染特点在于难以监测和监督。因此，在信息不对称的条件下，把道德风险和败德行为等纳入农户模型中，重新研究农户农业面源污染治理政策下的反应行为，是一个值得研究的领域。

（3）由于环境质量属于公共品范畴，政府应当是农业面源污染治理的主导者。政府在政策制定时通常要涉及政策可行性分析，即结合农业面源污染特点估算某一项治理政策的成本（包括执行成本和监督成本）和效果（治污效果）。目前农业面源污染治理政策还比较匮乏，进一步研究农业面源污染治理政策可行性分析方法具有一定的实践意义。

（4）地方政府之间博弈问题。农业面源污染治理一般以流域为单位，多个地方政府共同治污易产生一系列不利于污染治理的问题（如“搭便车”问题）。设计出具有可操作性的农业面源污染流域治理方案（如排污权交易）也值得今后深入研究。

附　　件

附件清单

附件一：2009 年测土配方施肥项目农户访谈问卷

附件二：2010 年江苏省农户化肥使用调查问卷

附件三：2009 年江苏省测土配方施肥效果评价报告

附件四：江苏省太湖流域水环境综合治理实施方案（2009 年）

附件五：要素市场扭曲是否激发了农业面源污染——以化肥为例

（发表于《农业经济问题》2013 年第 3 期）

附件一：2009年测土配方施肥项目农户访谈问卷

调查地点：________省（区）________县（市）________乡（镇）________村
户主姓名：________固定电话：________手机：________农户编号：________
访谈员：____________访谈日期：____________访谈员电话：____________

1. 家庭人口情况

与户主关系编码：1 = 户主；2 = 户主配偶；3 = 父；4 = 母；11 = 长子；12 = 长媳；13 = 次子；14 = 次媳；21 = 长女；22 = 次女；23 = 三女；……99 = 其他

姓名	与户主关系	性别 1 = 男 2 = 女	年龄（周岁）	受教育年限（年）	是否村干部 1 = 是 2 = 否	2008年工作情况（按50%以上时间计） 1 = 务农 2 = 务工 3 = 经商 4 = 其他	人口数	实际经营耕地合计（亩）

注：以1亩 = 667 m^2 计算。

2. 2008/2009年你家买了多少肥料

肥料品种代码：1 = 尿素；2 = 碳铵；3 = 二铵；4 = 氯化钾；5 = 硫酸钾；6 = 复合肥（包括作物专用肥）；7 = 配方肥（特指测土配方施肥）；8 = 过磷酸钙/钙镁磷肥；9 = 叶面肥；10 = 有机肥；11 = 其他（____）；注：复合肥和配方肥可能购买多种，请按顺序标注数字。

购买肥料（代码）									
购买量（斤）									
购买价格（元/斤）									
购买金额（元）									
购买时间（月）									

3. 2008/2009 年你家作物生产概况

作物名称	地块数	播种面积（亩）	总产量（斤）	出售数量（斤）

注：水稻请区分早稻、晚稻和单季稻；小麦区分冬小麦和春小麦；玉米区分春玉米和夏玉米。

4. 2008/2009 年作物生产情况（最主要的两种作物，分别选择最大的一块地调查，优先选择轮作作物）

4.1　地块特征

项目	作物 1	作物 2
地块方位（在本村的哪个方向）		
地块面积（亩）		
地貌特征（1 = 洼地；2 = 坡地；3 = 平地）		
灌溉特征（1 = 水田；2 = 水浇地；3 = 靠天地）		
土壤肥力特征（1 = 好地；2 = 中等；3 = 差）		
前茬作物		
前茬作物秸秆是否直接还田[1]（1 = 是；2 = 否）		
秸秆还田形式（1 = 粉碎翻压；2 = 粉碎覆盖；3 = 其他（______））		
是否套种[2]：（1 = 是；2 = 否）		
是否间作：（1 = 是；2 = 否）		
如果是，间作作物		

注 1：直接还田不包括过腹还田；注 2：小麦收之前把玉米点种在地里也算套种。

4.2　2008/2009 年主要耕作措施与产量

项目	作物 1 ____________	作物 2 ____________
耕地：播种前是否耕地（1 = 是；2 = 否）		
耕地方式：1 畜力；2 机械旋耕；3 机械深耕		
播种：种植品种名称		
品种类型：1 = 常规种；2 = 杂交种		
单位播种量（斤/亩）		

续表

项目	作物 1 ___________	作物 2 ___________
是否地膜覆盖（1 = 是；2 = 否）		
种植方式（1 = 直播；2 = 移栽；3 = 再生稻）		
种植或移栽时间（月，日）		
栽种方式（1 = 机械；2 = 畜力；3 = 人工）		
是否受到自然灾害（1 = 是；2 = 否）		
如果是，是什么灾害（1 = 干旱；2 = 涝灾；3 = 冻害；4 = 冰雹灾；5 = 其他____）		
灌溉次数		
防治病虫害次数		
施用除草剂次数		
中耕次数（锄地、培土、人工锄草等）		
收获时间（月，日）		
收获方式（1 = 机械；2 = 人工）		
总产量（斤）		
单产（斤/亩）		

4.3　2008/2009 年施肥技术情况：作物 1

肥料品种代码：1 = 尿素；2 = 碳铵；3 = 二铵；4 = 氯化钾；5 = 硫酸钾；6 = 复合肥（包括作物专用肥）；7 = 配方肥（特指测土配方施肥）；8 = 过磷酸钙（钙镁磷肥）；9 = 叶面肥；10 = 其他（请注明__________）。

	项目	施肥品种			
		第一种	第二种	第三种	有机肥（斤/亩）
第一次基肥时间：__月__日	肥料名称/种类				
	养分含量（%）	N：__ P_2O_5:___ K_2O：__	N：__ P_2O_5:___ K_2O：__	N：__ P_2O_5:___ K_2O：__	
	施肥量（斤/亩）				
	施肥方法	A□B□	A□B□	A□B□	A□B□
第二次基肥时间：__月__日	肥料名称/种类				
	养分含量（%）	N：__ P_2O_5:___ K_2O：__	N：__ P_2O_5:___ K_2O：__	N：__ P_2O_5:___ K_2O：__	
	施肥量（斤/亩）				
	施肥方法	A□B□	A□B□	A□B□	A□B□

续表

	项目	施肥品种			
		第一种	第二种	第三种	有机肥（斤/亩）
种肥时间：__月__日	肥料名称/种类				
	养分含量（%）	N：__ P_2O_5：___ K_2O：__	N：__ P_2O_5：___ K_2O：__	N：__ P_2O_5：___ K_2O：__	
	施肥量（斤/亩）				
	施肥方法	A□B□	A□B□	A□B□	A□B□
第1次追肥时间：__月__日	肥料名称/种类				
	养分含量（%）	N：__ P_2O_5：___ K_2O：__	N：__ P_2O_5：___ K_2O：__	N：__ P_2O_5：___ K_2O：__	
	施肥量（斤/亩）				
	施肥方法	A□B□C□D□ E□F□G□H□	A□B□C□D□ E□F□G□H□	A□B□C□D□ E□F□G□H□	A□B□
第2次追肥时间：__月__日	肥料名称/种类				
	养分含量（%）	N：__ P_2O_5：___ K_2O：__	N：__ P_2O_5：___ K_2O：__	N：__ P_2O_5：___ K_2O：__	
	施肥量（斤/亩）				
	施肥方法	A□B□C□D□ E□F□G□H□	A□B□C□D□ E□F□G□H□	A□B□C□D□ E□F□G□H□	A□B□
第3次追肥时间：__月__日	肥料名称/种类				
	养分含量（%）	N：__ P_2O_5：___ K_2O：__	N：__ P_2O_5：___ K_2O：__	N：__ P_2O_5：___ K_2O：__	
	施肥量（斤/亩）				
	施肥方法	A□B□C□D□ E□F□G□H□	A□B□C□D□ E□F□G□H□	A□B□C□D□ E□F□G□H□	A□B□

基肥施用方法：A. 撒施；B. 条施（其中选一个）；

种肥施用方法：A. 肥种混播；B. 肥种分播（其中选一个）；

追肥施用方法：A. 撒施；B. 沟施；C. 穴施（选一个）；D. 灌水前施；E. 灌水后施；F. 降雨后施用；G. 随水冲施；H. 降雨前施用（选一个）。

注：基肥为播种前施肥；种肥为随播种时施用；水田中：灌水前施即落干时施肥，灌水后施即水面撒施。

（1）2008/2009 年该地块是否采用了测土配方施肥技术（________）

1 = 是；2 = 不是

（2）采用测土配方施肥技术的方式（______）

1 = 直接采用配方肥；2 = 按配方卡（明白纸）自己配肥；3 = 由肥料经销商按配方卡（明白纸）配肥；4 = 由农技人员按配方卡（明白纸）配肥；5 = 农技人员推荐指导；6 = 作为示范/试验户；7 = 参照其他示范户或试验户；8 = 其他

4.4 2008/2009 年施肥技术情况：作物 2

肥料品种代码：1 = 尿素；2 = 碳铵；3 = 二铵；4 = 氯化钾；5 = 硫酸钾；6 = 复合肥（包括作物专用肥）；7 = 配方肥（特指测土配方施肥）；8 = 过磷酸钙（钙镁磷肥）；9 = 叶面肥；10 = 其他（请注明____________）。

	项目	施肥品种			
		第一种	第二种	第三种	有机肥（斤/亩）
第一次基肥时间：__月__旬	肥料名称/种类				
	养分含量（%）	N：__ P_2O_5：__ K_2O：__	N：__ P_2O_5：__ K_2O：__	N：__ P_2O_5：__ K_2O：__	
	施肥量（斤/亩）				
	施肥方法	A□B□	A□B□	A□B□	A□B□
第二次基肥时间：__月__旬	肥料名称/种类				
	养分含量（%）	N：__ P_2O_5：__ K_2O：__	N：__ P_2O_5：__ K_2O：__	N：__ P_2O_5：__ K_2O：__	
	施肥量（斤/亩）				
	施肥方法	A□B□	A□B□	A□B□	A□B□
种肥时间：__月__旬	肥料名称/种类				
	养分含量（%）	N：__ P_2O_5：__ K_2O：__	N：__ P_2O_5：__ K_2O：__	N：__ P_2O_5：__ K_2O：__	
	施肥量（斤/亩）				
	施肥方法	A□B□	A□B□	A□B□	A□B□
第 1 次追肥时间：__月__旬	肥料名称/种类				
	养分含量（%）	N：__ P_2O_5：__ K_2O：__	N：__ P_2O_5：__ K_2O：__	N：__ P_2O_5：__ K_2O：__	
	施肥量（斤/亩）				
	施肥方法	A□B□C□D□ E□F□G□H□	A□B□C□D□ E□F□G□H□	A□B□C□D□ E□F□G□H□	A□B□
第 2 次追肥时间：__月__旬	肥料名称/种类				
	养分含量（%）	N：__ P_2O_5：__ K_2O：__	N：__ P_2O_5：__ K_2O：__	N：__ P_2O_5：__ K_2O：__	
	施肥量（斤/亩）				
	施肥方法	A□B□C□D□ E□F□G□H□	A□B□C□D□ E□F□G□H□	A□B□C□D□ E□F□G□H□	A□B□
第 3 次追肥时间：__月__旬	肥料名称/种类				
	养分含量（%）	N：__ P_2O_5：__ K_2O：__	N：__ P_2O_5：__ K_2O：__	N：__ P_2O_5：__ K_2O：__	
	施肥量（斤/亩）				
	施肥方法	A□B□C□D□ E□F□G□H□	A□B□C□D□ E□F□G□H□	A□B□C□D□ E□F□G□H□	A□B□

基肥施用方法：A. 撒施；B. 条施（其中选一个）；

种肥施用方法：A. 肥种混播；B. 肥种分播（其中选一个）；

追肥施用方法：A. 撒施；B. 沟施；C. 穴施（选一个）；D. 灌水前施；E. 灌水后施；F. 降雨后施用；G. 随水冲施；H. 降雨前施用（选一个）。

注：基肥为播种前施肥；种肥为随播种时施用；水田中：灌水前施即落干时施肥，灌水后施即水面撒施。

（1）2008/2009 年该地块是否采用了测土配方施肥技术（________）

1 = 是；2 = 不是

（2）采用测土配方施肥技术的方式（________）

1 = 直接采用配方肥；2 = 按配方卡（明白纸）自己配肥；3 = 由肥料经销商按配方卡（明白纸）配肥；4 = 由农技人员按配方卡（明白纸）配肥；5 = 农技人员推荐指导；6 = 作为示范/试验户；7 = 参照其他示范户或试验户；8 = 其他

5. 被访者对测土配方施肥技术的认知和采用情况

（1）您是否知道测土配方施肥（________）

1 = 知道；2 = 不知道

（2）您是什么时候听说的测土配方施肥（______年）

（3）您通过哪种途径了解测土配方施肥（________）

1 = 配方卡（明白纸）；2 = 农技人员入户指导；3 = 广播电视报纸书籍；4 = 亲戚邻居；5 = 村干部；6 = 其他测土配方施肥示范户或试验户；7 = 肥料经销商；8 = 农技部门组织的培训班；9 = 其他______

（4）您是否拿到测土配方施肥的配方卡（明白纸）（________）

1 = 是；2 = 不是

（5）如果是，您是否能够看懂配方卡（明白纸）（____）

1 = 能；2 = 不能

（6）如果得到了配方卡（明白纸），您是否按配方卡施肥（____）

1 = 是；2 = 否

（7）您是否还拿到其他宣传材料（扑克、年画等）（________）

1 = 是；2 = 不是

（8）是否在您家取过土（________）

1 = 是；2 = 不是

（9）如果取过土，您是否知道测土化验的结果（________）

1 = 是；2 = 不是

（10）您家是不是测土配方施肥技术示范/试验户（________）

1 = 是；2 = 不是

（11）如果不是，您是否知道测土配方施肥示范/试验户（田）（________）

1 = 知道；2 = 不知道

（12）如果知道，示范/试验户（田）在哪（________）

1 = 本村；2 = 本乡外村；3 = 外乡；4 = 其他（请注明________）

（13）您家是否有人参加过测土配方施肥技术培训（________）

1 = 是；2 = 不是

（14）如果参加过，参加测土配方施肥技术培训的次数（________）

（15）您参加测土配方施肥技术培训的讲课老师来自哪里？

1 = 县；2 = 乡；3 = 村；4 = 化肥企业；5 = 协会；6 = 大学或研究所；7 = 其他________

（16）您家是否采用过测土配方施肥技术（________）

1 = 是；2 = 不是

（17）如果是，您家是________年开始采用测土配方施肥技术的

（18）如果采用了，哪些作物采用过______、______、______、______

（19）请问近 3 年您是否当面接受过农技人员的施肥技术指导（________）

1 = 接受过；2 = 未接受过

（20）您觉得哪种测土配方施肥技术推广方式最好（限选一项）（________）

1 = 直接采用配方肥；2 = 按配方卡（明白纸）自己配肥；3 = 由肥料经销商按配方卡（明白纸）配肥；4 = 由农技人员按配方卡（明白纸）配肥；5 = 农技人员推荐指导；6 = 作为示范/试验户；7 = 参照其他示范户或试验户；8 = 其他

6. 农户施肥技术认知和施肥变化情况

（1）您知道符号 N、P_2O_5、K_2O 的含义吗（________）

1 = 知道；2 = 不知道

（2）您知道肥料包装袋上 15 - 15 - 15 的含义吗（注：该选项由调查员根据判断选择）

1 = 知道；2 = 不知道

（3）您认为"施肥越多、产量越高"的说法是否正确（________）

1 = 正确；2 = 不正确

（4）近几年您家哪些肥料的施用量增加较多（最多 2 项）（________）

1 = 尿素；2 = 碳铵；3 = 二铵；4 = 氯化钾；5 = 硫酸钾；6 = 复合肥（包括作物专用肥）；7 = 配方肥（特指测土配方施肥）；8 = 过磷酸钙（钙镁磷肥）；9 = 叶面肥；10 = 有机肥；11 = 其他（请注明________）

（5）近几年您家哪些肥料的施用量减少较多（最多 2 项）（________）

1 = 尿素；2 = 碳铵；3 = 二铵；4 = 氯化钾；5 = 硫酸钾；6 = 复合肥（包括作物专用肥）；7 = 配方肥（特指测土配方施肥）；8 = 过磷酸钙（钙镁磷肥）；9 = 叶面肥；10 = 有机肥；11 = 其他（请注明________）

注：上述问卷为江苏省土肥站 2009 年 8 月调研所用问卷。

附件二：2010 年江苏省农户化肥使用调查问卷

调查地点：________________________市____________________县（区）__________________________乡镇____________________________村

1. 您家 2009 年是否用了配方肥（特指测土配方肥，农技部门施肥建议卡推荐的配方肥或按方现配的掺混肥，一般在农技部门指定销售点有售）__________

A. 是；B. 否

2. 配方肥主要用于哪些农作物？请填写：__________________________

3. 据您所知，您所认识家庭中大概有_________%的比例在用（测土）配方肥。

4. 您家土地质量（地力水平）__________

A. 好；B. 较好；C. 一般；D. 较差；E. 太差

5. 您是否能看懂化肥袋说明书________ A. 是；B. 否

6. 您家 2010 年种植情况：

6.1　每亩成本收益情况

作物	种植面积（亩）	平均亩产（斤）	销售比例（%）	平均出售单价（元/斤）	每亩投入成本（元/亩）							受灾减产比例表备注
					化肥费	农药费	种子费	机械费	灌溉等水电费	雇工费	其他费	
水稻												
小麦												

注：受灾减产比例，是指因自然灾害导致产量减少占正常年份产量的比例（%）。

水稻生产中：

您自家有____人参加，平均每人工作____天；另雇用____工人，各工作____天。

小麦生产中：

您自家有____人参加，平均每人工作____天；另雇用____工人，各工作____天。

6.2　每亩化肥使用情况，填用量由多到少的前 4 种化肥（包括有机肥）

肥料品种代码：1 = 碳铵；2 = 二铵；3 = 复合肥（包括作物专用肥）；4 = 配

方肥（特指测土配方肥）；5 = 过磷酸钙（钙镁磷肥）；6 = 氯化钾；7 = 硫酸钾；8 = 商品有机肥

填写目的：所有信息用于计算出化肥 N、P、K 使用量。养分含量请参考化肥包装袋。

	项目	每亩施肥品种及数量（养分含量可参考化肥包装袋）			
水稻		第一种	第二种	第三种	第四种
	品种代码	尿素			
	养分含量（%）	N 46	N：_ P_2O_5：__ K_2O：_	N：_ P_2O_5：_ K_2O：_	N：_ P_2O_5：__ K_2O：_
	施肥量（斤/亩）				
	购买价格（元/斤）				
小麦		第一种	第二种	第三种	第四种
	品种代码	尿素			
	养分含量（%）	N 46	N：_ P_2O_5：__ K_2O：_	N：_ P_2O_5：_ K_2O：_	N：_ P_2O_5：__ K_2O：_
	施肥量（斤/亩）				
	购买价格（元/斤）				

7. 其他信息 1（使用配方肥，填 7.1、7.2、7.4；不使用配方肥，填 7.1、7.2、7.3）

7.1 请问您家 2010 年接受农技推广部门施肥技能培训或现场指导的次数是____次。

7.2 您所知道的、距离您家最近的配方肥销售店与您家之间的距离是____里（不知道写 0）。

7.3 如果您没有使用配方肥，最主要的原因是：______________________。

7.4 如果您使用配方肥，您认为使用后比使用前：水稻亩产平均增加____斤，每亩成本增加____元；小麦亩产大概增加____斤，每亩成本增加____元（若减少，则填负数）。

8. 其他信息 2

8.1 户主性别____ A. 男；B. 女

8.2 户主年龄____周岁

8.3 户主教育程度______年（受教育年数）

8.4 是不是村干部______ A. 是；B. 否

8.5 2009 年工作情况（按 50% 以上时间计）______

A. 务农；B. 务工；C. 经商；D. 其他

8.6 家庭人口____人

8.7 家庭年总收入大概______万元，其中种田收入比例____%

8.8 您的姓名________

8.9 联系电话________________（保密，仅用于信息核对）

注：上述问卷为2010年寒假调研中所用问卷。

附件三：2009年江苏省测土配方施肥效果评价报告[①]

江苏是农业大省，也是经济强省。随着农业科技进步和现代化水平的不断提高，全省农业生产不断发展。以占全国3.9%的耕地，生产出了占全国6.2%的粮食、4.5%的棉花、5.8%的油料。2009年全省粮食单产408千克、总产645亿斤，实现新中国成立以来首次连续6年增产，这与肥料施用技术的不断进步密不可分。但必须看到，长期以来，部分地区农民盲目施肥、过量施肥现象严重，导致生产成本增加、化肥利用率徘徊不前、农业增效和农民增收受到影响，农业生态环境也面临严峻挑战。为认真落实2005年中央一号文件提出的"搞好沃土工程建设，推广测土配方施肥"的号召，农业部、财政部在全国启动实施了测土配方施肥补贴项目，2005年12个项目县，2006年新增20个项目县，2007年新增29个项目县，2008年江苏全省有80个农业县（市、区、场）实施了测土配方施肥补贴项目，其中，新增18个项目县，2009年又新增1个项目县。5年来，江苏省测土配方施肥工作取得了显著成效，主要表现在：实施范围不断扩大，应用作物不断拓展，施肥结构不断优化，氮肥施用总量持续下降，增产增收效益充分显现，农业科技服务能力明显增强，肥料产销企业的积极性空前提高。为了科学评价近年来测土配方施肥效果，根据农业部的安排，江苏省农委组织南京农业大学、江苏省农科院的有关专家，联合开展了江苏省测土配方施肥效果调研评价，现将有关情况报告如下：

一、调研评价技术路线与工作方法

按照随机抽样的原则，在2005年、2006年、2007年和2008年项目县（市、区、场）中分别抽取2个项目县作为调查项目县，分别是：海安、江都、姜堰、铜山、常熟、溧阳、扬中、滨海共8个县（市）。在每个调查县（市）中随机抽

① 资料来源：江苏省土肥站（格式略有调整）。作者单位：南京农业大学资源与环境学院，江苏省农科院农业资源与环境研究所。

取3个乡镇进行访谈，在每个乡镇中抽取3~5个肥料经销商进行问卷调查；在每个调查乡镇抽取2个村进行访谈，每个村依据户主花名册随机等间距抽取8个农户进行问卷调查。

二、调查区域基本情况

（一）调查县土肥技术力量基本情况

对8个县（市、区）土肥站技术力量情况进行了调查。表1显示，调查的8个县（市、区）土肥站工作人员总数为100人，其中在编人数82人，以50岁以下青年骨干为主。通过测土配方施肥项目的实施，培养了一批技术骨干，其中有12人为大学本科以上学历，有力地促进了土壤肥料技术推广队伍知识结构的更新和服务能力的提升。

表1　调查县土肥站技术人员基本情况

县别	主要从事土肥工作的人数	在编人员	聘用人员	土肥专业毕业人员	50岁以上人员	大学本科以上人员
海安	8	8	0	6	0	3
江都	13	12	1	2	6	0
姜堰	16	16	2	2	4	6
扬中	6	6	2	3	4	1
溧阳	38	22	3	2	5	0
常熟	3	3	0	0	1	1
铜山	6	5	0	2	1	1
滨海	10	10	0	2	3	0
累计	100	82	8	19	24	12

（二）调查村基本情况

表2　调查村地理条件及村干部对测土配方施肥的认知情况

县别	距离乡镇政府	通公路率（%）	化肥店数量	配方施肥实施率	最早推广时间	取土率（%）	试验示范田拥有率（%）	认为以下措施推广有效
海安	最远的60千米，最近的2千米	100	50% 1店；33% 2店；17% 3店	100	2003年17%；2005年83%	100	100	50%由农技人员推荐指导；33%由农技人员配肥；17%直接采用配方肥

续表

县别	距离乡镇政府	通公路率（%）	化肥店数量	配方施肥实施率	最早推广时间	取土率（%）	试验示范田拥有率（%）	认为以下措施推广有效
江都	最远的 14 里，最近的 1 里	83	50% 1 店，无店和 2 店及 4 店的各占 17%	100	66% 在 2005 年，34% 在 2006 年	100	83	50%认为由农技人员按配方卡配肥，33%认为直接采用配方肥，17%认为由肥料经销商按配方卡配肥
姜堰	最远的 12 里，最近的 1.5 里	100	1 店和 2 店的各占 33%，3 店和无店的各占 17%	100	66% 在 2006 年，2007 年和 2008 年各占 17%	100	83	50%农技人员推荐指导，33%农技人员按配方卡配肥，17%按配方卡自己配肥
铜山	最远的 13 里，最近的 1 里	100	33%2 店；50% 1 店；17%2 店	100	83% 在 2006 年，17% 在 2005 年	100	100	66%直接采用配方肥，按配方卡自己配和农技人员推荐指导各占 17%
常熟	最远的 7 里，最近的 2 里	100	无店	100	66% 在 2007 年，2008 年和 2002 年各占 17%	100	66	100%认为由肥料经销商按配方卡配肥
溧阳	最远的 20 里，最近的 5 里	100	50%1 店；50% 无店	100	100% 在 2007 年	100	100	83%认为直接采用配方肥，17%认为参照其他示范户
扬中	最远的 8 里，最近的 1.1 里	100	1 店和无店的各占 33%，1 店和 3 店的各占 17%	100	100% 在 2007 年	100	100	83%认为按配方卡自己配肥，17%认为农技人员推荐指导
滨海	最远的 18 里；最近的 1 里	100	17%1 店；66% 2 店；17%3 店	100	83% 在 2006 年；17% 在 2007 年	100	83	农技员指导和直接采用配方肥及按配方卡自己配肥各占 33.3%

对比 8 个村的交通状况进行调查，状况良好（见表 2）。被调查村距离乡镇政府最远的 60 千米，最近的 1 里，通公路率除江都市为 83% 以外，其他 7 个县

（市）被调查村通公路率均达到100%。从村级肥料经销店数量情况来看，由于村级规模大小有别，分布数量不均。除常熟等个别县（市）外，村级基本上设有肥料经销网事业，最多的有4个。从测土配方施肥实施率来看，均达到100%。其中，海安县部分村早在2003年就实施测土配方施肥工作，其他村均在2005年开展测土配方施肥工作。48个调查村取土率均达到100%，试验示范率在66%～100%。调查村干部普遍认为测土配方施肥工作行之有效的措施是由农技人员推荐指导农民直接购买配方肥，或由农技人员指导配肥，或农民按卡配肥、按方施肥，少数认为可参照示范户进行配方施肥。

从农民人均收入、人均耕地情况来看（见表3），苏南的常熟、扬中、溧阳3县（市）农民人均纯收入显著高于苏中的海安、江都、姜堰县（市）和苏北的铜山、滨海县。苏北耕地面积明显高于苏南，其中铜山、滨海二县的耕地面积最大，扬中市的耕地面积最小。耕地中，滨海、海安、铜山3县的旱地面积所占比例较高。

表3　2008～2009年8个项目县（市）调查村基本情况

县别	总人口（人）	农业人口（人）	农业劳动力（人）	务农人数（人）	农民人均纯收入（元/年）	耕地合计	其中：①水田	②旱地	旱地中灌溉面积（亩）
海安	21130	20013	10397	4535	6817	25318	16495	8823	2250
江都	16805	15545	7966	4184	8487.5	18639	7787	852	50
姜堰	18930	16519	8764	5790	7933.6	19141	15944	3197	535
铜山	17469	14961	9658	3989	5657	26354	22022	4332	2330
常熟	27052	23515	9601	2151	11529	20447	18126	2321	5603
溧阳	13961	12602	5366	3678	8537	23187	22276	3441	2480
扬中	16321	15576	6253	2881	10835	8301	7749	552	
滨海	26036	19907	8416	4426	4726	26442	15402	11040	2210

注：每个县被调查村6个，8个县（市）共计48个村。

（三）被调查农民基本情况

1. 被调查农民年龄情况

统计调查结果显示（见表4），务农的农民年龄总体偏大，农村劳动力老龄化较为突出。被调查的8个县（市）农民平均年龄为53.8岁，其中，年龄小于40岁的比例仅为13%。海安、常熟和滨海小于40岁的比例不足5%，而这一年龄段比例最高的为铜山县，达到33%；年龄在41～50岁、51～60岁的占所有调查人口的比例分别为26%和36%；而大于60岁的占21%。

表4　被调查农民不同年龄段比例分布　　单位:%

县别	户数	<40岁	41~50岁	51~60岁	>60岁	平均
海安	47	2	13	34	51	60.4
江都	48	10	17	54	19	54.7
姜堰	48	15	25	23	3	55.1
铜山	48	33	33	27	6	45.4
常熟	48	4	29	40	27	58.7
溧阳	48	15	35	31	19	49.9
扬中	48	17	27	38	19	51.0
滨海	48	4	29	40	27	55.5
平均值	48	13	26	36	21	53.8

2. 被调查农民受教育情况

8个县（市）受访农民受教育水平情况见表5。农民受教育年限平均为7.7年。其中，小于6年（小学）、6~9年（初中）和大于9年（高中或高中以上）的农民比例分别为24%、43%和33%。

表5　被调查农民受教育年限比例分布　　单位:%

县别	户数	<6年	6~9年	>9年	平均
海安	47	34	50	16	6.5
江都	48	35	32	33	6.8
姜堰	48	38	40	22	6.9
铜山	48	13	45	42	9.1
常熟	48	21	60	19	6
溧阳	48	17	52	31	8.7
扬中	48	13	8	79	10
滨海	48	21	60	19	7.8
平均值	48	24	43	33	7.7

3. 被调查农户人口与拥有耕地情况

从表6可看出，8个县（市）农户人口≤3、3~5、>5的比例分别为35%、47%、19%；人均耕地面积≤1亩、1~2亩、>2亩的比例分别为52%、26%、24%。结果表明，被调查的农户人口大多为3~5人，人均耕地普遍不足1亩。

表 6 被调查农户人口和人均耕地面积

县别	每户人口（%）			人均耕地面积（%）			人均耕地面积（亩）
	≤3	3～5	>5	≤1 亩	1～2 亩	>2 亩	
海安	38	54	8	52	42	6	1.2
江都	27	44	29	67	21	23	1.7
姜堰	29	56	15	46	33	21	2.4
铜山	27	58	15	15	50	35	2.8
常熟	29	46	25	71	4	25	2.0
溧阳	52	44	4	31	25	44	3.4
扬中	45	24	31	98	0	2	0.4
滨海	29	46	25	33	29	38	2.3
平均值	35	47	19	52	26	24	

（四）被调查的肥料经销商基本情况

从表 7 可以看出，海安县、江都市肥料经销商主要为男性，80% 以上为农技员，年龄大多数在 40 岁以上，受过初中以上文化教育。

表 7 海安县、江都市肥料经销商基本信息

县别	性别	年龄	教育年限	销售年限	农技员
海安	男 11 人 女 1 人	<30 岁 0 人	<6 年 1 人	<10 年 0 户 ≥10 年 12 户	是 83% 否 17%
		30～40 岁 0 人	6～9 年 0 人		
		41～50 岁 3 人	9～12 年 5 人		
		51～60 岁 7 人	>12 年 2 人		
		>60 岁 2 人			
江都	男 10 人 女 2 人	<30 岁 0 人	<6 年 0 人	<10 年 4 户 ≥10 年 8 户	是 91.7% 否 8.3%
		31～40 岁 3 人	6～9 年 3 人		
		41～50 岁 3 人	9～12 年 7 人		
		51～60 岁 5 人	>12 年 2 人		
		>60 岁 1 人			

从表 8 可以看出，姜堰市男性和女性肥料经销商比例分别为 59% 和 41%，农技员兼职肥料经销的只有 42%，年龄主要在 40～60 岁，大多受过初中以上文化教育。铜山县 90% 的肥料经销商为男性，大多受过初中以上文化教育，经销人员年龄主要在 30～60 岁，约 70% 的人员经销年限在 10 年以上，36% 的经销人员为农技员。常熟市肥料经销商男女性别比例分别为 60% 和 40%，主要为青壮

年，大多受过初中以上文化教育，经销肥料年限均在 10 年以上，农技员从事肥料经销的只有 10%。

表 8　姜堰市、铜山县、常熟市肥料经销商基本信息

县别	性别	年龄	教育年限	销售年限	农技员
姜堰	男 7 人 女 5 人	<30 岁 0 人	<6 年 1 人	<10 年 4 户 ≥10 年 8 户	是 42% 否 58%
		30～40 岁 1 人	6～9 年 4 人		
		41～50 岁 5 人	9～12 年 4 人		
		51～60 岁 6 人	>12 年 3 人		
		>60 岁 0 人			
铜山	男 10 人 女 1 人	<30 岁 0 人	<6 年 0 人	<10 年 4 户 ≥10 年 7 户	是 36% 否 64%
		30～40 岁 4 人	6～9 年 3 人		
		41～50 岁 0 人	9～12 年 7 人		
		51～60 岁 7 人	>12 年 1 人		
		>60 岁 0 人			
常熟	男 6 人 女 4 人	<30 岁 0 人	<6 年 0 人	<10 年 0 户 ≥10 年 10 户	是 10% 否 90%
		31～40 岁 2 人	6～9 年 6 人		
		41～50 岁 6 人	9～12 年 4 人		
		51～60 岁 2 人	>12 年 0 人		
		>60 岁 0 人			

从表 9 可以看出，扬中市、溧阳市和滨海县肥料经销商基本上为男性，大多受过初中以上文化教育，年龄主要在 30～60 岁。其中，溧阳市肥料经销商 73% 为农技员，扬中市农技员比例只有 20%，滨海县为 25%。溧阳市、扬中市和滨海县经销商经营肥料的年限以扬中最长，10 年以上的占 80%，而溧阳市和滨海县分别只有 50% 和 25%。

表 9　溧阳市、扬中市、滨海县肥料经销商基本信息

县别	性别	年龄	教育年限	销售年限	农技员
溧阳	男 10 人 女 0 人	<30 岁 0 人	<6 年 0 人	<10 年 6 户 ≥10 年 5 户	是 73% 否 27%
		30～40 岁 3 人	6～9 年 4 人		
		41～50 岁 4 人	9～12 年 6 人		
		51～60 岁 4 人	>12 年 1 人		
		>60 岁 0 人			

续表

县别	性别	年龄	教育年限	销售年限	农技员
扬中	男 9 人 女 1 人	<30 岁 0 人	<6 年 0 人	<10 年 2 户 ≥10 年 8 户	是 20% 否 80%
		31 ~ 40 岁 2 人	6 ~ 9 年 9 人		
		41 ~ 50 岁 5 人	9 ~ 12 年 6 人		
		51 ~ 60 岁 3 人	>12 年 2 人		
		>60 岁 1 人			
滨海	男 12 人 女 0 人	<30 岁 0 人	<6 年 0 人	<10 年 9 户 ≥10 年 3 户	是 25% 否 75%
		31 ~ 40 岁 0 人	6 ~ 9 年 9 人		
		41 ~ 50 岁 2 人	9 ~ 12 年 6 人		
		51 ~ 60 岁 9 人	>12 年 2 人		
		>60 岁 1 人			

从表 10 可以看出，被调查的 8 个县（市）90 名肥料经销商对测土配方施肥的认知度达 100%，其中 10% 的肥料经销商在 20 世纪 90 年代就已经对测土配方施肥有所了解，其他肥料经销商的认知途径主要来自近 5 年开展的测土配方施肥工作，其中 73% 的肥料经销商由农技部门宣传认知。通过参与测土配方施肥，85. 5% 的肥料经销商认为对其肥料销售有利。

表 10　肥料经销商对测土配方施肥的认知情况

县别	调查人数	认知率%	最早认知年度	认知途径	效益
海安	12	100	100% 在 2005 年	100% 通过农技部门宣传	100% 认为有益
江都	12	100	1 人在 1991 年，42% 在 2005 年	92% 通过农技部门宣传	100% 认为有益
姜堰	12	100	1 人在 1990 年，83. 3% 的 2006 年认知	75% 通过农技部门宣传	83. 3 认为有益，16. 7% 的认为没明显的影响
铜山	11	100	82% 在 2005 年	91% 通过农技部门宣传	82% 认为有益，18% 认为没明显影响
常熟	10	100	1 人在 2005 年，90% 在 2007 年	90% 通过农技部门宣传	90% 认为有益，10% 认为没明显影响
溧阳	11	100	1991 年、1994 年、1998 年各有 1 人	82% 通过农技部门宣传	82% 认为有益，18% 认为没明显影响
扬中	10	100	1 人在 2005 年，80% 的人在 2007 年	80% 通过农技部门宣传	70% 认为有益，30% 认为没明显影响

续表

县别	调查人数	认知率%	最早认知年度	认知途径	效益
滨海	12	100	1人在2005年，83%的人在2006年认知	67%通过农技部门宣传	75%认为有益，25%认为没明显影响
合计	90	100		66人（73%）通过农技部门宣传	77人认为有益，13人认为没明显影响

从表11可以看出，被调查的90名肥料经销商中有79名（占87.8%）从不同途径获取过测土配方施肥宣传材料。销售配方肥人数比例达100%，65人（占72%）销售的配方肥来自定点配方肥料厂，对农民施肥的指导率达100%。从表12可以看出，被调查的90名肥料经销商中有84名（占93%）接收到县级土肥站印发的测土配方施肥建议卡，拿到配方卡后发放给购肥农民的肥料经销商人数为64人（占71%）；接受土肥推广系统宣传培训的人数有88人（占97.8%），接受过其他部门培训的43人（占47%）。

表11　肥料经销商获取宣传材料与配方肥销售情况

县别	调查人数	获取宣传材料人数比例（%）	销售配方肥人数比例（%）	配方肥来源	对农民施肥指导率（%）
海安	12	100	100	75%来自定点配方肥料厂；25%来自其他复合肥料厂	100
江都	12	100	100	92%来自定点配方肥料厂，8%来自本县复合肥料厂	100
姜堰	12	83	100	100%来自定点配方肥料厂	100
铜山	11	100	100	82%来自定点配方肥料厂；18%来自其他复合肥料厂	100
常熟	10	40	100	20%来自定点配方肥料厂；80%来自其他复合肥料厂	100
溧阳	11	100	82	73%来自定点配方肥料厂，27%来自其他复合肥料厂	100
扬中	10	80	100	70%来自定点配方肥料厂，30%来自外县复合肥料厂	100
滨海	12	92	100	58%来自定点配方肥料厂；42%来自其他复合肥料厂	100
合计	90	79	100	65人（72%）来自定点配方肥料厂	100

表 12　肥料经销商接受测土配方施肥培训与施肥建议卡发放情况

县别	调查人数	接受施肥建议卡人数比例（%）	配方卡发放人数比例（%）	接受土肥培训人数比率（%）	培训单位来源
海安	12	100	92	100	50%还接受过农技单位的培训
江都	12	100	92	100	50%还接受过农技单位的培训
姜堰	12	100	92	100	83%还接受过其他部门培训
铜山	11	91	73	100	45%还接受过其他部门的培训
常熟	10	80	20	90	60%还接受过其他部门的培训
溧阳	11	91	73	100	27%还接受过其他部门的培训
扬中	10	90	60	90	30%还接受过其他部门的培训
滨海	12	92	58	100	33%还接受过其他部门的培训
合计	90	93	71	97.8	47%还接受过其他部门的培训

三、调研结果与分析

（一）测土配方施肥工作进展

1. 田间试验开展情况

从表 13 可以看出，测土配方施肥项目实施以来，8 个县（市、区）累计布置“3414”肥料试验 369 个，其中，水稻 178 个、小麦 135 个、蔬菜 4 个、油菜 32 个、玉米 20 个；开展三区（试验、示范、对比）试验 475 个（见表 14），其中水稻、小麦、油菜分别为 233 个、222 个和 20 个；在水稻、小麦等作物上开展无氮基础地力试验 1555 个（见表 15、表 16）；开展其他氮磷钾肥料效应试验（不包括“3414”试验）508 个（见表 17、表 18），其中，水稻 228 个、小麦 243 个、蔬菜 3 个、油菜 6 个、玉米 28 个。

表 13　项目县（市）“3414”试验示范布置情况　　单位：个

县别	水稻	小麦	蔬菜	油菜	玉米	累计
海安	17	20	4	5		46
江都	31	24				55
姜堰	24	4		3		31
铜山	19	18			2	39
常熟	18	18				36
溧阳	20	12		9		41
扬中	31	24				55
滨海	18	15		15	18	66
总计	178	135	4	32	20	369

表 14　项目县（市）三区试验示范布置情况　　单位：个

县别	水稻	小麦	蔬菜	油菜	玉米	累计
海安	54	62				
江都	31	31				
姜堰	28	21				
铜山	24	16				
常熟	35	35				
溧阳	20	20		20		
扬中	31	31				
滨海	10	6			2	
总计	233	222	0	20	2	475

表 15　项目县（市）无氮基础地力试验布置概况　　单位：个

县名	水稻	小麦	蔬菜	油菜	玉米	累计
海安	133	139	2	2		
江都	150	150				
姜堰	150	60				
铜山	151	151				
常熟						
溧阳						
扬中	150	150				
滨海	43	78		9	37	
总计	777	728	2	11	37	1555

表 16　项目县（市）不同年度无氮基础地力试验布置情况　单位：个

县别	作物	2005 年	2006 年	2007 年	2008 年	2009 年	累计
海安	小麦	53	35	25	26		139
	水稻		35	37	33	28	133
	蔬菜			2			2
	油菜			2			2
江都	水稻		50	50	25	25	150
	小麦	50	50	25	25		150
姜堰	水稻		50	40	30	30	150
	小麦			30	30		60

续表

县别	作物	2005 年	2006 年	2007 年	2008 年	2009 年	累计
铜山	水稻		51	50	50		151
	小麦		51	50	50		151
扬中	水稻		50	50	25	25	150
	小麦	50	50	25	25		150
滨海	小麦		48	30			78
	水稻		9	7	17	10	43
	油菜		9				9
	玉米			6	21	10	37

表 17　项目县（市）氮磷钾肥料效应试验概况　　　　单位：个

县名	水稻	小麦	蔬菜	油菜	玉米	累计
海安	55	65	3			
江都	39	39				
扬中	39	39				
铜山	42	41				
滨海	53	59		6	28	
总计	228	243	3	6	28	508

表 18　项目县（市）不同年度氮磷钾效应试验情况　　　　单位：个

县别	作物	2005 年	2006 年	2007 年	2008 年	2009 年	总计
海安	小麦	42	9	11	3		65
	水稻		19	12	17	7	55
	蔬菜				3		3
江都	水稻		21	6	6	6	39
	小麦	21	6	6	6		39
铜山	水稻		21	10	10	1	42
	小麦		21	10	10		41
扬中	水稻		21	6	6	6	39
	小麦	21	6	6	6		39
滨海	小麦		11	23	15	10	59
	油菜			2	3	1	6
	水稻		11	19	15	8	53
	玉米		3	3	10	12	28
累计	水稻 228 个、小麦 243 个、蔬菜 3 个、油菜 6 个、玉米 28 个						508

2. 田间示范开展情况

从表19可以看出，项目实施以来，8个县（市）累计建立水稻、小麦及油菜测土配方施肥示范区1892个，示范面积130.8万亩。其中，水稻示范区980个，示范面积81.5万亩；小麦示范区906个，示范面积43.1万亩；油菜示范区6个，示范面积6.2万亩。每个调查县（市）乡镇级（每个县累计3个乡镇）大面积示范区建设情况如表20所示。

表19　调查县（市）大面积示范情况

县别	示范区数量（个）			示范区面积（万亩）		
	水稻	小麦	油菜	水稻	小麦	油菜
海安	109	230		2.0	4.0	
江都	364	159		6.0	4.6	
姜堰	281	279		1.3	1.2	
铜山	43	104		6.1	4.7	
常熟	85	69		25.4	8.0	
溧阳	9	6	6	35.1	17.7	6.2
扬中	30	10		1.6	0.4	
滨海	59	49		4.0	2.5	
总计	980	906	6	81.5	43.1	6.2

表20　调查县乡镇级示范区数量与面积　　单位：亩

县别	作物	2005年		2006年		2007年		2008年		2009年	
		个数	面积	个数	面积	个数	面积	个数	面积	个数	面积
海安	水稻	5	820	18	3000	18	3250	32	6100	36	7000
	小麦	33	4200	54	6600	54	6750	58	7450	31	15200
江都	水稻	10	20000	32	1531000	38	3535000	138	5081000	146	19986000
	小麦	20	7000	15	3000	22	5280	102	30300		
姜堰	水稻	10	300	25	1050	42	1800	72	3300	132	6550
	小麦	10	300	25	1050	42	1800	72	3300	130	6000
铜山	水稻	1	100	8	7300	10	12800	11	18800	13	22300
	小麦	1	100	29	7000	31	13800	33	16000	10	10000
常熟	水稻					25	38500	3025	107128	3025	108505
	小麦					22	18500	22	20000	2500	41213

续表

县别	作物	2005 年		2006 年		2007 年		2008 年		2009 年	
		个数	面积	个数	面积	个数	面积	个数	面积	个数	面积
溧阳	水稻					3	115055	3	115323	3	120880
	小麦					3	91705	3	85212		
	油菜					3	27618	3	34425		
扬中	水稻					8	3400	8	3460	14	8850
	小麦					5	1930	5	1850		
滨海	水稻			13	8750	14	9200	14	9200	18	13200
	小麦			10	3750	13	4400	14	4500	12	12600

3. 各乡镇技术培训情况

从表 21 可以看出，海安、溧阳、扬中、滨海 4 个县（市）对村干部的培训较好；对科技示范户和科技带头人的培训，以海安、姜堰、铜山、扬中、滨海、江都为好，苏南的常熟、溧阳相对较差；对普通农户的培训，以海安、江都、姜堰、扬中、滨海为好。总体上，县级项目实施的时间越长，培训的人数越多，老百姓的认知度越高。

表 21　调查县（市）3 乡镇培训状况　　单位：人

县别	代码 1 = 培训村干部	代码 2 = 培训村科技示范户	代码 3 = 培训科技带头人	代码 4 = 培训普通农户	代码 5 = 派出参加上级组织的培训	代码 6 = 其他
海安	2171	2723	15200	137317	104	620
江都		190	210	9400	2200	23000
姜堰		130	2100	5100	1600	43000
铜山		420	100	1000	70	4000
常熟		70	325	250	100	600
溧阳	120	280	255		30	
扬中	48	209	2742	3172	15	8920
滨海	4	138	4136	14560	2000	95130

4. 配方制定情况

从表 22 可以看出，项目实施以来，8 县（市）在 24 个乡镇累计制定施肥配方 189 个。其中，项目实施较早的县（市）制定的配方数相对较多，如海安和江都及铜山，而项目启动晚的姜堰、扬中、溧阳、常熟和滨海 5 县（市）相对较少，除滨海制定的配方数达到28个外，其他县市配方制定数均小于20个。

表22 调查区域施肥配方制定个数

县别	乡镇	2004年	2005年	2006年	2007年	2008年	2009年	总量
海安	3	5	9			5	—	38
江都	3		4			7	4	31
姜堰	3				6	6	4	16
铜山	3			8	8	8	5	29
常熟	3				6	6	6	18
溧阳	3				6	6	8	8
扬中	3				4	4	9	10
滨海	3				4	12	12	28
累计	24	5	13	25	52	54	40	189

5. 配方卡发放情况

项目实施以来，县、乡、村三级层层发放了施肥建议卡。表23统计结果显示，截至2009年8月，8个县（市）累计发放配方施肥建议卡563.3万张。其中，铜山县发放数量达到100万张以上，其他7个县（市）除扬中市面积较小外，其他县（市）都超过50万张。调查县乡镇级（每个县3个乡镇合计）发放配方施肥建议卡情况如表24所示。

表23 调查区域配方施肥建议卡发放数量　　单位：万张

县别	乡镇	2004年	2005年	2006年	2007年	2008年	2009年	总量
海安	3	9.5	16.0	16.2	17.6	15.0		74.3
江都	3		8.0	12.0	21.0	12.0	5.6	58.6
姜堰	3		0.0	16.0	16.0	16.0	8.0	56.0
铜山	3		0.0	24.0	26.2	36.0	18.5	104.7
常熟	3		0.0	0.0	25.0	25.0	24.0	74.0
溧阳	3		0.0	20.6	21.2	21.4	21.8	85.0
扬中	3		4.0	8.0	14.0	14.0	7.0	47.0
滨海	3		0.0	17.2	17.8	18.7	10.0	63.7
累计	24	9.5	28.0	114.0	158.8	158.1	94.9	563.3

表 24　调查县（市）乡镇级配方施肥建议卡发放情况　　单位：张

县别	作物	2005 年	2006 年	2007 年	2008 年	2009 年
海安	水稻	7800	27200	29300	14000	38400
	小麦	26400	27800	30510	22500	26400
江都	水稻	20000	33500	39000	51000	69000
	小麦	4500	6300	8500	27000	28500
姜堰	水稻	500	102000	12000	13000	13500
	小麦	500	10200	12000	13000	9500
铜山	水稻	100	6300	9000	11500	13500
	小麦	100	16200	9000	11500	5000
常熟	水稻			53000	78000	63500
	小麦			40000	40000	32000
溧阳	水稻			40000	54000	61200
	小麦			5000	8000	
	油菜			5000	8000	
扬中	水稻			60000	65000	70000
	小麦			60000	60000	15000
滨海	水稻		30750	31901	189354	188110
	小麦		33050	36910	40554	28000

6. 配方肥销售情况

2004 年以来，8 个县（市）3 个乡镇配方肥的总销售量为 34.1 万吨（见表 25）。年际间的变化趋势与配方制定数及配方卡发放量变化趋势基本一致。其中，配方肥销售量累计超过 6 万吨的县（市）有海安、溧阳及铜山，而销售量最少的扬中市为 1.1 万吨（扬中市面积最小），其他县（市）配方肥销售量在 2 万 ~ 5.5 万吨。

表 25　调查县（市）3 乡镇配方肥销售数量　　单位：万吨

县别	乡镇	2004 年	2005 年	2006 年	2007 年	2008 年	2009 年	总量
海安	3	0.9	2.1	2.2	1.7	—	—	6.9
江都	3	—	0.6	1.6	1.6	1.3	0.5	5.6
姜堰	3	—	—	0.2	0.5	0.9	0.4	2.0
扬中	3	—	0.1	0.2	0.3	0.3	0.2	1.1
溧阳	3	—	—	1.2	1.5	1.7	1.6	6.0

续表

县别	乡镇	2004 年	2005 年	2006 年	2007 年	2008 年	2009 年	总量
常熟	3	—	—	0.0	1.4	1.5	0.7	3.6
铜山	3	—	—	1.0	1.3	2.7	1.5	6.5
滨海	3	—	—	—	0.7	1.1	0.8	2.6
累计	24	0.9	2.8	6.4	9.0	9.4	5.7	34.1

（二）测土配方施肥效果

1. 主要农作物施肥与产量情况

（1）水稻。对8个县（市）调查乡镇示范户和其他应用农户（非示范户）2009年主要农作物的氮磷钾亩施用量进行了统计（见表26）。结果显示：8个县（市）示范户水稻作物亩平均施氮（纯N）量18.5千克，非示范户为20.5千克，示范户较非示范户水稻作物亩节氮2.0千克。但县与县之间不平衡。扬中、溧阳两县（市）示范户水稻亩施氮量比非示范户分别高出3.6千克和0.5千克，其他6个县（市）示范户的水稻亩施氮量降幅为2.1～3.9千克。在施磷量（P_2O_5，下同）方面，示范户较非示范户水稻作物亩节磷0.4千克。调查的8个县（市）中，除滨海和常熟施磷量较非示范户高外，其他6个县（市）水稻施磷量都出现下降，亩降幅为0.6～1.6千克。在施钾量（K_2O，下同）方面，示范户亩平均为4.6千克，与非示范户基本相近（亩用量4.7千克K_2O），其中扬中、溧阳、常熟和滨海的示范户施钾量高于非示范户，而海安、江都、姜堰和铜山的示范户施钾量低于非示范户。

表26　调查项目县（市）水稻作物施肥量与产量情况

单位：千克/亩

	N		P_2O_5		K_2O		产量	
	示范户	非示范户	示范户	非示范户	示范户	非示范户	示范户	非示范户
海安	16.0	19.0	2.5	3.7	3.7	4.3	587	575
江都	16.7	19.8	1.8	3.5	3.2	4.5	560	556
姜堰	18.6	23.2	2.9	4.6	3.3	4.6	546	532
扬中	22.5	18.9	2.9	3.6	8.0	7.1	617	612
溧阳	20.4	19.9	1.8	2.2	4.3	3.8	580	537
常熟	16.1	18.2	2.6	1.8	8.3	6.3	528	521
铜山	16.3	20.2	3.8	4.9	3.5	4.5	573	523
滨海	21.2	24.7	5.8	3.2	2.7	2.3	550	559
平均	18.5	20.5	3.0	3.4	4.6	4.7	567.6	551.9

从水稻产量来看，测土配方施肥示范户水稻平均亩产量为567.6千克，较非测土配方施肥户亩增产15.7千克，增产率3%。8个县（市）中，除滨海县外，其他7个县（市）均表现出增产效应，与非示范户相比，铜山县示范户增产幅度最高，平均每亩增产达到50千克。

（2）小麦。从表27可以看出，8个县（市）调查乡镇小麦测土配方施肥示范户亩均N、P_2O_5、K_2O施用量分别为15.1千克、3.0千克和3.1千克；非示范户分别为16.2千克、3.1千克和3.4千克。与非示范户相比，各地示范户小麦施氮量存在较大差异，其中小麦施氮增加的为姜堰、溧阳和铜山3个县（市）；小麦施氮量下降的为海安、扬中、常熟、滨海4个县（市），江都持平。8个县（市）小麦亩施磷量（P_2O_5）在0.79～4.3千克。其中，溧阳、常熟2个县（市）示范户小麦施磷量高于对应的非示范户，其他6个县（市）示范户小麦施磷量均低于对应的非示范户。其中，施磷量悬殊最大的为滨海县，示范户比非示范户每亩P_2O_5施用量下降了1.9千克。在施钾量（K_2O）方面，除溧阳、铜山2个县（市）变化趋势与施磷量不一致外，其他县（市）的施磷、施钾量变化趋势基本一致。从产量情况来看，8个县（市）调查示范户小麦亩均产量413千克，较非测土配方施肥户亩产增加12.7千克。示范户产量增加幅度最大的为铜山县，与非示范户相比，亩产量提高51千克。

表27　调查项目县（市）小麦作物亩施肥量与产量情况

单位：千克/亩

	N		P_2O_5		K_2O		产量	
	示范户	非示范户	示范户	非示范户	示范户	非示范户	示范户	非示范户
海安	13.3	16.4	3.3	3.5	3.0	3.6	458	450
江都	13.77	13.77	2.7	3.5	4.04	4.53	472	461
姜堰	14.88	14.61	3.4	4.3	3.37	4.27	436	418
扬中	18.63	20.82	3.35	3.78	8.00	5.45	350	359
溧阳	14.51	14.14	1.9	1.4	1.86	4.72	371	368
常熟	12.38	13.35	2.00	0.79	2.29	0.87	278	274
铜山	17.08	16.43	3.5	3.8	4.42	3.89	512	461
滨海	15.9	19.5	1.6	3.5	1.35	1.78	425	410
平均	15.1	16.2	3.0	3.1	3.1	3.4	412.8	400.1

2. 节本与增产增收情况

对8个县（市）调查农户2009年水稻和小麦两季作物肥料施用成本及作物产出效益进行了测算，结果显示（见表28），测土配方施肥农户年亩纯利较非示范户平均增加73元。其中，扬中和常熟两县（市）年亩纯利增加最小，分别仅为13元和15元；其他县（市）年亩增加值达60～198元，以铜山县为最高。

表28 调查县（市）农户施肥支出与产出效益情况 单位：元/年亩

县别		肥料支出	稻麦产出	纯利	测土配方施肥户较非测土配方施肥户年亩增加收益
海安	测土配方施肥户	233	1907	1674	75
	非测土配方施肥户	271	1870	1599	
江都	测土配方施肥户	261	1875	1614	60
	非测土配方施肥户	296	1850	1554	
姜堰	测土配方施肥户	284	1790	1506	102
	非测土配方施肥户	329	1733	1403	
扬中	测土配方施肥户	318	1794	1476	15
	非测土配方施肥户	337	1798	1461	
溧阳	测土配方施肥户	270	1754	1484	92
	非测土配方施肥户	271	1663	1392	
常熟	测土配方施肥户	249	1661	1412	13
	非测土配方施肥户	241	1640	1399	
铜山	测土配方施肥户	300	1965	1665	198
	非测土配方施肥户	317	1784	1467	
滨海	测土配方施肥户	288	1780	1492	26
	非测土配方施肥户	308	1774	1466	
平均	测土配方施肥户	284	1816	1532	72
	非测土配方施肥户	304	1764	1460	

根据8个县（市）调查农户水稻、小麦种植面积、施肥量及产出情况，计算出净利润增加值及增收节支总额，如表29、表30所示。结果表明，水稻测土配方施肥示范户年亩纯利润平均值比非示范户增加37元，8个县（市）水稻测土配方施肥累计节本增效达到1.9亿元。小麦测土配方施肥示范户年亩纯利润比非测土施肥户平均增加32元。8县（市）小麦测土配方施肥累计节本增效达到1.4亿元。

表29 调查项目县（市）水稻测土配方施肥节本增效情况

县别	肥料成本（元/亩）		产出（元/亩）		净利润增加值（元/亩）	水稻种植总面积（万亩）	节本增效总额（万元）
	测土户	非测土户	测土户	非测土户			
海安	133	159	1174	1150	50	56.6	2830
江都	138	164	1120	1112	34	85.0	2890

续表

县别	肥料成本（元/亩）		产出（元/亩）		净利润增加值（元/亩）	水稻种植总面积（万亩）	节本增效总额（万元）
	测土户	非测土户	测土户	非测土户			
姜堰	156	190	1092	1064	62	49.1	3044
扬中	139	189	1234	1224	60	13.4	804
溧阳	167	149	1160	1074	68	60.7	4128
常熟	160	159	1056	1042	15	35.2	528
铜山	151	174	1146	1046	123	56.0	6888
滨海	184	168	1100	1118	-34	68.7	-2336
累计	—	—	—	—	—	424.7	18776
平均	162	169	1135	1104	37	—	—

表30 调查项目县（市）小麦测土配方施肥节本增效情况

县别	肥料成本（元/亩）		产出（元/亩）		净利润增加值（元/亩）	小麦种植总面积（万亩）	节本增效总额（万元）
	测土户	非测土户	测土户	非测土户		水稻	节省金额
海安	100	112	733	720	25	55.0	1375
江都	123	132	755	738	26	69.0	1794
姜堰	128	140	698	669	41	41.8	1714
扬中	179	204	560	574	11	10.0	110
溧阳	103	122	594	589	24	30.0	720
常熟	89	74	605	598	-7	26.0	-182
铜山	149	143	819	738	75	72.0	5400
滨海	104	139	680	656	59	53.8	3174
累计	—	—	—	—	—	357.6	14105
平均	122	135	681	660	32	—	—

3. 农民接受培训情况

测土配方施肥项目实施以来，各地开展了多种形式的技术培训。据调查统计，参与技术培训农民的比例达73%。培训途径主要来自县（市）和乡镇两级。其中，江都、铜山、滨海、海安县级培训比例都超过了30%。通过宣传培训，印发施肥建议卡，农户按配方卡施肥比例达到83%，其他宣传材料领取率达到59%，技术示范户比例达到31%。

表 31 调查项目县（市）开展农户培训情况

县别	调查人数	是否按配方卡配肥（%）	其他培训材料领取率（%）	技术示范户比例（%）	参加培训比例（%）	受训次数	培训单位
海安	48	81	71	48	94	<4 次 47% ≥4 次 53% ≥8 次 15%	33% 县级，68% 乡镇，17% 其他
江都	48	88	69	31	90	<4 次 54% >4 次 15% >8 次 31%	72% 县级，19% 乡镇，9% 大学或研究所
姜堰	48	73	54	43	73	<4 次 69% >4 次 23% >8 次 8%	35% 县级，52% 乡镇，13% 其他
扬中	48	96	73	31	79	<4 次 100%	100% 乡镇，23% 村级
溧阳	48	69	42	19	40	<4 次 80% >4 次 20%	42% 县级，56% 乡镇，2% 为其他
常熟	48	90	38	15	50	<4 次 83% >4 次 17%	29% 县级，42% 乡镇，29% 村级
铜山	48	91	67	44	81	<4 次 72% >4 次 18% >8 次 10%	49% 县级，44% 乡镇，8% 村级和化肥企业
滨海	48	77	60	13	73	<4 次 47% >4 次 22% >8 次 31%	50% 县级，8% 为乡镇，39% 乡镇和县级，3% 村级及大学研究所
平均		83	59	31	73		

4. 农民施肥观念与行为改变情况

从表 32 可以看出，通过近年来实施测土配方施肥，农户对测土配方施肥的认知率达 95%，表现为测土配方施肥工作开展越早、认知程度越高的趋势。从认知途径来看，除常熟、扬中两县（市）农民反映主要通过配方卡途径外，其他县（市）以农技人员的入户指导为主要认知方式。各县（市）农民领取配方施肥建议卡率都较高，除溧阳、滨海、常熟为 66%、78%、88% 外，其他县（市）都达 90% 以上。通过广播和办培训班的在海安、姜堰、滨海县（市）比例超过了 20%，但其他县（市）都不足 10%，表明尚有一定的潜力可挖。

表 32　调查项目县（市）农户对测土配方施肥的认知情况

县别	调查人数	认知率（%）	最早认知年度	认知途径	配方卡领取率（%）	配方卡看懂率（%）
海安	48	100	2004 年 4%；2005 年 79%；2006 年 14%；2007 年 3%	配方卡 20%；农技人员入户 56%；广播媒体 29%；农技培训班 8%；其他 10%	100	81
江都	48	96	2004 年 6%；2005 年 42%；2006 年 40%；2007 年 12%	配方卡 31%；广播电视 8%；农技人员入户指导 61%	94	94
姜堰	48	94	2004 年 4%；2005 年 6%；2006 年 38%；2007 年 19%；2008 年 21%；2009 年 12%	配方卡 23%；农技人员入户指导 48%；广播和培训班 29%	96	71
扬中	48	100	2002 年 2%；2006 年 2%；2007 年 94%；2008 年 2%	配方卡 56%；农技人员的入户指导 33%；广播和培训 11%	100	94
溧阳	48	77	2006 年 31%；2007 年 40%；其他年份占 29%	配方卡 29%；农技人员入户指导 66%；广播和培训 5%	66	89
常熟	48	100	81% 为 2007 年；15% 为 2008 年；2% 为 2004 年；2% 为 2006 年	69% 为配方卡；19% 为农技人员入户指导；12% 为农技部门组织的培训班	88	86
铜山	48	98	2005 年 19%；2006 年 72%；2007 年 9%	配方卡 30%，农技人员入户指导 62%；广播和农技部门组织的培训 8%	94	98
滨海	48	96	2006 年 72%；2007 年 11%；2008 年 4%；2009 年 4%；2005 年 8%	配方卡 20%；农技人员的入户指导 24%；农技部门的培训 35%；广播和其他方式 21%	78	70
合计	384	95				

从表 33 可以看出，调查农户 3 年内当面接受技术人员指导率平均为 84%。通过宣传培训，调查的 8 个县（市）农户测土配方施肥技术应用率平均达到 92%，其中，溧阳、滨海两县（市）略低，应用率为 84% 和 86%。除滨海县外，其他 7 个县（市）水稻、小麦测土配方施肥技术应用率均达到 98% 以上（见表 34）。从表 35 可以看出，农民普遍认为“施肥越多，产量越高”是不正确的，

这是值得欣喜的现象。由于农民施肥观念的逐渐改变，近年来扩大配方肥、商品有机肥和复合肥及叶面肥的应用趋势明显，其中，海安、扬中两县（市）呈现快速增长态势。近几年来减少最多的肥料品种为碳铵和普钙，同时，尿素用量在4个县（市）中也呈快速下降趋势。

表 33　调查项目县（市）农户对测土配方施肥认识（Ⅰ）

县别	调查人数	3 年内当面接受技术人员指导率（%）	技术应用率（%）	不同作物技术应用率
海安	48	94	100	水稻、小麦 100%；玉米 17%；油菜 17%
江都	48	92	94	水稻、小麦 100%
姜堰	48	88	95	水稻、小麦 100%
扬中	48	93	92	水稻、小麦 100%
溧阳	48	75	84	水稻 94%；小麦 92%
常熟	48	84	96	水稻、小麦 98%
铜山	48	87	96	水稻、小麦 100%
滨海	48	70	86	水稻 85%；小麦 68%；玉米 32%
平均	48	84	92	

表 34　调查项目县（市）农户对测土配方施肥认识（Ⅱ）

县别	调查人数	认可的推广方式比例
海安	48	直接用配方肥 25%；农技人员指导 47%；农技人员配肥 19%；农民按配方卡配肥 4%；示范户 2%
江都	48	直接用配方肥 29%；按配方卡自己配肥 4%；肥料经销商配肥 13%；农技人员配肥 20%；农技人员推荐指导 33%
姜堰	48	直接用配方肥 7%；按配方卡自己配肥 14%；肥料经销商配肥 10%；农技人员配肥 14%；农技人员推荐指导 46%；作为示范户和参照其他示范户 9%
扬中	48	直接用配方肥 13%；按配方卡自己配肥 51%；肥料经销配肥 9%；农技人员配肥 11%；农技人员推荐指导 17%
溧阳	48	直接用配方肥 29%；按配方卡自己配肥 18%；肥料经销商配肥 9%；农技人员配肥 18%；农技人员推荐指导 27%
常熟	48	直接用配方肥 17%；按配方卡自己配肥 5%；肥料经销商配肥 60%；农技人员配肥 10%；农技人员推荐指导 13%
铜山	48	直接用配方肥 48%；按配方卡自己配肥 21%；肥料经销商配肥 2%；农技人员配肥 6%；农技人员推荐指导 23%
滨海	48	直接用配方肥 38%；按配方卡自己配肥 23%；农技人员推荐指导 23%；由肥料经销商和农技人员配肥 16%

表 35　农户对测土配方施肥认识（Ⅱ）及肥料施用状况

县别	调查人数	N，P_2O_5，K_2O 内涵认知率（%）	肥料包装 15－15－15 认知率（%）	“施肥越多，产量越高”不认同率（%）	近几年增加最多的肥料品种	近几年减少最多的肥料品种
海安	48	55	51	91	87%认为配方肥；22%认为叶面肥和商品有机肥；21%认为复合肥；19%认为尿素	91%认为碳铵；40%认为普钙；19%认为二铵；9%认为尿素
江都	48	74	88	83	73%认为配方肥；29%认为复合肥；23%认为尿素	85%认为碳铵；33%认为尿素；17%认为磷酸钙
姜堰	48	44	52	98	73%认为配方肥；44%认为尿素；25%认为复合肥	85%认为碳铵；15%认为磷酸钙
扬中	48	81	90	94	71%认为配方肥；33%认为有机肥；31%认为氯化钾	83%认为碳铵；29%认为磷酸钙；15%认为尿素
溧阳	48	44	77	96	73%认为配方肥；48%认为尿素；23%认为复合肥	71%认为碳铵；17%认为磷酸钙；15%认为尿素
常熟	48	60	83	94	90%认为配方肥；33%认为尿素；17%认为复合肥	92%认为碳铵；17%认为磷酸钙
铜山	48	75	87.5	94	67%认为配方肥；19%认为有机肥；29%认为尿素；15%认为硫酸钾	73%认为碳铵；58%认为磷酸钙
滨海	48	40	54	85	67%认为配方肥；23%认为有机肥；46%认为尿素；17%认为复合肥	52%认为碳铵；50%认为磷酸钙
平均		59	73	92		

从施肥结构（见表 36、表 37）来看，项目区非技术用户仍以常规复混（合）肥和尿素为主，而测土配方施肥户施肥品种结构明显好于非技术用户。调

查户中直接应用配方肥的农户总体达90%以上，苏中、苏北明显好于苏南，江都等县（市）达100%。

表36　调查项目县（市）不同农户类型主体施肥品种

县别	农户类别	主体施肥品种
海安	测土配方户	小麦10－7－8；9－9－7；12－7－6
		水稻20－10－10；12－7－6；11－6－8
	非测土配方户	15－15－15和尿素
江都	测土配方户	小麦25－5－10；12－6－7
	非测土配方户	尿素
姜堰	测土配方户	25－5－10；20－10－10
	非测土配方户	10－8－7；12－6－7
扬中	测土配方户	16－16－10；20－10－15
	非测土配方户	15－15－15
溧阳	测土配方户	22－6－12；24－7－6
	非测土配方户	16－16－16；15－15－15
常熟	测土配方户	16－16－13
	非测土配方户	15－15－15
铜山	测土配方户	20－8－10；24－12－10
	非测土配方户	尿素和复合肥
滨海	测土配方户	11－7－7；22－10－6
	非测土配方户	15－15－15和尿素

表37　调查项目县（市）农户水稻、小麦基肥施肥结构　　单位：%

县别	作物	农户比例（以户数统计）						
		配方肥应用比例	非配方肥应用比例	15－15－15应用比例	单施尿素	碳铵	有机肥	其中商品有机肥
海安	水稻	85	5	12.5	2		12.5	6
	小麦	87	10	8	5		18.8	14.6
江都	水稻	100	0	21	2	0	0	0
	小麦	100	0	21	0	0	0	0
姜堰	水稻	92	8	6	4	0	6	0
	小麦	96	4	2	0	0	4	0

续表

县别	作物	农户比例（以户数统计）						
		配方肥应用比例	非配方肥应用比例	15－15－15应用比例	单施尿素	碳铵	有机肥	其中商品有机肥
扬中	水稻	98	2	10	0	0	46	46
	小麦	90	10	17	2	6	2	2
溧阳	水稻	81	19	8	8	4	0	0
	小麦	96	4	19	0	0	0	0
常熟	水稻	67	33	6	0	13	2	0
	小麦	52	48	2	2	8	2	0
铜山	水稻	92	8	23	4	0	0	0
	小麦	98	2	23	6	0	0	0
滨海	水稻	94	6	17	6	0	4	0
	小麦	88	12	15	2	0	0	0

5. 土肥队伍服务能力建设改变情况

实施测土配方施肥项目以来，8 个县（市）土肥化验室面积累计增加 1462 平方米（见表38），由表39 可以看出，人员增加 15 人，其中大学本科以上 5 人；中央和地方累计投入经费达到 2537 万元（见表 40），其中中央投入 1522 万元，地方投入 1015 万元。

表 38　调查项目县（市）土肥化验室建设与人员情况

县别	总面积（平方米）	新增加面积（平方米）	总人员数	其中在编人员
海安	320	140	4	4
江都	150	20	3	
姜堰	400	100	3	3
扬中	200	80	3	
溧阳	200		5	
常熟	400	120	5	5
铜山	1202	1002	7	
滨海	200		3	2
累计		1462		

表39　调查项目县（市）级土肥工作人员情况统计　　单位：人

县别	年份	从事土肥工作的人数	在编人员	聘用人员	土肥专业毕业人员	50岁以上人员	大学本科以上人员
海安	2004	8	7	1	4		4
	2008	8	7	1	4		4
江都	2004	2	2	0	2		2
	2008	4	4	0	4		3
姜堰	2004	8	8		3	1	4
	2008	7	8		3	1	4
扬中	2004	3	3		1		
	2008	6	4	2	2		2
溧阳	2004	5	5		3		2
	2008	5	5		3		2
常熟	2004	8	8		8	3	1
	2005	8	8		8	3	4
铜山	2004	5	5		3		1
	2008	15	6	9	6		1
滨海	2008	11	8	3	4	2	4

表40　调查项目县（市）资金投入情况统计　　单位：万元

县别		2004年	2005年	2006年	2007年	2008年	2009年	累计
海安	中央	0	100	50	50	50	100	405
	地方	0	0	5	50	0	0	
江都	中央		100	50	100	50		430
	地方		10	15	100	5		
姜堰	中央			150	50	50	32	282
扬中	中央					100		230
	地方		10	15	100	5		
溧阳	中央							350
	地方		150	150	50	50		
常熟	中央			100	50	40		190
	地方							
铜山	中央		100	50	50			250

续表

县别		2004 年	2005 年	2006 年	2007 年	2008 年	2009 年	累 计
铜山	地方		50					
滨海	中央					100		400
	地方			150	150			
累计								2537

6. 肥料经销商变化

对 32 家肥料经销商的调查得知，肥料销售品种增加最多的为配方肥，其次为复合肥和尿素，其中配方肥的增长占了主导地位，经销商分析认为增加的原因主要是配方肥等能适合作物生长需求。销量减少最多的肥料品种是碳铵和过磷酸钙，其原因主要是这些品种肥效低，不适合当地农业生产。

表 41　调查项目县（市）肥料销售变化情况

县别	肥料销售增加最多的品种	增加的原因	销售量减少最多的品种	减少的原因
海安	92% 为配方肥；8% 为复合肥	67% 测土配方；33% 适合当地生产	碳铵 75%；二铵 17%；尿素 8%	50% 是不适合当地生产；50% 是由于测土配方
江都	92% 为配方肥；33% 为复合肥	58% 测土配方；33% 适合作物生长；9% 价格降低	58% 碳铵；25% 磷酸钙；33% 尿素	50% 是配方肥；25% 不适合作物生长；8% 价格上涨；17% 为其他原因
姜堰	92% 为配方肥；25% 为复合肥	67% 适合作物生长；17% 配方肥；8% 为价格降低；8% 为其他原因	92% 碳铵；25% 过磷酸钙；42% 尿素	92% 配方肥；8% 其他原因
扬中	90% 配方肥；50% 尿素	70% 配方肥；20% 适合作物生长；10% 价格降低	90% 碳铵；40% 过磷酸钙	70% 配方肥；20% 不适合作物生长；10% 其他原因
溧阳	92% 配方肥；27% 尿素	73% 适合作物生长；36% 配方肥	100% 碳铵；18% 过磷酸钙	64% 不适合作物生长；55% 配方肥
常熟	100% 配方肥；20% 复合肥；20% 尿素	70% 适合作物生长；30% 配方肥；10% 价格下降	90% 碳铵；10% 复合肥	60% 不适合作物生长；40% 配方肥

续表

县别	肥料销售增加最多的品种	增加的原因	销售量减少最多的品种	减少的原因
铜山	91%配方肥；45%复合肥	73%适合作物生长；36%配方肥	73 碳铵；36% 过磷酸钙；36%二铵	64%配方肥；45%不适合作物生长
滨海	92% 配方肥；8% 尿素和复合肥	67%配方肥；价格降低 8%；适合作物生长 8%；其他 8%	50% 碳铵；67% 过磷酸钙	46%配方肥；46%不适合作物生长；8%其他原因

四、存在的主要问题

近年来江苏测土配方施肥取得了显著成效，但各地测土配方施肥工作不平衡性较大，全面普及测土配方施肥技术面临长期性、艰巨性和复杂性。目前，测土配方施肥工作存在的主要问题和薄弱环节主要表现在：

1. 测土配方施肥工作不平衡

通过测土配方施肥，调查农户年亩平均节本增效 72 元，其中水稻增产 37 元，小麦增收节支 35 元。但各县（市）之间存在较大差异：最好的为苏北的铜山县，年亩平均节本增效 198 元，远高于其他县（市）。通过分析，人均耕地面积低、务农人口比例小以及苏南经济发展基础好、农业增加值比重小是制约农民测土配方施肥积极性的障碍因素。以扬中、常熟两县（市）为例，农户人均耕地面积小于 1 亩的分别占 98% 和 71%，是 8 个调查县（市）中最少的，同时两县（市）调查点农民年均收入分别为 10835 元和 11529 元，是 8 个调查县（市）中农民收入最高的，主要收入来源不是依赖农业。两县（市）调查乡镇的务农人数分别为 2881 人、2151 人，仅占总农业人口的 18%、9%，也是 8 个调查县（市）中占比例最小的。

2. 农民素质有待提高

农民文化教育素质总体较低是制约测土配方施肥推广深入的一个重要因素。目前农村青壮劳动力大量转移，务农的大多是老人和妇女，接受新鲜事物能力差，培训这部分农民掌握并接受测土配方施肥知识的任务还相当繁重。农民年龄偏大及教育年限短对测土配方施肥知识的认知及接受能力产生极大的影响。调查结果显示，8 个县（市）农民的平均年龄为 54.4 岁，人均受教育年限仅为 7.7 年，平均年龄最小和受教育年限较高的铜山县，其测土配方施肥效果最佳；而常熟市受调查的农民平均年龄达 58.7 岁，受教育年限仅为 6 年，其测土配方施肥效果显著小于其他调查点。在农民对肥料袋上“$N-P_2O_5-K_2O$”的标识及内涵认知方面还不尽如人意，平均认知率仅为59%。

3. 工作内涵有待深化

村干部的调查问卷显示，为农民直接提供配方肥和技术指导服务更受村干部的欢迎；乡镇技术负责人的调查问卷也显示提供配方肥是比较受欢迎的，但配方肥的提供主体存在较大分歧，有的认为肥料经销商较好，有的则认为应是当地农技部门；认为最有效的推广方式为直接提供配方肥并结合农技推广部门进行技术指导。调查中发现，存在配方肥价格偏高且质量不稳定的问题，且仅停留在氮磷钾三要素的平衡方面，尚未考虑大量元素与中微量元素的平衡问题。今后必须深化培训，促进测土配方施肥向更高层次迈进。

五、结论与建议

（一）结论

1. 测土配方施肥工作取得了阶段性成果

调查结果显示，8个调查县（市）能够按照农业部制定的测土配方施肥技术规程和实施方案认真实施，并取得了阶段性成果。累计制定肥料配方189个，发放施肥建议卡563.3万张，建立“3414”肥料试验示范点369个，开展“三区”试验1109个、无氮基础地力试验1555个、氮磷钾肥料试验508个，建立水稻、小麦、油菜示范区分别为980个、906个、6个，示范面积分别达到81.5万亩、43.1万亩、6.2万亩，推广应用配方肥34.1万吨。

2. 基层农技推广部门服务能力明显提升

通过测土配方施肥项目实施，改善了县级土肥工作条件，锻炼并稳定了基层农技推广服务队伍。8县（市）累计兴建和改造土肥化验室1462平方米，增加人员15人，其中大学本科以上5人。

3. 农民科学施肥水平有了明显提高

通过实施测土配方施肥，农户施用氮磷钾肥料的比例趋于合理，传统的以施用高浓度复合肥，如浓度为15－15－15和16－16－16的现象基本杜绝，取而代之的是施用配方肥，或按方施肥。在施肥数量上，过量施用氮肥的现象明显改进，稻麦施氮量下降明显，运筹比例也逐渐合理。

4. 测土配方施肥增产增收效果显著

调查表明，在稻麦轮作地区，实施测土配方施肥可实现年亩增收节支72元，其中水稻37元、小麦35元。5年来，8个县（市）累计增收节支水稻1.7亿元、小麦1.5亿元。

（二）建议

1. 长期稳定测土配方施肥政策

测土配方施肥补贴项目实施5年来，对于改变农民传统的施肥观念、改进施肥方式、促进农业节本增效和环境保护都发挥了很大作用，但目前广大农村仍以小生产经营为主，各地的土壤类型、种植制度、经济基础等差异较大，按地块实行测土配方施肥仍需要一个相当长的过程，部分项目县（市、区）特别是乡镇一级存在技术力量不够、人才结构不合理的状况，只有深入持久地开展测土配方施肥，才能推进施肥技术的不断进步。基层干部和农民希望这项政策能够长期稳定下来，使农民能够得实惠，农技人员得锻炼，服务能力不断提升。

2. 进一步抓实测土配方施肥工作

长期以来，农业部门注重粮棉油科学施肥技术研究与推广应用，但对果树、蔬菜、茶叶等经济作物科学施肥技术研究与推广少，如何对这些作物开展肥效试验，建立土壤养分丰缺指标，筛选施肥参数，建立施肥指标体系，并推荐施肥，攻坚克难的任务十分繁重。建议农业部门在原有工作基础上，进一步加大工作力度，突出抓好农民与肥料经销商的培训、田间示范和科技带头人的培育工作，提高全社会对测土配方施肥的认知度，扩大测土配方施肥的影响和辐射作用。在工作内涵深化上，要逐步考虑大量元素与中微量元素肥料配合施用、有机肥与无机肥配合效应研究与实用技术推广工作，推出更加合理、更加方便的施肥建议卡。

3. 进一步调动农民的积极性

目前农技推广部门测土配方施肥的积极性得到有效调动，但农民的积极性尚未完全调动起来，一个重要原因就是配方肥的价格还比较高，每亩的节本效益不是十分突出，有的作物施肥次数还比较多，不同地块的供肥能力、不同作物的需肥规律也不一样，因土、因作物、因气候、因生育期进行科学调控施肥的难度还很大，必须针对农村劳动力大量转移的新情况，进一步提高乡村干部和农技人员的服务指导能力，通过县、乡、村三级共同面对面地做好农民的宣传培训工作，通过算账对比、示范引导，把农民的积极性真正调动起来，做到施好“产量肥、效益肥和环保肥”。

2009 年 12 月

附件四：江苏省太湖流域水环境综合治理实施方案（2009 年）

为进一步明确和细化国家《太湖流域水环境综合治理总体方案》（以下简称《总体方案》）提出的太湖治理目标任务、政策措施，全面落实省委、省政府关于太湖治理的总体部署，深入推进我省太湖治理工作，全面实现太湖治理目标，编制本实施方案。

一、江苏省太湖流域环境现状

（一）流域概况

太湖流域地跨苏、浙、皖、沪三省一市，是长江三角洲的核心区域，总面积36895平方千米。历来是我国人口密度最大、工农业生产发达、国民经济产值和人均收入增长幅度最快的地区之一。流域人口约占全国的3%，GDP占全国的12%，人均GDP为全国的3.5倍。我省太湖流域包括太湖湖体，苏州市、无锡市、常州市和丹阳市的全部行政区域，以及句容市、高淳县、溧水县行政区域内对太湖水质有影响的河流湖泊、水库、渠道等水体所在区域。据2007年统计资料，我省太湖流域人口1664.8万人，占全省总人口的22.6%；GDP为12218.5亿元，占全省GDP总量的47.5%，在全省乃至全国发展大局中的地位举足轻重。

（二）环境现状

1. 污染物排放现状

我省太湖流域2005年共排放废污水总量25.55亿立方米。流域COD排放总量为58.60万吨/年（表1），主要来源于农业面源和工业废水，所占比重分别为40.2%和35.1%；氨氮年排放总量为6.42万吨，主要来源于工业废水和农业面源污染，所占比重均在40%左右；总氮的年排放总量为9.82万吨，农业面源比重接近50%；总磷排放总量0.58万吨/年，主要来源于农业面源，比重达到66%，其次为城镇生活污染源。

表1　2005年江苏省太湖流域主要水污染物排放情况

分类	COD		NH_3-N		TN		TP	
	排放量（万吨）	比重（%）	排放量（万吨）	比重（%）	排放量（万吨）	比重（%）	排放量（万吨）	比重（%）
工业	20.57	35.1	2.64	41.1	3.51	35.7	0.04	7.2
城镇生活	14.46	24.7	1.23	19.1	1.64	16.7	0.15	26.7
农村面源	23.56	40.2	2.56	39.8	4.67	47.6	0.38	66.1
小计	58.59		6.43		9.82		0.57	

2. 水环境现状

（1）太湖湖体水质现状。2005年太湖水质为劣Ⅴ类。东部沿岸区水质相对较好，为Ⅴ类水质，其他湖区均为劣Ⅴ类。太湖湖体水质总氮指标为劣Ⅴ类，其次为总磷，高锰酸盐指数均满足Ⅳ类水质标准。全湖平均为中富营养化程度，其中仅湖心区和东部沿岸区处于轻富营养水平。

2007 年太湖湖体水质总体劣于Ⅴ类水质标准，总氮仍是污染最严重的指标，但是浓度相对于 2005 年有所降低，全湖总氮平均由 3.6mg/l 降低为 2.6mg/l。湖心区和东部沿岸区水质相对较好，五里湖、西部沿岸区和梅梁湖污染最为严重。五里湖、西部沿岸区和梅梁湖总氮劣于Ⅴ类水质标准、总磷为Ⅴ类水质。各湖区高锰酸盐指数均满足Ⅲ类水质标准。

（2）其他主要湖体水质现状。滆湖、长荡湖和阳澄湖是太湖流域除太湖外水域面积较大的湖泊，水质污染也较为严重。2007 年滆湖和长荡湖均为Ⅴ类水质，阳澄湖为劣Ⅴ类水质。滆湖为Ⅴ类水质，总氮和总磷是主要污染因子，相对于Ⅲ类水质标准分别超标 0.6 倍和 1.0 倍；氨氮和高锰酸盐指数均满足Ⅲ类水质标准；长荡湖为Ⅴ类水质，总磷污染最为严重，相对于Ⅲ类水质标准超标 1.5 倍；总氮和高锰酸盐指数分别为Ⅳ类和Ⅲ类水质，氨氮满足Ⅱ类水质标准；阳澄湖为劣Ⅴ类水质，总氮污染最为严重，超Ⅲ类水质标准 2.6 倍，劣于Ⅴ类水质标准；总磷和氨氮污染严重，相对于Ⅲ类水质标准分别超标 1.4 倍和 0.7 倍，均为Ⅴ类水质。

（3）出入湖河流水质现状。对照《太湖水污染防治“十五”计划》2005 年水质目标，太湖主要出入湖河流 21 个控制断面中有 13 个达标，达标率为 61.9%；45 个行政交界断面中有 24 个达标，达标率为 53.3%。2007 年，流域主要河流 53 个控制断面水质达标率为 40%，其中Ⅴ类和劣Ⅴ类水质的断面占控制断面总数的 56.6%，Ⅳ类断面占 17.0%，Ⅱ类和Ⅲ类断面占 26.4%。

3. 水质变化趋势

（1）湖体水质变化趋势。太湖湖体水质总体上呈显著的恶化趋势。20 世纪 80 年代初期至 90 年代初期，太湖平均水体水质由以Ⅱ类水为主下降到以Ⅲ类水为主；90 年代中期至今，全湖平均水质恶化为劣Ⅴ类。监测数据表明，1997～2006 年高锰酸盐指数在 4～6mg/l 波动；2000 年以来氨氮浓度逐年增加，2006 年超过Ⅱ类水质标准限值；2000 年以来总磷浓度逐年下降，由Ⅴ类水质逐步变为Ⅳ类水质；总氮浓度一直劣于Ⅴ类水质标准，“九五”末以来呈现逐步恶化趋势，2006 年浓度超过Ⅳ类标准 1 倍以上。

（2）其他主要湖体水质变化趋势。滆湖水质在“十五”期间逐步恶化，由Ⅳ类水体迅速恶化为劣Ⅴ类水质。总氮污染最为严重，相对于Ⅲ类水质标准最大超标 2.4 倍；“十一五”以来，水质恶化趋势得到有效遏制，但目前水质仍为Ⅴ类水质。长荡湖水质“九五”末污染非常严重，劣于Ⅴ类水质；总氮是主要污染指标，相对于Ⅲ类水质标准最大超标 3.1 倍；“十五”以来，污染程度有所减轻，但仍为Ⅴ类水质，且氮磷污染均比较严重。阳澄湖水质污染非常严重，2000年以来一直为劣Ⅴ类水质；总氮污染最为严重，相对于Ⅲ类水质标准最大超标4倍。

（3）出入湖河流水质变化情况。1998～2006年环太湖地区河流入湖水质平均浓度均为劣Ⅴ类，上游入湖河流水质明显劣于下游入湖河流水质。直湖港、武进港、漕桥河、太滆运河、陈东河等河流入湖水质最差，占太湖入湖污染负荷的比例较大，是治污重点区域。

（三）农村面源污染治理

按照太湖流域水环境治理的要求，加快发展现代农业，建设社会主义新农村，用科学的发展理念和先进的科技手段，改进农业生产方式，促进农民生活方式转变，大力发展生态循环农业和绿色有机农业，建成一批规模化种植和生态养殖基地，形成结构合理、良性循环的农业生产体系和生态良好的农村环境。

1. 种植业治理

大力发展有机农业，调整优化种植结构，开展无公害农产品生产全程质量控制，全面推广农业清洁生产技术，减少化学氮肥、化学农药施用量。

（1）主要任务。建设有机农业生态圈，恢复和增强环太湖地区的生态功能，构建生态屏障。按照有机农业标准和生产方式，从源头上禁止施用农用化学投入品。到2012年，在太湖流域一级保护区内初步建成有机栽培农业生产基地30万亩；全面实施测土配方施肥，扩大商品有机肥补贴规模，推广行之有效的秸秆还田技术，引导农民种植绿肥，化学氮肥施用量在2005年的基础上下降了20%以上；加强病虫监测预报，推广生物农药和高效、低毒、低残留农药，开展植保专业化防治，化学农药施用量比2005年降低30%。2013～2020年，有机栽培农业在太湖一级保护区内全面推广。

（2）主要措施和重点工程。有机农业工程建设。在环太湖1千米以及15条主要入湖河流上溯10千米两侧各1千米范围内，建设有机农业生态圈，实施有机农业建设工程。区域内种植业全部按照有机农业栽培方式组织生产，参照有机农业国际通行标准，逐步向有机农产品转换。2008～2012年建成30万亩有机农业栽培生产基地，其中水稻20万亩、茶果9万亩、蔬菜1万亩。2013～2020年，逐步向太湖一级保护区1～5千米扩展。

化学氮肥减施工程。2008～2012年，在苏锡常三市及镇江所辖丹阳市实施测土配方施肥、商品有机肥和缓释肥推广应用、绿肥种植等综合措施。2013～2020年，在太湖地区测土配方施肥技术全覆盖，商品有机肥、缓释肥替代化学氮肥50%。

表 2　2008 ~ 2012 年太湖流域化肥减施工程　　单位：万亩

项　目	2008 年	2009 年	2010 年	2011 年	2012 年
测土配方施肥	660	910	910	910	910
商品有机肥推广	75	100	100	100	100
缓释肥推广	50	100	100	100	100
绿肥种植	20	20	20	20	20

化学农药减施工程。积极示范推广生物农药、高效、低毒、低残留农药和新型高效药械，以生物防治、物理防治部分替代化学防治，控制农作物虫害发生频次，减少化学农药用量。采取覆盖防虫网、推广生物农药、安置频振式杀虫灯等手段，全面开展植保专业化防治，提高农药利用率。2008 ~ 2012 年，在无锡、苏州、常州 3 市及镇江所辖的丹阳市实施化学农药替代工程，每年安装频振式杀虫灯 5000 个，防虫网 8000 亩，推广生物农药和高效、低毒、低残留农药 790 万亩次，建立专业化防治服务网点 100 个。2013 ~ 2020 年，太湖地区生物农药和高效、低毒、低残留农药推广应用全覆盖。

2. 面源氮磷流失生态拦截农业湿地工程

太湖流域乡村氮磷流失除农田排水和径流外，还有乡村生活污水及农户畜禽养殖尾水的排放，具有面广、量大、分散、间歇的峰值和高无机沉淀物负荷的特点，且太湖地区许多沟渠塘由于缺乏管理，淤积严重，杂草丛生，不仅无法有效地拦截农田径流氮磷流失直接进入水体，同时又成为乡村生活污水、分散畜禽养殖尾水的排放通道和固体废弃物的堆积场所，是农业污染源的重要传播途径。南京土壤所“863”科技计划研究成果表明，生态拦截沟渠对总氮、总磷的去除效果分别达到 48.36% 和 40.53%，另对示范工程跟踪监测，对排水沟渠塘生态化工程改造后，可削减面源氮磷流失主要污染物 40% 以上。

（1）主要任务。加快采用生态田埂、生态沟渠、旱地系统生态隔离带、生态型湿地处理以及农区自然塘池缓冲与截留等技术，利用现有农田沟渠塘生态化工程改造，建立新型的面源氮磷流失生态拦截系统，拦截吸附氮磷污染物，大幅削减面源污染物对水体直接排放。

（2）主要措施和重点工程。加快在太湖、滆湖、长荡湖、阳澄湖周边及主要入湖河道两侧建立面源氮磷流失生态拦截系统。2008 ~ 2012 年，重点在太湖流域建设生态沟渠 294.8 平方米；建设生态池塘总面积为 868 万平方米。2013 ~ 2020 年在太湖地区计划建设生态沟渠 500 万平方米，生态池塘面积 500 万平方米，基本建成面源氮磷流失生态拦截农业湿地系统。

表 3　2008～2012 年面源氮磷流失生态拦截系统工程实施计划表

市别	生态沟渠	生态池塘		工程量比例（%）
	面积（万平方米）	数量（个）	面积（万平方米）	
无锡市辖区	112.6	857	259.1	32
常州市辖区	109.9	1183	384	42.5
苏州市辖区	48.9	141	142.2	16.4
镇江市辖区	23.4	466	82.9	9.1
合计	294.8	2647	868.2	100

3. 畜禽养殖场废弃物处理利用工程

（1）主要任务。对流域内畜牧生产进行科学规划、合理布局、分区管理，划定畜禽禁止养殖区、限制养殖区和适度养殖区。按照“减量化、无害化、资源化、生态化”要求，进一步提高畜禽养殖污染治理的技术水平，重构养殖业发展和废弃物综合利用模式，推进农牧结合，逐步建立和完善农业产业结构的可持续循环生态链。到 2012 年，基本完成流域内规模畜禽养殖场污染治理，粪污综合利用率达到 85% 以上；到 2020 年，太湖地区基本实现畜禽养殖场粪污零排放。

（2）主要措施和重点工程。禁养区内取缔或迁移所有畜禽养殖场，2009 年底前基本完成。限养区和适养区内全面推广应用雨污分流、干湿分离、沼气发酵、发酵床生态养殖和粪便集中处理等综合治理技术，实施畜禽场循环农业工程。环太湖 1 千米及主要入湖河道上溯 10 千米两侧 1 千米范围为畜禽禁养区，禁养区内现有养殖场（户）必须在规定时间内关闭或迁移。环太湖 1～5 千米为限养区，禁止新建畜禽养殖场，对现有养殖场完善干湿分离、雨污分流等环保设施，实行粪污无害化处理和农牧结合，达到零排放；对不符合环保要求的畜禽养殖场，限期治理或强制关闭。

适度养殖区。环太湖 5 千米外的养殖区要实行总量控制，实际载畜量控制在 600 万头猪单位。对新建规模养殖企业，要合理布局，配套建设粪污处理设备设施，提高粪污处理能力，严格执行环评制度。同时，积极引导和鼓励在丘陵山区利用山地、林地、果园、茶园等资源发展生态养殖。大中型规模畜禽养殖场建设“三改两分再利用”治理工程，即改水冲清粪为干式清粪、改无限用水为控制用水、改明沟排污为暗道排污，固液分离、雨污分流，粪污无害化处理后农田果园利用。鼓励和扶持畜禽养殖场通过沼气工程、有机肥生产及沼渣沼液还田技术，进一步提高畜禽粪便的综合利用率；中小型畜禽养殖场大力推广发酵床生态养殖技术，以生物发酵床为载体，快速消化分解粪尿等养殖排泄物，实现猪舍（栏、圈）免冲洗，无异味，粪尿零排放。对畜禽分散养殖实行粪便集中收集处理，实现物业化管理、专业化收集、无害化处理、商品化造肥和市场化运作的目标。按照人畜分离、集中管理的原则，在养殖大户相对密集的区域，建设清洁养殖小区，配套建设废弃物集中处理的利用工程，包括建设畜舍建筑、饲养设备、通风保暖设施及粪便污水处理设施等，建立统一防疫系统。到 2012 年，太湖流域畜禽养殖粪污综合利用率达到 85% 以上。治理大中型畜禽规模养殖场 716 个；建设 30 个畜禽粪便集中处理场；在 1600 个养殖场推广生态发酵床养殖技术；建设清洁养殖小区 140 处。

表 4　近期大中型畜禽养殖场治理工程计划表　　单位：个

年度	苏州市	无锡市	常州市	镇江市	合计
2008	44	21	32	4	101
2009	52	33	62	18	165
2010	45	39	69	36	189
2011	32	32	83	28	175
2012	10	27	31	18	86
合计	183	152	277	104	716

4. 水产清洁养殖工程

通过实施池塘循环水养殖技术示范工程，控制流域内水产养殖对太湖水体的影响。对现有养殖池塘进行合理布局，在同一区域内规划为主养区、混养区、湿地净化区和水源区 4 个功能区，构建养殖池塘—湿地系统，实现养殖小区内水的循环利用。同时采用多级生物系统修复技术，对养殖池塘环境进行修复。根据水生态状况，有选择地投放草食性动物群，种植浮水、挺水、沉水植物，改善池塘生态系统。

（1）主要任务。2008 年底完成池塘水循环利用工程示范区建设。2010 年，环湖 5 千米百亩连片养殖场全部实施池塘水循环利用工程，整体推进池塘水循环利用工程，太湖流域地区百亩连片养殖场 20% 实施池塘水循环利用工程，连片面积不足百亩的，15% 养殖面积建立人工湿地。2012 年，太湖流域地区百亩连片养殖场 50% 实施池塘水循环利用工程。2020 年，太湖流域地区百亩连片养殖场全部实施池塘水循环利用工程。

（2）主要措施和重点工程。无锡、苏州、常州、镇江 4 市现有池塘连片养殖 150 万亩，规模以上连片养殖鱼塘总数约 1919 个，共 69 万亩，从 2008 年到 2012 年完成池塘水循环工程 34. 5 万亩，2013 ~ 2020 年再完成 34. 5 万亩。

表5　太湖流域规模池塘连片养殖调查表

市　别	池塘养殖总面积（亩）	100亩以上的连片养殖场	
		数量（个）	面积（亩）
苏州市	610875	1011	370000
常州市	449955	434	134000
镇江（丹阳）市	123838	67	22000
无锡市	317295	407	164000
合计	1501693	1919	690000

5. 网围养殖整治工程

（1）主要任务。太湖流域围网养殖整治工作是减少湖体污染的重要措施，太湖流域网围养殖主要集中在太湖、滆湖等湖泊内。为减少网围养殖带来的水体污染，应逐步拆除围网养殖面积，压缩网围养殖规模，重点做好太湖、滆湖、长荡湖、阳澄湖等湖泊的围网清理工作，同时落实湖泊生态和环境修复措施，探索生态放养的相关机制，着力恢复湖泊生态功能，提高水体自净能力。在围网拆迁的同时，对退养还湖带来的经济损失，地方政府根据实际情况制定拆迁补偿安置办法，合理进行补偿，做好渔民安置工作。

（2）主要措施和重点工程。逐步实施围网拆除工程，近期重点做好太湖、滆湖、长荡湖3个湖泊的围网清理工作。到2020年，基本取消太湖围网养殖。

太湖围网拆除。东太湖现有围网养殖面积16.9万亩，按照“统一规划、分步实施、合理补偿”的原则，大力压缩围网养殖面积，近期压缩到4.5万亩。

滆湖围网拆除。滆湖现有围网养殖面积7.7万亩，实施全面整治，拆除4.92万亩，其中滆湖无锡部分拆除围网面积为30781.5亩，滆湖常州部分拆除围网面积为11194.9亩，滆湖总体网围面积近期压缩到3.5万亩。

长荡湖围网拆除。长荡湖现有网围养殖面积6.4万亩，实施全面整治，到2009年，围网面积压缩到3.5万亩。

阳澄湖围网拆除。阳澄湖现有围网养殖面积8.04万亩，实施全面整治，到2008年底，围网面积压缩到3.2万亩。

6. 乡村生活污水生态净化处理工程

（1）主要任务。凡具备接管集中处理条件的村镇，要扩大城镇污水管网的延伸覆盖，提高污水集中处理率；不具备接管条件的农村地区，按照“因地制宜、分类处理”的原则，采取微动力、少管网、低成本、易维护的生态处理模式。到2010年，太湖一级保护区农村生活污水处理率达到70%；到2012年，太湖流域农村生活污水处理率达到40%以上；到2020年，达到70%以上。

（2）主要措施和重点工程。集成组合厌氧好氧和土壤植物生态系统，构建乡村生活污水生态净化处理模式，通过沉淀、排除、吸收和降解有机物质，有效去除污染物。重点推广出水水质达到一级B以上标准的处理技术。2008～2012年在3264个自然村建设乡村生活污水处理工程，2013～2020年建设3600个。

表6　2008～2009年乡村生活污水工程实施计划表

市别	乡村生活污水工程量（个）	处理规模（户）	工程量比例（%）	实施时间	重点实施区域
无锡市辖区	250	79908	22.5	2008～2009年，其中2008年和2009年分别为211个和903个	以太湖一级保护区、15条主要入湖河道（如漕桥河、武进港、乌溪港等）和太湖上游地区为主
常州市辖区	416	58390	37.3		
苏州市辖区	331	46737	29.7		
镇江市辖区	117	13375	10.5		
合计	1114	198410	100		

（四）生态修复

生态修复是改善太湖流域水环境、提高水体自净能力的有效途径，工程面广量大时间紧迫，按照先急后缓、因地制宜、统筹兼顾的原则，重点对太湖上游的湖滨、主要入湖河流及入湖口、流域重点湖泊（如滆湖、长荡湖、三氿、阳澄湖等）和其他重要湿地开展保护与修复。生态修复内容主要包括河湖清淤、湿地保护与建设、生态林建设和水体生态修复等方面。

1. 太湖生态清淤

（1）主要任务。底泥是湖泊内源污染的主要来源，生态清淤可以有效减少湖体内源污染物含量，减少“湖泛”发生概率，改善水生态环境，保证饮用水安全。在科学论证和试点的基础上，对底泥沉积严重、有机污染物含量高、“湖泛”多发区实施底泥生态清淤。实施生态清淤的主要湖泊有太湖、滆湖、长荡湖（洮湖）、阳澄湖、尚湖、三氿等。2020年前清淤总面积约236平方千米，清除淤泥6700万方，其中，近期完成太湖93.65平方千米的清淤任务。

（2）主要措施和重点工程。太湖底泥生态清淤。对太湖内的梅梁湖、竺山湖、贡湖水源地、东太湖及入湖河口进行底泥疏浚，面积约93.65平方千米，清淤量约3000万方。其中梅梁湖清淤面积为47.42平方千米、竺山湖清淤面积为24.14平方千米、贡湖水源地清淤面积为8.56平方千米、东太湖清淤面积为13.53平方千米。

滆湖生态清淤。滆湖湖区清淤总面积约为60平方千米，清淤量约1300万方；其中武进所辖范围45平方千米，清淤量约900万方，宜兴境内清淤面积约

15 平方千米，清淤量约 400 万方。

长荡湖（洮湖）生态清淤。对长荡湖保护区、入湖河口、沿岸污染严重湖区进行生态清淤，清淤总面积约 30 平方千米，清淤量约 800 万方。

阳澄湖生态清淤。对阳澄湖重要入湖河口、取水口、淤积严重湖区实施生态清淤，清淤面积约 40 平方千米，清淤量约 1000 万方。

其他重点湖泊生态清淤。尚湖、三氿等湖泊总清淤面积约 15 平方千米，总清淤量约 600 万方。

2. 湿地保护与恢复

（1）主要任务。加强流域内湿地的生态保护和恢复，建立湿地自然保护区和实施生态示范工程。充分发挥湿地的生态功能，促进湿地生物多样性恢复，同时改善和丰富太湖流域湖泊及河流的滨岸景观。2008～2012 年，重点实施太湖流域一级保护区内太湖湖滨、上游主要入湖河流及河口、上游重要湖泊湿地的保护与恢复工程，在适宜区域恢复湿地约 8 万亩。2013～2020 年，在完善和巩固前期湿地恢复工作的基础上，加强对流域内其他湿地的保护与恢复，到 2020 年，流域内恢复湿地约 21 万亩，太湖流域湿地面积、生态功能基本恢复。

（2）主要措施和重点工程。在太湖湖滨、入湖河流自然堤岸等地区开展湿地保护及恢复工程，恢复基底整理、种植水生植物、生境改造、生态护坡或自然堤岸建设、收割水生植物、生物墙建设、生态廊道建设等。

环太湖湖滨湿地保护与恢复工程。在太湖环湖湖滨适宜区域恢复约 100 米的湖滨湿地植物带；选择湖滨湿地植被带保存较完整、重要水产资源或水生植物集中分布区或水源区，建立苏州东太湖、无锡贡湖湾 2 个湿地自然保护区。

上游主要入湖河流及河口湿地恢复工程。根据滨岸结构现状，在漕桥河、社渎港、乌溪港等重要入湖河道恢复 5～10 米的滨岸湿地植被带。在河流沿线的节点建设小型湿地，在硬质护岸区域主要以河道清淤为主。

上游重要湖泊湿地保护与恢复工程。主要针对流域内上游大中型湖泊，主要包括滆湖、长荡湖、漕湖、宜兴东氿、西氿、团氿、浯溪、徐家荡、临津荡、阳山荡、马公荡、钱墅荡、嘉菱荡、宛山荡等，在环湖适宜区域恢复约 50 米的湖滨湿地植被带，在出湖和入湖河道口、重要水源区域根据湖滨水深情况恢复湿地植被 50～100 米。

净化型人工湿地建设工程。充分利用人工湿地的功能，对工厂处理的污水或农业面源污染物进行深度处理，提升水质，同时展示湿地生态功能，发挥湿地宣教作用。通过合理的设计，结合城乡污水尾水排放，在无锡鸿山，苏州三山岛、三角嘴等地建立人工湿地 19 处，约 1.6 万亩。

水生植物控制性种养工程。在充分示范试验的基础上，按照采用集中圈养、集中管理、集中打捞和集中处置的原则，对太湖湖湾和入湖河流实施水生植物控制性种养工程，主要包括水葫芦控制性种养、科学化管理、机械化打捞等内容。2008 年种养面积 1.5 万亩，2009 ~ 2012 年每年种养面积 2.5 万亩，其中在太湖十八湾、竺山湖年种养 1 万亩，非航道入湖河道及支浜 1.5 万亩，5 年累计种养 11.5 万亩，打捞水葫芦约 460 万吨，可吸附氮、磷分别为 9246 吨、1380 吨。

（五）资源化利用工程

在太湖水环境综合整治的过程中，资源化利用工程主要包括太湖清淤的底泥利用、蓝藻打捞后的处理利用、水葫芦种养及其他湿地水生植物资源化利用、畜禽养殖场畜禽粪便综合利用、餐厨垃圾的资源化利用、农作物秸秆利用等方面。

1. 主要任务

加大对资源化利用技术的研发和推广投入，利用先进的工程技术，积极开展资源化利用工作，提高废弃物资源化利用水平。

2. 主要措施和重点工程

（1）底泥资源化利用。在开展湖体、河网清淤的同时，本着节省临时占地、减少环境影响、利于排泥场循环利用等原则，积极开展淤泥固化技术的应用和研究，综合优化比选，探索研究河湖底泥及固化土在农业种植、土地利用、制造填方材料和建筑材料、生物堆肥等方面的资源利用途径，全面推广底泥的资源化利用工程，并开展效果评估，避免造成二次污染。根据不同河、湖水域清淤底泥的物理及生化特征，优化比选各类淤泥固化技术，重点实施淤泥固化土资源化利用工程、利用清淤底泥实施滨水生态湿地建设工程等。

（2）蓝藻打捞与资源化利用。按照统一规划、合理布点、分步实施的原则，在太湖流域蓝藻重点发生区域，实施蓝藻巡查—打捞—运输—处置—资源利用一体化工程。组建专业蓝藻打捞队伍，配置蓝藻打捞及运输专用设备，建设水藻分离装置，将分离出的藻泥进行沼气发电、有机肥生产、水解氨基酸等资源化利用，逐步形成覆盖太湖岸线和阳澄湖岸线的蓝藻打捞、处理和利用的能力。重点实施蓝藻机械化打捞工程（捞藻船购置）、水藻分离站建设、蓝藻沼气发电项目、蓝藻有机肥生产等资源化利用工程。2012 年前建设无锡锦园、闾江口、杨湾、新安街道、壬子港、月亮湾以及宜兴丁蜀镇、周铁镇和武进雅浦港 9 座固定式藻水分离站，并根据需要建设移动式藻水分离设施。

（3）水葫芦及其他水生植物资源化利用。对人工种养的水葫芦和其他湿地水生植物进行资源化利用，进行商品有机肥生产、还田利用、饲料制作、沼气发电等技术研究和应用，实现水生植物吸附氮磷等养分的资源化利用。

（4）畜禽养殖场粪便资源化利用。创新发展资源化工程技术，建设以畜禽粪便为原料的商品有机肥生产示范工程，逐步加大畜禽粪便资源化利用规模。

（5）餐厨垃圾的资源化利用。积极推广餐厨垃圾资源化利用，逐层提取，分步利用，进行工业（饲料）用油脂原料提取、饲料原料、肥料制作等技术研究，在示范的基础上逐步推广应用，充分提高餐厨垃圾的回收利用率。

（6）农作物秸秆资源化利用。建设秸秆综合利用示范区，重点推广粉碎还田、过腹还田、腐熟沤制、生物反应堆、秸秆气化、秸秆发电、秸秆纤维等秸秆资源化利用工程技术。到2012年，秸秆综合利用率提高到85%以上，基本控制焚烧、丢弃等带来的污染。

（六）建设完善监测预警体系

1. 建立健全流域水环境监测预警体系

（1）主要任务。按照统一的水环境监测规范，统一标准、统一布点、统一方法和统一发布，建设流域水环境监测体系，实现资源共享。在现有的监测站网基础上，通过升级改造，增建必要的新站网，在国家整体监测体系框架下，构建我省太湖流域统一的水环境监测体系，建设省级水环境监测信息共享平台。省自动监测站建设要与国家控制断面、太湖局监测断面（监测点）、中科院南京地理湖泊研究所监测点所建设的自动监测站进行衔接，统一规划、合理布局、资源共享，在充分论证的基础上实施，避免重复建设，实现投资与效用的最大化。

（2）主要措施和重点工程。建设太湖流域水质自动监测网。在流域内省市县（区）行政交界断面、主要入湖河流、调水沿线、集中式饮用水源地等建设水质自动监测站202个，其中新建190个，改造12个。根据省政府批准的《太湖水环境监控体系建设规划》，启动江苏省太湖水质监测中心站建设。

实施太湖流域省水文水资源勘测局无锡、苏州、常州及镇江分局水质监测化验室升级改造工程，有效提高对太湖流域调水沿线、太湖湖体和主要水源地、环太湖出入河道及苏南运河等重要水体水质、水量的监测化验能力。

建设太湖蓝藻预警监测系统。一是配置太湖湖体应急监测船和环湖巡测应急监测车，加强太湖湖体水质快速应急监测能力。二是建设太湖野外水质与蓝藻综合观测站，配备蓝藻生命观测系统。三是建设太湖湖体浮标站和预警站。四是建设太湖流域遥感实时数据接收与解译系统。

建设太湖流域水环境管理综合信息平台。整合环保、水利、气象、农林、建设、渔政等部门的数据资源，实现部门间数据与信息共享。平台建设主要包括两大部分。一是系统应用平台建设，包括功能需求分析、系统设计、软件代码编制和系统调试部署。二是数据资源建设，包括数据共享机制建立、数据规范化整合、数据管理和维护。

2. 建立农业面源污染监测预警体系

（1）主要任务。建立省、区域、县三级分布式、层次式农业面源污染监测信息系统。建设农业面源污染监测信息专网，开发并应用 LIMS 等决策及管理辅助系统，全面提高整个监测系统预警预报和快速反应能力。建立农业面源污染产排污监测网。加强湿地监测能力建设，提高太湖流域的湿地保护、恢复以及管理水平。

（2）主要措施和重点工程。农业面源监测网络体系建设。建设农业环境监测与保护省级中心监测站 1 个，省级重点区域站 5 个，重点县级监测站 16 个，省级太湖农业湿地监测中心站 1 个。针对农村生活污染源、种植业径流小区、畜牧业污染源，建设一批省级农业面源野外监测点。

建立省级农业面源污染监测信息平台，实现覆盖太湖流域农业面源污染数据的快速采集、审核、传输、反馈，以及对农业面源污染的预测预报。

3. 湿地监测能力建设工程

（1）主要任务。加强流域内湿地生态环境动态监测能力，对湿地进行监测和研究，为科学决策提供依据。

（2）主要措施和重点工程。根据湿地生态系统的分布特征和内在特性，在无锡、苏州、常州适宜湿地区域，建设 3 个流域湿地监测站，建设监测用房，配置必要监测设施设备。

（七）强化科技支撑作用

由于太湖流域水环境综合治理工程的复杂性，尚有很多问题需要研究和解决，所以从根本上解决太湖水污染问题，必须坚持“科技治太 ”的方针，强化科技支撑作用。应通过先进的技术手段解决太湖治理实际过程中存在的治理难点及重大问题，加强对现有科技成果的推广与应用、重点项目技术攻关和水专项已有成果的推广应用。

1. 现有科技成果的推广与应用

根据太湖流域水环境综合治理的总体目标，围绕当前太湖流域水污染治理需求，选择一批技术成熟、治理效果好、有推广基础、能够落实的应用技术，作为综合治理的重要技术推广应用，提高太湖水污染治理水平。

（1）城镇生活污水氮磷深度处理提标改造示范工程。根据省建设厅研究出台的《江苏省太湖流域城镇污水氮磷处理提标改造技术规范》的要求，建设城镇生活污水治理科技示范工程，推广城镇污水氮磷深度处理等关键技术的应用，提高城镇污水处理水平。

（2）畜禽养殖场废水处理技术示范工程。建设大中型畜禽养殖场沼气、有机肥生产和废水处理示范工程，中小型养殖场发酵床生态养殖技术的示范工程（注：发酵床生态养殖技术 ZL200610096358.0）。

（3）建设乡村生活污水处理技术示范工程。推广塔式蚯蚓生态滤池、毛细管渗滤沟处理模式、人工潜流湿地生态床处理模式、复合生物装置处理模式、土壤植物—稳定塘处理模式等乡村生活污水处理技术。（注：①塔式蚯蚓生态滤池、毛细管渗滤沟处理模式。南京大学“十五”863 课题，发明专利 CN1235817C，实用新型专利 CN2707745Y。②人工潜流湿地生态床处理模式。江苏省科技厅成果鉴定，鉴定编号：苏科鉴字〔2006〕第 895 号。③复合生物装置处理模式。南京林业大学科技成果，专利号 CN1042090、专利申请号 ZL200710135011.0。④土壤植物—稳定塘处理模式）。

（4）建设农业面源氮磷流失生态拦截技术示范工程。推广农业面源氮磷流失生态拦截专项课题的技术成果。[注：“用于农田污染控制的生态拦截型沟渠系统及其效果”，国家科技部“十五”重大科技专项资助项目 2002AA601012；“十一五”国家支撑计划“长江中下游水稻土区沃土技术模式研究与示范（江苏）”专题 2006BAD25B07－03；IPNI 合作项目“集约化耕地养分非均衡化调控技术研究”JIANGSU－10；国家支撑计划“长江三角洲集约化农田循环生产技术集成研究与示范”。]

（5）建设水葫芦种养及净化水质技术示范工程，推广“基于水体修复的水葫芦种植及资源化技术研究与示范（BS2007117）”的省太湖专项技术成果。

（6）建设利用水葫芦、污泥、蓝藻、畜禽粪便、秸秆制造有机肥技术示范工程，推广有关资源化利用专项课题研究的技术成果。（注：国家科技部攻关项目“规模养殖场粪便生物处理技术研究”96－015－01－03；科技部水治理专项“863”“生活垃圾及农业废弃物处理技术与示范工程”TK－2，2002AA601012－02；国家环保部重点环境保护实用技术示范工程，项目编号：2007－S－053，证书编号 200。）

（7）蓝藻打捞及藻水分离技术推广与应用。建设蓝藻打捞及藻水分离示范工程，推广运用有关藻水分离技术成果。（发明专利：防治水华爆发及水体富营养化的水—藻自体循环站，200710055795.4；囊内脱水技术处理蓝藻浆的工艺，200710066251.X；蓝藻浆脱水处理工艺，200710066082.X；气浮除藻法，200810058076.4。）

（8）湖底清淤、淤泥固化及综合利用技术示范。实施太湖流域底泥固化及资源化利用示范工程，推广有关淤泥固化和处理方法及专利成果。（发明专利：淤泥固化土的施工方法 200610040093.6；利用太湖淤泥制砖的方法 2006100400940；复合型淤泥固化材料 ZL03113373.8；实用专利淤泥固化处理机 ZL200420028026.9。）

（9）生态湿地建设与恢复关键技术示范。积极推广现有生态湿地建设与恢复的专利成果，提升太湖流域河道、湖泊等主要湿地的污染削减能力与污染物吸纳容量，改善其水环境质量。

（10）建设工业节水技术示范工程。积极推广火电、化工、造纸、冶金、纺织、建材、食品、机械八大行业中适用的节水科技成果，促进节水减排。

2. 重点技术攻关项目

重点开展与太湖综合治理密切相关的应用基础和技术研究，指导太湖水环境综合治理重大工程建设。重点技术攻关项目包括太湖水环境综合治理的基础性研究和关键应用技术攻关。

（1）基础性研究项目。围绕太湖水污染治理的重大科学需求，系统收集分析国内外湖泊，特别是太湖污染形成机理与控制方法的研究成果，开展基础性工作和应用基础研究，弄清基本规律，取得科学数据，建立基本模型，为太湖水污染综合治理提供科学依据。主要包括以下8个项目：太湖富营养化形成及消除机理研究，蓝藻生长爆发规律及控制研究，太湖流域水环境容量及阈值研究，水体氮磷沉积及消除机理研究，清淤工程对太湖水质影响研究，氮磷污染贡献率分析技术及“湖泛”发生成因研究，平原河网、湖泊水体生态修复和水资源综合配置技术及植物系统去除氮磷作用的研究，持久性有机污染物（POPs）监测计划、污染物地方排放标准、产业技术政策等基础性研究工作。

（2）应用技术攻关项目。围绕当前太湖流域水污染处理和蓝藻防治的重大技术需求，开展太湖污染防治关键技术装备的攻关和应用研究，为太湖流域水污染治理提供技术支持。主要包括以下8个项目：饮用水深度处理和应急达标处理工艺研究，不同类型工业废水处理技术与工艺研究，城镇污水氮磷深度处理技术与工艺研究，农村生活污水处理技术与工艺研究，主要污染物资源化无害化利用技术研究，机械化生态清淤改进技术研究，移动式藻水分离设备及技术攻关研究，“湖泛”监测、保障饮水安全应急处理措施的研究。

3. 国家水专项已有成果的推广应用

水体污染控制与治理科技重大专项（简称水专项）是根据《国家中长期科学和技术发展规划纲要（2006～2020年）》设立的重大科技专项之一，根据太湖流域综合整治的实际需要，选择国家水专项中一些已成熟的科技成果，进行研究和推广应用。

二、管理体制和保障措施

（一）加强组织领导，明确责任主体

流域地方各级政府是实施本《实施方案》的责任主体，地方政府的主要领导是第一责任人。要建立健全工作目标责任制，将任务分解落实到各级政府及有关部门，各省辖市、县（市、区）政府制定年度实施方案，并纳入地方国民经济和社会发展年度计划组织实施。省政府成立太湖水污染防治委员会，负责协调

解决太湖治理全局性重大问题；根据省政府授权，省太湖水污染防治办公室对省《实施方案》的执行情况实行全面监督，组织全过程跟踪检查。省发展改革委会同省环保厅协调各相关部门和地方人民政府实施国家《总体方案》和省《实施方案》，分解各有关部门和太湖流域各省辖市政府太湖水污染防治工作的责任和任务。太湖流域水环境综合治理实行目标管理责任制度，省政府与各成员单位签订目标责任书。治污工作完成情况，列入各部门行政效能考核和领导干部工作实绩考核内容。实行责任追究制度，完成任务情况较好的，报请省人民政府给予表扬；不能按期完成任务的，报请省人民政府对主要责任人给予批评；失职渎职的，由纪检监察机关追究责任。建立太湖治理项目绩效审计制度，规范项目资金使用，保证投资效益。由省审计部门负责组织对政府性投资资金使用情况及相关经济政策落实情况开展年度审计。落实省政府对主要入湖河流建立"双河长"制的重要措施，加强省级领导和部门与地方领导及部门的通力合作，对15条主要入湖河流进行重点治理，做到"规划、项目、资金、责任"四落实。市、县（区）政府也要根据治湖先治河的要求，对辖区内的河流或河浜建立河长责任制。省各有关部门根据《江苏省太湖水污染防治委员会分工细则》的要求，细化本部门的工作任务，认真履行各自职责，加强沟通与协作，保证本方案制定的各项措施得以落实。

（二）健全环境法制，严格执法监管

严格执行新修订的《水污染防治法》、《江苏省太湖水污染防治条例》。进一步完善地方环保立法工作，加快制定江苏省水污染防治条例、江苏省固体废物污染环境防治条例、江苏省污染物排放总量控制条例等地方法规以及江苏省排污许可证管理办法、江苏省重要生态功能保护区管理办法等规章，制定太湖地区水环境综合治理的配套政策和措施。出台江苏省太湖流域产业发展指导目录，明确限制和禁止类产业；出台治污工程环境监理规则、排污权有偿使用和交易管理实施方案；根据治太要求，进一步提高污染物排放标准，增加中水回用的强制标准，提高环保准入条件。建立太湖污染物排放总量的统计指标体系，提供更为全面、准确的环境信息。建立健全环境执法监督体系。构建科学、合理、完备的污染物总量监测、监控和考核体系。完善和加强流域和区域间的联合执法，努力打破部门分割和地方保护、杜绝重复监管、相互推诿和转嫁污染等现象。严格落实执法监管的各项措施，加大对破坏水环境违法案件的查处和督办力度，严厉打击违法排污行为，对重点污染企业、污水处理厂和其他污染源排放实施专项执法检查，提高执法效果；对重大环境违法行为实行挂牌督办，依法严肃追究有关责任人员的责任，触犯刑律的追究刑事责任。加强环境行政执法机构和队伍建设。完善各级执法队伍建设，充实执法人员，规范环境执法行为，提高执法人员素质和执法水平。组建省环保厅苏南环境保护督查中心，负责检查监督流域内市、县政府和部门履行环保法律法规情况，解决太湖跨行政区环境监管的问题。设立苏南污染源监控中心，对太湖流域重点污染源实施全过程、全方位在线自动监控。各级人民政府要组织发展改革、经贸、环保、水利、卫生、建设、国土资源、农业、林业、交通、旅游等有关部门，按照职责分工，加强对总体方案和实施方案落实情况的监督检查。

（三）拓宽融资渠道，加大投入力度

各级财政要加大投入力度，将治理太湖水污染纳入同级财政预算。省财政近期每年安排20亿元专项资金，用于支持国家总体方案和省实施方案所确定的重点工程及其相关工作；太湖地区各市、县（市）以2007年基数，每年从新增财力中划出10%～20%专项用于水污染防治。在省财政建立的省级节能及循环经济发展专项引导资金、省级环境保护引导资金、污染防治资金中，加大对太湖水污染防治的倾斜力度。鼓励各地从财政预算中安排一定资金，采用补助、奖励等方式，支持治污减排重点工程、淘汰落后生产能力、治污减排关键技术和监管体系等建设，同时加强对政府财政资金的使用监管，确保专款专用。充分发挥价格调节机制的作用，完善环境价格体系。加快落实《省物价局省财政厅关于调整污水处理费有关问题的通知》（苏价工〔2008〕126、苏财综〔2008〕27），尽快将太湖流域市、县污水处理费调整到每吨1.30～1.60元。制定乡镇污水处理收费价格，确保乡镇污水处理厂正常运行；提高排污费征收标准，将化学需氧量排污费由每千克0.9元提高至1.4元，全面开征氮磷排污费，按超标倍数计收超标排污费，并逐步使排污费征收水平超过污染治理成本，解决违法成本低的问题；改革垃圾处理收费方式，太湖流域所有城镇尽快开征垃圾处理费，并限期将垃圾处理费提高到补偿运行成本并使垃圾处理企业合理盈利；加强水资源费征收管理，完善差别水价政策，制定中水价格，建立鼓励水资源综合使用的政策体系；推行环境资源有偿使用制度，在太湖流域开展化学需氧量排放指标初始分配补偿试点，开展排污权交易，并逐步扩大到氨氮、总磷排放指标，培育排污权交易一级、二级市场，建设国家排污权交易平台。建立环境资源区域补偿机制。落实《江苏省环境资源区域补偿办法》，在试点的基础上，在太湖流域建立上下游污染赔付的补偿机制，区域补偿按行政区划分级管理，按照“谁污染谁付费、谁破坏谁补偿”的原则确定责任主体，按照“补偿标准高于环境治理成本”的原则计算补偿金额，严格落实各级政府治污责任制。建立太湖流域污染损失补偿、治污控源奖励机制。坚持“政府引导、市场运作、社会参与、多元投入”的原则，建立政府、企业、社会多元化投入机制，拓宽和创新融资渠道。鼓励和引导国家政策性银行、商业银行、国际金融组织等金融机构加大对太湖流域水环境治理重点项目的信贷支持。引入市场机制，扩大污水处理收费权质押、技术作价投资试点，积极发展产业投资基金，发行企业债券，进一步推行BOT、TOT等多种融资方式，吸收和鼓励社会资金投入环保基础设施的建设和运营。

（四）加强科技攻关，推广适用技术

加强太湖流域社会经济发展与资源环境保护综合研究，为流域水污染防治和水环境保护提供决策支持。建立健全专家委员会工作机制，加强决策咨询和支持。加强太湖水污染防治规划、计划和实施方案的研究制定，提高综合治理的科学性、系统性和可操作性。地方政府要积极协调，加强指导，做好太湖流域水环境治理技术集成和适用技术的开发、示范和推广培训工作。建立国家级水处理与水环境修复高新技术研发平台，聚集高水平科技人才队伍，发展专业的环保产业，为太湖水污染防治提供技术支撑。

（五）加强项目管理，保证工程效益

对实施方案确定的建设项目，各地、各有关部门要进一步优化、细化，科学论证工程技术方案，落实项目建设资金，做好项目前期准备，严格履行项目审批程序。要强化工程实施管理，严格实施项目法人责任制、招投标制、合同制和工程监理制，加强工程质量和工程进度的监督管理。项目竣工后按规定验收，验收不合格不得交付使用。每年对流域重点治污项目实施、水质改善、排污总量和环境管理等情况进行监督评估。重点治污项目建成后，要组织开展后评价。要严格建设资金管理，保证各类投资及时、足额到位，确保项目按计划工期实施。对配套资金不到位或收费政策不落实的地方和项目，暂停项目审批、暂停拨付国债资金和投资补助。

（六）推进公众参与，保障环境权益

建立环境信息共享与公开制度。环保、水利、建设、卫生等部门协作，实现水源地、污染源、流域水文和人群健康资料等有关信息的共享，并由各级政府及时发布信息，让公众及时了解流域与区域环境质量状况。各级政府通过设置热线电话、公众信箱、开展社会调查或环境信访等途径获得各类公众反馈信息，及时解决群众反映强烈的环境问题。健全社会动员机制。加强环境宣传，增强全社会的环境忧患意识和责任意识，倡导节约资源、保护环境、绿色消费的生活方式。创新太湖流域公众参与的体制机制，增强太湖流域街道社区、乡镇村庄等自主管理环境事务的意识和能力，形成全社会共同推动太湖水环境综合治理工作的良好社会氛围。公民、法人或其他组织受到水污染威胁或损害时，可通过民事诉讼等方式提出污染补偿等要求，保障公众的环境权益。

附件五：要素市场扭曲是否激发了农业面源污染[1]

——以化肥为例

农业面源污染主要指在农业生产活动中，氮素和磷素等营养物质、农药及其他有机或无机污染物质，通过农田的地表径流和农田渗漏形成的环境污染，主要包括化肥污染、农药污染、畜禽粪便污染等（李秀芬等，2010）。此外，农业面源污染还可以形成酸雨破坏臭氧层，形成温室气体导致气候变暖（朱兆良等，2006）。农业面源污染破坏性增大，已经成为中国主要的水体和土壤污染源，不仅退化了农业生态系统，危害农业安全，也通过水和食品污染损害到居民健康，成为危害民族素质的公害。

国内外学者对激发或影响中国农业面源污染的因素做出了许多探索。在环境库兹涅茨曲线假说框架下，验证污染与经济增长之间是否存在“倒 U 形”关系是以经济学视角研究污染的常用范式（Grossman and Krueger，1991；Shafik and Bandyopadhyay，1992；Pananyotou，1993），农业面源污染也不例外。李海鹏等（2009）、张晖等（2009）分别用面板数据和时间序列数据对农业面源污染的环境库兹涅茨曲线进行验证，研究结果表明，在没有治理约束的情况下，农业面源污染与经济增长之间确实存在“倒 U 形”关系。有研究进一步通过经济增长表象挖掘影响农业面源污染的深层次原因。梁流涛等（2010）、葛继红等（2011）指出经济发展中农业结构演变、技术进步、农业资源需求、环境质量需求、环境投资以及农业面源污染控制政策发生变化是影响农业面源污染的重要原因。上述研究主要侧重于宏观层面，也有研究从微观层面对农业面源污染的发生根源与影响因素进行剖析：农民追求私人利润最大化、环保意识淡薄（马骥等，2007；李洁等，2007）以及小规模经营约束下不断增加的农民兼业行为（何凌云，2001；冯孝杰等，2005）往往导致更多农业面源污染产生。

中国“赶超型发展战略”内生出一系列扭曲要素价格的制度安排（林毅夫，1994），导致生产要素市场的市场化进程滞后于产品市场的市场化进程。这种滞后性在一定程度上反映出中国各级地方政府对要素市场交易活动的干预与控制，这些干预与控制行为的一个共同特点就是人为压低要素价格，进而导致要素市场

① 该文章是作者博士论文的后续研究（作者为第一作者），2012 年 3 月发表于《农业经济问题》。

的扭曲，最为典型的生产要素就是劳动力、土地、资本以及环境（张杰等，2011）。① 就农业生产而言，在农业保护、农民增收、粮食安全等多重政策目标的引导下，农业生产要素价格管制政策普遍存在。例如 2009 年前长期实施的化肥管制政策和一直以来的农资补贴政策，这样做一方面可以刺激农民增加生产要素投入实现增产增收；但是另一方面，从长期来看，各种要素价格政策造成的市场扭曲可能会导致资源使用结构的扭曲（盛仕斌等，1999），而且可能激发更多的农业面源污染产生。基于此，本文拟以农业生产中化肥要素市场扭曲这一典型事实出发，实证研究分析化肥要素市场扭曲是否对中国农业面源污染物排放产生激发效应。该研究对已有文献的贡献是：不仅丰富与加深了我们对农业面源污染发生根源的认识，而且为农业面源污染研究提供了一个独特视角。

一、化肥要素市场扭曲对农业面源污染的影响

（一）化肥要素市场扭曲的界定、描述与动因

要素市场扭曲的界定。在完全竞争的自由开放经济中，国内的生产边际转换率、国外的边际转换率和国内消费边际替代率相等。如果这三者之间不完全相等，扭曲就会产生（Bhagwati and Ramaswami，1969）。要素市场扭曲是指由于市场不完善而导致的生产要素资源在国民经济中的非最优配置，即要素的市场价格与其机会成本之间发生偏差或背离（Chacholiades，1978）。要素市场产生扭曲的原因主要有两种：一种是由于市场不完备产生的内生性扭曲，另一种是由于自治或政策造成的外生性扭曲（Bhagwati，1968）。化肥，作为农业生产中一项重要的生产要素，其市场扭曲主要源于国家政策的外生性扭曲。该扭曲又可分为两方面：一方面是国家对化肥行业直接管制政策造成的外生性扭曲，另一方面是国家支农资金造成的外生性扭曲。

国家对化肥行业直接管制方式主要有对化肥进行限价和对化肥行业予以直接补贴，其动因主要有：第一，对化肥采取限价政策可以保护农民利益，以免农民种粮获得收入被化肥等农资价格上涨所吞噬（龙文军，2006）。第二，通过确保农民利益进一步确保粮食安全，达到农业保护和国家长治久安的目的。第三，发展地方经济。化肥企业很多是地方纳税大户，各级政府为化肥行业发展提供大量支持和优惠政策，涉及上游的原材料优惠，生产环节中的税收优惠和环保投资优

① 土地方面，政府征地、工业用地、商业用地价格悬殊。资金方面，普遍存在利率管制、政府干预信贷和资本项目管制等。劳动力方面，农村劳动力流动障碍一直存在。环境方面，环境使用价格一直被人为低估，造成工农业污染的大量存在。

惠、下游的运输价格优惠和销售环节税费的优惠。2009 年以前①，发改委、铁道部、财政部以及税务总局等国家各部委先后出台电价补贴、运价补贴、价格补贴、利息补贴、价格干预、退还和减免增值税等优惠政策对化肥企业予以扶持。有研究表明，以尿素行业年产能 4000 万吨估算，当年尿素行业可获得补贴和税收优惠约有 200 亿元（程存旺等，2010）。

国家财政支农资金对农民的各项补贴，特别是与化肥有关的补贴降低农民使用化肥的成本，一方面确实增加了农民收入，另一方面也间接造成了化肥要素市场的扭曲。国家对于特定农产品价格补贴与化肥、农药、种子等非特定农产品补贴实行捆绑作业，按农民出售农产品的数量直接进行补贴。国家对农民购买农业柴油、农用电、农药、化肥、农膜等农业生产资料预计增支实行综合算账。在 2009 年化肥限价政策取消后，国家进一步完善了农资补贴调整机制，综合考虑化肥、柴油等农资价格和粮食价格对农民种粮收益的影响，实行农资价格上涨与增加农资综合补贴和提高粮食最低收购价、临时收储价等挂钩机制，农资综合补贴只增不减，确保农民种粮收益不因农资价格上涨而下降。各项与化肥相关补贴政策实施的结果是农民使用化肥的成本已远低于化肥的实际成本。化肥要素市场扭曲真实存在。

（二）化肥要素市场扭曲对农业面源污染的影响

化肥要素市场扭曲导致化肥边际产出与化肥实际价格的偏离；同时，化肥要素价格相对低廉，造成了化肥要素对劳动等其他要素的替代。二者均助涨了农民过量施用化肥行为。中国化肥过量施用严重，以氮肥为例，中国氮肥平均利用率在 35% 左右，高产地区甚至远低于此值（朱兆良，2000）。随着化肥过量施用不断加剧，化肥农学效用和经济学效用均呈不断下降趋势。朱兆良（2003）研究中用粮食产量与氮肥用量的回归系数 b 值来替代化肥效用，研究结果表明：1949 ~ 1998 年每 10 年的 b 值一直呈下降趋势，其中 1989 ~ 1998 年 b 值不足 1949 ~ 1959 年 b 值的 1/18。化肥过量施用问题每年造成 1000 多万吨的氮素流失到农田之外，直接经济损失约 300 亿元。

过量施用的化肥又进一步造成农业面源污染（简称化肥面源污染），化肥面源污染造成的经济损失远高于化肥流失的直接经济损失。仍以氮肥为例，除当季被农作物利用的 35% 以外，其余的氮肥损失途径及后果分别为：①5% 通过径流途径造成地表水富营养化，形成海水“赤湖”和淡水“水华”；② ②2% 通过淋洗途径造成地下水硝酸盐富集，污染地下水；③34% 通过硝化 - 反硝化途径形成酸

① 2008 年年底，国务院常务会议研究确定“化肥改革国六条”，并确立化肥价格由市场主导的改革方向。2009 年 1 月，国家取消对化肥的限价政策以及涉及化肥生产、流通领域的优惠政策。

② 2007 年惊动全国的无锡市“太湖蓝藻事件”中蓝藻泛滥就属于水华。

雨破坏臭氧层，形成温室气体导致气候变暖；④11%通过氮挥发途径形成大气污染与酸雨；⑤仍有13%去向尚无科学定论（朱兆良等，2006）。于是，中国每年约有123.5万吨氮素通过地表水径流到江河湖泊，49.4万吨氮素进入到地下水，299万吨氮素进入大气。此外，过量施用化肥造成土壤酸化和土壤有机质下降，不利于农作物生长。化肥造成土壤硝酸盐富积，土壤锌、镍、铜、钴、砷及铬等元素超标，一旦被农作物吸收将产生严重的食品安全问题。北京市农委资料显示，北京市市场（含超市）中60%～70%的叶菜类蔬菜硝酸盐含量超标，20%～30%的果菜类蔬菜硝酸盐含量超标，北京市市民砷日摄取量已是世界卫生组织（WHO）规定标准的120%（程存旺等，2010）。①

二、模型、变量与数据来源

（一）动态面板模型设定与变量选择

为实证分析化肥要素市场扭曲与农业面源污染之间的关系，我们根据Panayotou（1997）、梁流涛等（2010）和葛继红等（2011）文献，在环境库兹涅茨曲线假说框架下构建了一个基于省际层面的农业面源污染物排放量影响因素的计量模型。该模型形式如下：

$$ferin_{it} = \alpha_0 + \alpha_1 dis_{it} + \beta_1 pgdp_{it} + \beta_2 pgdp_{it}^2 + \beta_3 pstru_{it} + \beta_4 tfp_{it} + \beta_5 con_{it} + \eta_i + \varepsilon_{it} \quad (1)$$

（1）式中，因变量$ferin_{it}$表示化肥面源污染物排放量；dis_{it}表示化肥要素市场扭曲程度，其他变量均为控制变量，具体为：$pgdp_{it}$表示经济增长，用省人均GDP衡量，$pgdp_{it}^2$表示人均GDP的平方项，$pstru_{it}$表示种植业结构，tfp_{it}表示技术进步，con_{it}表示化肥面源污染防治政策；η_i表示各省的未观察因素，ε_{it}表示随机扰动项。以往关于农业面源污染的经验研究多在静态面板数据模型框架内展开，但在微观实践中农民施肥行为通常存在惯性，当期化肥面源污染物排放量往往受到前一期施肥行为（及污染物排放量）的影响，因此，经验研究需要在动态面板数据结构下展开，本文运用广义矩估计方法（GMM）对模型进行估计。

因变量选择化肥投入强度来衡量化肥面源污染物排放量。以往文献中利用过剩氮方法（张晖等，2009）以及单元调查法（葛继红等，2011）对化肥面源污染物排放量进行核算，但上述文章主要关注化肥面源污染物进入水体或土壤的排放量而忽视了进入大气的排放量。事实上，进入水、土壤、空气的化肥面源污染物排放量计算是一个相当复杂的系统工程，迄今为止，尚无完全科学方法能够精

① 事实上，化肥要素市场扭曲造成污染不仅仅是农业面源污染。化肥行业属于高能耗和高污染行业，化肥市场扭曲造成的资源浪费与工业点源污染也相当严重。

准计算出化肥过量施用所造成的全部农业面源污染物排放量。考虑到化肥仅有35%左右的平均利用率，越高的化肥投入强度意味着越高的化肥面源污染物排放量，本文遵循李海鹏（2009）思路，选择单位播种面积的化肥施用量（化肥投入强度）作为化肥面源污染物排放量的替代指标。

自变量中，我们重点关注关键变量化肥要素市场扭曲程度变量的系数和显著性。首先需要对化肥要素市场扭曲程度进行测度。本文对化肥要素市场扭曲程度测算的方法主要遵循史晋川等（2007）思路，首先利用农业生产函数估算出化肥边际产出价值（mp），然后利用化肥边际产出价值与化肥实际价格（p）之比计算出化肥要素市场扭曲指数，其计算公式为 dis = mp/p。农业生产函数涉及产出变量为农业总 GDP，农业投入变量为播种面积、农业劳动力、农业机械总动力、化肥施用量以及有效灌溉面积。根据已有文献，本文假设化肥要素市场扭曲程度对化肥面源污染物排放量有正向激发效应。

依据已有理论及文献，控制变量对化肥面源污染物排放量影响的作用机理如下：

经济增长变量。根据环境库兹涅茨曲线假说（Grossman and Krueger，1991），一国（地区）环境污染情形与该国（地区）经济发展水平呈“倒 U 形”关系，即经济发展水平较低时，环境污染较轻，随着经济发展水平提高，环境污染逐渐恶化，到达一定顶峰（拐点）后，环境污染又伴随着经济发展水平提高而逐渐好转。经济增长变量用人均 GDP 衡量。相对于总量 GDP，人均 GDP 更能反映经济发展水平变化对环境污染的真实影响。模型中引入人均 GDP 的平方项，以验证环境库兹涅茨曲线假说存在性。

种植结构变量，用粮食播种面积与非粮食作物播种面积之比来表示。农作物种植结构对农业面源污染物排放量产生影响的作用机理是：种植业结构调整主要表现为粮食作物与非粮食作物（主要是经济作物）的此消彼长。菜、果、花等经济作物的经济效益高，但生产过程中化肥投入强度高于大田粮食作物、化肥利用率低于大田粮食作物。张维理等（2004）对全国 31 个省（区、市）20 余种作物的调查显示，菜、果、花农田上单季作物氮素利用率仅为 10% 左右，远低于中国大田粮食作物 35% 的氮肥平均利用率。因此，当种植业结构中粮食作物比重下降时，农业面源污染物排放量将增加。

技术进步，目前普遍采用农业全要素生产率来衡量技术进步。农业全要素生产率是扣除了物质和人力资本对农业经济增长的贡献之后的其他因素，其来源主要是技术进步。技术进步是一把双刃剑，一部分技术革新激发污染，例如无机化肥的发明与应用造成难以估量的环境损失；另一部分技术革新抑制污染，例如有机肥与缓释肥发明与应用有利于环境质量的改善。所以农业技术进步对化肥面源污染的作用方向难以估计。

化肥面源污染防治政策。环境治理政策、治理投入及其所产生的环境友好型生产行为可以减少污染物排放（Panayotou，1997；Roca et al.，2001）。化肥面源污染的随机性、分散性等特点决定该污染防治工作重在源头治理（张维理，2004），即利用行政命令、经济激励和教育宣传等方法引导农户采用环境友好型农田生产行为，直接从源头减少污染产生量，并最终达到减少污染排放量的效果①。美国的农田最佳养分管理就是一项典型的源头防治政策，它通过对水源保护区农田轮作类型、施肥量、施肥时期、肥料品种以及施肥方式建立标准，并引导农户按当地标准进行农田管理达到源头防污目的。中国目前农田化肥污染防治政策中最具代表的政策就是2005年起在全国广泛推行的测土配方施肥政策（葛继红等，2010），政府通过引导农民使用配方肥以达到减污目的。因此，用测土配方施肥推广政策虚拟变量（2005年以前变量值取0，2005年以后变量值取1）来反映化肥面源污染防治政策。本文假设该变量对化肥面源污染物排放量具有负向影响。

（二）数据来源

本文研究样本数据中各省人均GDP、农业投入产出数据②、播种面积数据主要源自2000～2010年各年度出版的《中国统计年鉴》。化肥边际产出通过构建农业生产函数（C－D函数）利用计量方法估算获得。各省化肥实际价格根据2000～2010年各年度出版的《全国农产品成本收益资料汇编》中各类作物每亩化肥金额与每亩化肥折纯量之比的平均数获得。农业全要素生产率利用DEA－Malmquist指数方法获得。化肥面源污染防治政策变量2005年以前赋值为0，2005年以后赋值为1。人均GDP、农业GDP数据采用1999年的消费价格指数（定基）进行同基调整，化肥实际价格数据采用1999年的生产资料价格指数（定基）进行同基调整，定基价格指数由各年度《中国统计年鉴》中相关环比价格指数计算获得。由于统计数据缺失问题，本文选择了除西藏、港澳台以外的中国30个省（自治区、直辖市）的面板数据。

三、化肥要素市场扭曲对农业面源污染影响效应的实证检验

（一）化肥要素市场扭曲程度测算结果

各年度化肥要素市场扭曲程度测算结果如图1所示，全国各年度扭曲程度平均值基本呈现逐年上升态势。究其原因，主要有3方面：第一，政府限价，农民低价购买化肥造成化肥市场供求紧张，政府为平抑化肥价格上涨势头会进一步限

① 污染产生量大于污染排放量，一部分产生的污染量能够被自然生态系统自我消化殆尽。

② 各投入产出具体变量在化肥要素市场扭曲程度变量介绍部分已说明。

价。于是，陷入不断限价的恶性循环，造成化肥要素市场扭曲程度加剧。第二，化肥限价政策只能管住生产企业的出厂价以及正规农资公司的化肥批发价格，对化肥流通领域其他复杂经营主体实际零售价格却无能为力。于是，化肥限价政策成效明显逊于预期，政府进一步对化肥实施管制，造成化肥要素市场扭曲程度加剧。第三，化肥市场持续多年供求矛盾紧张条件下，各级政府为了稳定化肥市场价格和保护本地农民利益，经常会限制本省化肥流向外地。于是，地方保护主义盛行造成市场分割，不仅阻碍了化肥全国大市场的形成，也进一步加剧化肥要素市场扭曲程度。其间，对化肥供求和价格实行的“省长负责制”则在一定程度上加剧了化肥的地方保护主义和市场扭曲。

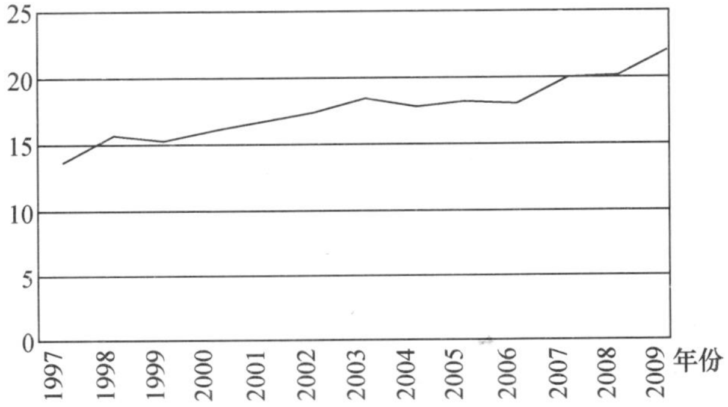

图1　各年度化肥要素市场扭曲程度

（二）化肥要素市场扭曲对农业面源污染影响效应

表1报告了（1）式的估计结果。模型1采用差分GMM估计模型，模型2采用系统GMM估计模型。表1中Arellano－Bond二阶序列相关检验结果表明，模型不存在显著的二阶残差自相关，意味着估计值是无偏和一致的。各模型通过了衡量整体工具变量有效性的Hansen过度识别检验，说明模型中各工具变量具有有效性。

表1　动态面板数据回归结果

	Diff－GMM 模型1	SYS－GMM 模型2
L1. 化肥投入强度	0.4008896 ***	0.8273973 ***
化肥要素市场扭曲	0.0018266 *	0.0010042 **
人均GDP	0.0000876 ***	0.0000451 ***

续表

	Diff - GMM 模型 1	SYS - GMM 模型 2
人均 GDP 平方	-9.55e-09 ***	-5.53e-09 ***
种植业结构	-0.0000294	-0.0000253
技术进步	-4.87e-06	-9.40e-07
化肥面源污染防治政策	-0.0053522 *	-0.0096016 **
常数	0.1438718 ***	0.0433332 ***
Arellano - Bond test for AR（1）	0.000	0.000
Arellano - Bond test for AR（2）	0.693	0.698
Hansen test	0.786	0.854

注：L1. 为滞后一期量；*** 表示 $p<0.01$，** 表示 $p<0.05$，* 表示 $p<0.1$。

首先，关键变量化肥要素市场扭曲变量在两个模型中均呈现对化肥投入强度有显著的正向效应，这就说明化肥要素市场扭曲程度越高的省份其化肥投入强度倾向于越高，这清晰地证实了我们的理论假说：化肥要素市场扭曲激发了化肥投入强度，进而激发了农业面源污染物排放。化肥要素市场扭曲影响了配置效率，由此产生的效率差异导致农户化肥过量施用以及对农业面源污染物排放量的直接激发效应。化肥要素市场扭曲也造成化肥供应链中“寻租”现象盛行，一些企业有动力向掌握化肥资源分配权的政府官员“寻租”，例如获得政策优惠而轻松得到超额利润，从而对这些企业创新研发等活动产生转移效用和挤出效应，进而导致该企业环境友好型肥料研发与生产的双重滞后，以及对农业面源污染物排放量的间接激发效应。

其次，控制变量中人均 GDP 一次项系数为正且影响效果显著，平方项系数为负且影响效果显著，证实了化肥面源污染与经济增长之间存在“倒 U 形”关系，这一结论与已有文献（梁流涛、张晖等）研究结论类似。说明中国在经济发展中确实存在环境保护与经济发展两难问题，但该点并不是说随着经济的发展，化肥过量施用问题会自动解决；也不是说只有到了一定阶段（“倒 U 形”曲线拐点处）化肥过量施用问题才有可能解决。环境库兹涅茨曲线假说的证实只能说明在过去一段时间里，化肥投入强度和经济增长之间的关系，对未来并不能起预见性作用。

化肥面源污染防治政策对化肥投入强度有显著的负向影响。这一结果表明 2005 年起开始实施的测土配方施肥政策确实对化肥投入强度起到抑制作用。事实上，测土配方施肥政策除了可直接减少农户过量施用的肥料元素，有助于减少农田面源污染以外，该政策还有助于农户根据土壤营养丰缺程度增加农作物需要的营养元素、改善化肥投入结构，最终达到减少化肥污染物、提高土壤肥力和提高作物产量的三重目的。测土配方施肥政策减少化肥面源污染量的相关论证请参见文献（葛继红，2011），不再赘述。

种植结构和技术进步虽然对化肥投入强度有负向影响，但效果不显著。种植结构效果影响不显著的可能原因是：由于经济作物实际播种面积难以获得，利用粮食播种面积与非粮食作物播种面积之比计算而得的种植结构不能如实反映经济作物近年来快速发展的趋势。技术进步影响效果不显著的可能原因是：环境友好型技术和环境不友好型技术对化肥面源污染物排放的影响发生双向负正抵消，导致合力效果不显著。

四、结论与建议

内生于中国转型时期，在农业保护、农民增收、粮食安全政策指导下产生的化肥要素市场扭曲，是否激发了化肥面源污染物的排放？我们对此的回答是肯定的。本文的研究结论主要体现在3个方面：①化肥要素市场扭曲确实存在。国家对化肥行业的种种价格管制政策以及国家对农民实施补贴的财政支农政策导致了化肥要素市场扭曲的存在。②截止到2009年，中国化肥要素市场扭曲程度一直呈现出上升趋势。③利用GMM动态面板模型，实证得到中国广泛存在的化肥要素市场扭曲对化肥农业面源污染物排放有显著的正向激发效应。

2011年10月9日，在贯彻落实“全国节能减排电视电话会精神”的农业部常务会议中，农业部部长韩长赋指出重点在4个方面加大“节能减排”工作力度，首当其冲的第一条就是“要抓好肥料科学利用，深入推进测土配方施肥，提高化肥利用效率”。[①] 这充分说明中央政府已经认识到化肥科学利用对于减少农业面源污染物排放以及农业节能减排的重要意义。我们的研究为之提供了直接的理论支持与可能的政策操作方向：

（一）继续推进化肥产业的市场化改革

2009年1月，国家取消了对化肥的限价政策以及涉及化肥生产、流通领域的优惠政策。这在一定程度上推进了化肥产业的市场化改革，并有助于改善化肥要素市场扭曲程度，但是2009年化肥要素市场扭曲程度仍然较前一年有所上升，这说明化肥要素市场扭曲程度仍普遍存在[②]。政府应进一步推进化肥产业的市场化改革，让化肥产业在市场中得到锻炼。但这并不意味着政府对化肥产业完全不

---

① 农业部贯彻落实全国节能减排电视电话会议精神，中华人民共和国中央人民政府网站，2011－10－10。http：//www.gov.cn/gzdt/2011－10/10/content_1965715.htm.

② 另一可能原因是政策具有滞后效应，该点有待于后续深入研究。

管，政府仍然需要支持和引导化肥企业结构调整与技术改造，并建立化肥市场预警机制和进出口调控机制，及时发现化肥市场运行中的不良因素，保护化肥产业安全。

（二）减少财政支农资金中与化肥购买直接挂钩的支出名目，推进化肥要素市场化进程

财政支农资金中对化肥的直接补贴是造成当前化肥要素市场扭曲的重要原因。在农民增收和粮食安全等农业保护政策下，这种补贴制度在一定时期内具有一定的合理性（例如欧美等发达国家也有），但是从可持续发展和代际公平角度，必须逐步减少财政支农资金中与化肥购买直接挂钩的支出名目，以免直接刺激农户购买并施用过量化肥。在化肥补贴政策确实有必要存在的情况下，政府应当考虑根据农户化肥种植面积和作物类型所需的化肥数量向农户发放化肥购买补贴，超过当地平均施用量的化肥不给予补贴。

（三）在不牺牲农民经济利益的前提下，继续推广环境友好型施肥技术

在既要保证粮食安全，又要减少化肥面源污染的目标下，一个行之有效的方法就是推广能够提高化肥利用效率的环境友好型施肥技术。但是，要想让农民自愿地采用环境友好型施肥技术，就必须不能让农民的经济利益受损。一方面，可以通过产、学、研结合设计出经济高效的环境友好型施肥技术；另一方面，可以采取激励（而不是惩罚）的方法引导农民采用环境友好型施肥技术，对农民可能的经济损失做适当补偿。

测土配方施肥技术目前是农业部主力推广用于减少化肥面源污染的一项环境友好型施肥技术。该技术类似于医生给病人看病时的“对症下药”：农技人员为农民提供“建议施肥配方”；农民再根据“配方”购买并施用配方肥；农户采用该技术既能保证作物产量又能有效遏制化肥过量施用。技术采用率多少是测土配方施肥技术推广政策成败与否的关键。为进一步提高技术采用率，建议政府加大窗口宣传、教育培训力度，采用经济激励和荣誉奖励等措施，以引导更多农民自愿采用测土配方施肥技术（葛继红等，2010）。

参 考 文 献

[1] Aghion P. A., Howitt P. A., Peñalosa C. G.. Endogenous Growth Theory. MIT Press, 1998.

[2] Arellanes P., Lee D. R.. The Determinants of Adoption of Sustainable Agriculture Technologies: Evidence from the Hillsides of Honduras. Proceedings of the 25th International Conference of Agricultural Economists (IAAE), 2003: 693 - 699.

[3] Arrow K., Bolin B.. Economic Growth, Carrying Capacity and the Environment. Science, 1995: 268 - 520.

[4] Ayres R. Comments on Georgescu - Roegen. Ecological Economics, 1997 (22): 285 - 288.

[5] Battese G. E., Coelli T. J.. A Model for Technical Inefficiency Effects in a Stochastic Frontier Production Function for Panel Data. Empirical Economics, 1995, 20 (2): 325 - 332.

[6] Battese G. E., Corra G. S.. Estimation of a Production Frontier Model: with Application to the Pastoral Zone of Eastern Australia. Australian Journal of Agricultural Economics, 1977, 21 (3): 169 - 179.

[7] Birgit F., Michael G.. Determinants of CO_2 Emissions in a Small Open Economy. Ecological Economics, 2003, 45 (1): 133 - 148.

[8] Bovenberg A., Smulders S.. Environmental Quality and Pollution - Augmenting Technological Change in a Two - sector Endogenous Growth Model. Journal of Public Economics, 1995 (57): 369 - 391.

[9] Bruyn S. M.. Explaining the Environmental Kuznets Curve: Structural Change and International Agreements in Reducing Sulphur Emissions. Environment and Development Economics, 1997, 2 (4): 485 - 503.

[10] Bhagwati J. N. and Ramaswami V. K.. Domestic Distortions, Tariffs and the Theory of Optimum Subsidy. Journal of Political Economics, 1969, 77 (6): 1005 - 1015.

[11] Bhagwati J. N.. Distortions and Immiserizing Growth: A Generalization. Review of Economic Studies, 1968, 35 (4): 481 - 485.

[12] Cabe R. , Herriges J. A. . The Regulation of Non – point Source Pollution under Imperfect and Asymmetric Information. Journal of Environmental Economics and Management, 1992 (22): 134 – 146.

[13] Cole H. S. , Freeman C. , et al. . Thinking about the Future: a Critique of the Limits to Growth. Chato & Windus for Sussex University Press, London, 1973.

[14] Cole M. A. . Trade, the Pollution Haven Hypothesis and the Environmental Kuznets Curve: Examining the Linkages. Ecological Economics, 2004, 48 (1): 71 – 81.

[15] Chacholiades. M. 、International Trade Theory and Policy. New York: McGraw – Hill Book Co, 1978.

[16] Dale S. . Rothman Environmental Kuznets Curves – Real Progress or Passing Buck? —A Case for Consumption Based Approaches. Ecological Economics, 1998, 25 (2): 177 – 194.

[17] Daly H. E. . Steady – State Economics: the Economics of Biophysical Equilibrium and Moral Growth. San Francisco: Freeman, 1977.

[18] Dasgupta P. , Heal G. . Economic Theory and Exhaustible Resources, Cambridge. Cambridge University Press, 1979.

[19] Dasgupta P. , Heal G. . The Optimal Depletion of Exhaustible Resource, in Review of Economic Study, Symp. Economics of Exhaustible Resource, 1974: 3 – 28.

[20] Davies J. , Mazurek J. . Pollution Control in the United States. Washington, D. C. : Resources of the Future, 1998.

[21] Dinda S. . Environmental Kuznets Curve Hypothesis: A Survey. Ecological Economics, 2004, 49 (4): 431 – 455.

[22] Freeman M. . Water Pollution Policy. In Policies for Environmental Protection. Edited by Portney, P. Washington, D. C. : Resoucees for the Future, 1990.

[23] Geetha V. , Kuruvilla V. , Varughese K. . Response of Vegetable Cowpea to Nitrogen and Potassium under Varying Methods of Irrigation. Journal of Tropical Agriculture, 2001, 39 (2): 111 – 113.

[24] Georgescu R. N. . The Entropy Law and the Economic Process. Cambridge: Havard University Press, 1971.

[25] Gradus R. , Smulders S. . The Trade – off between Environmental Care and Long – Term Growth – Pollution in Three Prototype Growth Models. Journal of Economics, 1993, 58: 25 – 51.

[26] Grossman G. , Krueger A. . Economic Growth and the Environment, Quar-

terly Journal of Economics, 1995, 110 (2): 353 -377.

[27] Gutezeit B.. Yield and Quality of Carrots as Affected by Soil Moisture and N - Fertilization. Journal of Horticultural Science and Biotechnology, 2007, 76 (6): 732 -738.

[28] Grossman, G. M. and Krueger, A. B. Environmental Impacts of a North American Free Trade Agreement, National Bureau of Economic Research Working Paper No. 3914, New York: NBER, 1991.

[29] Hamilton C., Turton H.. Determinants of Emissions Growth in OECD Countries. Energy Policy, 2002, 30: 63 -71.

[30] Hilton F. G., Levinson A. M.. Factoring the Environmental Kuznets Curve: Evidence from Automotive Lead Emissions. Journal of Environmental Economics and Management, 1998, 35: 126 -141.

[31] Hueting R.. News Carcity and Economic Growth: More Welfare through Less Production. Amsterdam: North Holland, 1980.

[32] Janzen H., Beauchemin K., Bruinsma Y., et al.. The Fate of Nitrogen in Agro Ecosystems: An Illustration Using Canadian Estimates. Nutrient Cycling in Agroecosystems, 2003, 67: 85 -102.

[33] Joachim H., Spangenberg, et. al.. Sustainable Growth Criteria: Minimum Benchmarks and Scenarios for Employment and the Environment. Ecological Economics, 2002, 42: 429 -443.

[34] Jordi R., Emilio P., et. al.. Economic Growth and Atmospheric Pollution in Spain: Discussing the Environmental Kuznets Curve Hypothesis. Ecological Economics, 2001, 39 (1): 85 -99.

[35] Kathleen S., Thomas J.. Voluntary Environmental Agreements: Good or Bad News for Environmental Protection. Journal of Environmental Economics and Management, 1998, 36 (2): 109 -130.

[36] Kwon T. H.. Decomposition of Factors Determining the Trend of CO_2 Emissions From Car Travel in Great Britain (1970 -2000). Ecological Economics, 2005, 53 (2): 261 -275.

[37] Lecomber R.. Economic Growth Versus the Environment. Macmillan, London, 1975.

[38] Lena B. V.. Nutrient Preserving in Riverine Transitional Strip. Journal of Human Environment, 1994, 3 (6): 342 -347.

[39] List G.. The Environmental Kuznets Curve: Does One Size Fit All? Ecologi-

cal Economics, 1999, 31: 409 -423.

[40] Malik A., Letson D., Curtehfield S. R.. Point/Nonpoint Source Trading of Pollution Abatement: Choosing the Right Trading Ratio. American Journal of Agricultural Economies, 1993, 75 (11): 959 -967.

[41] Mishan E. J.. The Costs of Economic Growth. Middlesex, MA: Penguin Books, 1967.

[42] Moreno G., Sunding D.. Simultaneous Estimation of Technology Adoption and Land Allocation, Paper Prepared for Presentation at the American Agricultural Economics Association Annual Meeting, 2003.

[43] Muradian R, Martinez - Alier J. Trade and the Environment: from a "Southern" Perspective. Ecological Economics, 2001, 36 (2): 281 -297.

[44] Myrdal G. Against the Stream: Critical Essays on Economics. London: Macmillan, 1974.

[45] Nordhaus W. D.. World Dynamics: Measurement without Data. Economic Journal, 1973, 83: 56 -83.

[46] Norse D.. Non - Point Pollution from Crop Production: Global, Regional and National Issues. Pedosphere, 2005, 15 (4): 499 -508.

[47] Opschoor J. B., Pearce D. W.. Persistent Pollutants: Economics and Policy. Kluwer Academic Press: Dordrecht, 1991: 225.

[48] Opschoor J. B.. Economic Incentives and Environmental Policies. Kluwer Academic Publishers, Dordrecht, 1994.

[49] Opschoor J. B.. Ecospace and the Fall and Rise of Throughout Intensity. Ecological Economics, 1995, 15: 137 -140.

[50] Opschoor J. B. Sustainabled Envelopment, the Economic Process and Economic Analysis. In J. B. Opschoor (ed), "Environment, Economy and Sustainable Development". Groningen: Noordhoof, 1992: 25 -53.

[51] Panayotou T.. Empirical Tests and Policy Analysis of Environmental Degradation at Different Stages of Economic Development. In Technology and Employment Program, International Labor Office, Geneva, 1993.

[52] Panayotou T. Demystifying the Environmental Kuznets Curve: Turning a Black Box into a Policy Tool. Environment and Development Economics, 1997 (2): 465 -484.

[53] Payne J., Fernandez - Cornejo J., et al.. Factors Affecting the Likelihood of Corn Rootworm at Seed Adoption, Paper Prepared for Presentation at Western Agri-

cultural Economics Association Annual Meeting, 2003.

[54] Pearce D. W., Barbier A., et al.. Sustainable Development: Economics and the Environment in the Third World. Aldershot: Edward Elgar, 1990.

[55] Popkin S. L.. The Rational Peasant: the Political Economy of Rural Society in Vietnam. University of California Press, 1979.

[56] Randall A., Taylor M. A.. Incentive – Based Solutions to Agricultural Environmental Problems: Recent Developments in Theory and Practice. Journal of Agricultural and Applied Economies, 2000, 32 (2): 221 –234.

[57] Rapport D. J., Friend A. M.. "Towards a Comprehensive Framework for Environmental Statistics: A Stress Response Approach", Statistics Canada Catalogue 11 –510, Minister of Supply and Services Canada, Ottawa, 1979.

[58] Ribaudo M. O., Honan R. D., et al.. Economics of Water Quality Protection From Non – Point Sources: Theory and Practice. Resource Economies Division, Economic Research Service, U. S. Department of Agriculture. Agricultural Economic Report, 1999: 782.

[59] Roberts J. T., Grimes P. E.. Carbon Intensity and Economic Development 1962 –1991: a Brief Exploration of the Environmental Kuznets Curve. World Dveolpment, 1997, 25 (2): 189 –1991.

[60] Economic Growth and Atmospheric Pollution in Spain: Discussing the Environmental Kuznets Curve Hypothesis. Ecological Economics, 2001, 39: 85 –99.

[61] Romer P.. Increasing Returns and Long – Run Growth. Journal of Political Economy, 1986, 94: 1002 –1037.

[62] Rousseau S.. Effluent Trading to Improve Water Quality: What do we Know Today? Working Paper series No. 2001 –26, Katholieke University Leuven. Tijdschrift voor Economie en Management, 2005, 2: 229 –260.

[63] Roca. J., Padilla E., Farre M., Galletto V.. Economic Growth and Atmospheric Pollution in Spain: Discussing the Environmental Kuznets Curve Hypothesis. Ecological Economics, 2001, 39: 85 –99.

[64] Panayotou, T. Empirical Tests and Policy Analysis of Environmental Degradation at Different Stages of Economic Development, Technology and Employment Program. Geneva: International Labor Office, 1993.

[65] Panayotou T.. Demystifying the Environmental Kuznets Curve: Turning a Black Box into a Policy Tool. Environment and Development Economics, 1997 (2): 465 –484.

[66] Scott J. C.. The Moral Economy of the Peasant Rebellion and Subsistecnce in Southeast Asia. Yale University Press, 1976.

[67] Segerson K., Wu J.. Voluntary Approaches to Nonpoint Pollution Control: Inducing First – best Outcomes through the Use of Threats Athleen. Department of Economics Working Paper Series 2003 – 03, University of Connecticut, 2003, 1.

[68] Segerson K.. Uncertainty and Incentives for Nonpoint Pollution Control. Journal of Environment Economics and Management, 1998, 15: 87 – 98.

[69] Seledn T., Song D.. Neoclassical Growth, the J Curve for Abatement and the Inverted U Curve for Pollution. Journal of Environmental Economics and Management, 1994, 27: 162 – 168.

[70] Shafik N., et al.. Economic Growth and Environmental Quality: Time – Series and Cross – Country Evidence. Paper for World Band Policy Research, World Bank, 1992: 904.

[71] Shafik N.. Economic Development and Environmental Quality: an Econometric Enalysis. Oxford Economic Papers, 1994, (46): 757 – 773.

[72] Shortle J. S., Abler D. G, Horan R. D.. Research Issues in Nonpoint Pollution Control. Environmental and Resource Economies, 1998 (11): 571 – 585.

[73] Siebert H.. Nature as a Lift Support System: Renewable Resource and Environmental Disruption. Journal of Economics, 1982, 42: 133 – 142.

[74] Simon H. A.. An Empirically Based Micronornics. Cambridge University Press, Cambridge, 1997.

[75] Simon H. A.. On Simulating Simon: His Monomania, and its Sources in Bounded Rationality Stdies in the History and Philosophy of Science, 2001, 32 (3): 501 – 505.

[76] Simon J. L.. The Economics of Population Growth. Princeton University Press, Princeton, New Jersey, 1977.

[77] Simon J. L.. The Ultimate Resource. Princeton University Press, Princeton, New Jersey, 1981.

[78] Sterner T.. Policy Instruments for Environmental and Natural Resource Management, RFF Press, 2003.

[79] Stiglitz J.. Growth with Exhaustible Natural Resources: Efficient and Optimal Growth Paths. Review of Economic Studies, 1974, 41: 123 – 137.

[80] Stokey N.. Are there Limits to Growth? International Economic Review, 1998, 39: 1 – 31.

[81] Shafik, N. and Bandyopadhyay, S. Economic Growth and Environmental Quality: Time – series and Cross – country Evidences, Background paper for World Development Report, Washington, DC: World Bank, 1992.

[82] Taskin F., Zaim O.. The Role of International Trade on Environmental Efficiency: a DEA Approach. Economic Modelling, 2001, 18 (1): 1 – 17.

[83] Taylor M. A., Rnadall A., Sohngen B.. Point – Nonpoint Source Pollution Trading Using Collective Performance Incentives. Selected Paper Presentation in Annual Meeting of the American Agricultural Economies Association, Chicago, 2001, 8: 5 – 8.

[84] Torras M., Boyce J. K.. Income, Inequality, and Pollution: a Reassessment of the Environmental Kuznets Curve. Ecological Economics, 1998, (25): 147 – 160.

[85] US Environmental Protection Agency. Non – Point Source Pollution from Agriculture. http://www.epa.gov/region8/water/nps/npsurb.html, 2003.

[86] Viguier L. Emissions of SO_2, NOx, and CO_2 in Transition Economies: Emission Inventories and Divisia Index Analysis. Energy Journal, 1999, 20 (2): 59 – 87.

[87] Xepapadeas A.. Environmental Policy Design and Dynamic Nonpoint Source Pollution. Journal of Environmental Economics and Management, 1992 (23): 22 – 39.

[88] Xepapadeas A.. Environmental Policy under Imperfect Information: Incentives and Moral Hazard. Journal of Environmental Economics and Management, 1991 (20): 113 – 126.

[89] 卜范达，韩喜平．“农户经营”内涵的探析［J］．当代经济研究，2003 (9): 37 – 41.

[90] 曹国，龚军，梁永松，丁飞，耿培．贵州农业面源污染防治及可持续发展对策［J］．农业环境科学学报，2007 (26): 469 – 472.

[91] 陈华文，刘康兵．经济增长与环境质量：关于环境库兹涅茨曲线的经验分析［J］．复旦大学学报（社会科学版），2004 (2): 87 – 94.

[92] 陈磊山，姜冬梅，陆根法．农村面源污染与建设环境管理体系问题研究——以太湖地区为例［J］．安徽农业科学，2007, 35 (34): 11170 – 11171.

[93] 陈利顶，傅伯杰．农田生态系统管理与非点源污染控制［J］．环境科学，2000, 21 (2): 98 – 100.

[94] 陈敏鹏，陈吉宁，赖斯芸．中国农业和农村污染的清单分析与空间特征识别［J］．中国环境科学，2006, 26 (6): 751 – 755.

[95] 陈午和．农户模型的发展与应用：文献综述［J］．农业技术经济，2004 (3): 2 – 10.

[96] 陈玉成，杨志敏，陈庆华等．基于“压力—响应—态势”的重庆市农业面源污染的源解析［J］．中国农业科学，2008，41（8）：2362－2369.

[97] 陈宗胜．倒U曲线的“阶梯形”变异［J］．经济研究，1994（5）：55－59.

[98] 陈祖海等．基于环境与经济协调发展的环境容量分析［J］．中南民族大学学报（自然科学版），2006，6：103－106.

[99] 程磊磊，尹昌斌，米健．无锡市工业 SO_2 污染变化的空间特征及影响因素的分解分析［J］．中国人口·资源与环境，2008，18（5）：128－132.

[100] 迟福林等．赋予农民长期而有保障的土地使用权［N］．人民日报，1995－01－05.

[101] 邓祥宏，穆月英，钱加荣．我国农业技术补贴政策及其实施效果分析——以测土配方施肥补贴为例［J］．经济问题，2011（5）：79－83.

[102] 董克虞．畜禽粪尿对环境的污染及资源化途径［J］．农业环境保护，1998，17（6）：281－283.

[103] 范金，胡汉辉．环境 Kuznets 曲线研究及应用［J］．数学的实践与认识，2002，32（6）：944－951.

[104] 方松海，孔智祥．农户禀赋对保护地生产技术采纳的影响分析——以陕西、四川和宁夏为例［J］．农业技术经济，2005（3）：35－42.

[105] 傅涛，倪九派，雨强．对三峡库区黄色石灰土养分排放的影响［J］．水土保持学报，2002，16（2）33－35.

[106] 高岚，田明华，吴成亮．环境经济学［M］．北京：中国林业出版社，2007：69－72.

[107] 葛继红，周曙东，朱红根，殷广德．农户采用环境友好型技术行为研究——以配方施肥技术为例［J］．农业技术经济，2010（9）：57－63.

[108] 葛继红，周曙东．农业面源污染的经济影响因素分析——基于1978～2009年的江苏省数据［J］．中国农村经济，2011（5）：72－81.

[109] 顾培，沈仁芳．长江三角洲地区面源污染及调控对策［J］．农业环境科学学报，2005，24（5）：1032－1036.

[110] 关君蔚．水土保持原理［M］．北京：中国林业出版社，1996.

[111] 国家环境保护总局．全国规模化畜禽养殖业污染情况调查及防治对策［M］．北京：中国环境科学出版社，2002：77－78.

[112] 韩洪云，杨增旭．农户农业面源污染治理政策接受意愿的实证分析——以陕西眉县为例［J］．中国农村经济，2010（1）：45－51.

[113] 韩喜平．浅析农户行为与环境保护［J］．中国环境管理，2000

(12)：27 -28.

[114] 何浩然，张林秀，李强．农民施肥行为及农业面源污染研究［J］．农业技术经济，2006（6）：2 -10.

[115] 何一农，胡适耕．环境污染、内生人口增长与经济增长模型［J］．华中科技大学学报（自然科学版），2004（9）：114 -116.

[116] 胡鞍钢．人口增长、经济增长、技术变化与环境变迁——中国现代环境变迁（1952 ~1990）［J］．环境科学进展，1993（5）：1 -17.

[117] 黄季焜．农业技术的采用和扩散［A］．见：朱希刚，黄季焜．农业技术进步测定的理论方法［M］．北京：中国农业科技出版社，1994.

[118] 黄武，王凯．中国大豆生产效率分析［J］．南京农业大学学报（社会科学版），2004，4（1）：18 -22.

[119] 黄宗智．长江三角洲小农家庭与乡村发展［M］．北京：中华书局，1992.

[120] 蒋萍，余厚强．EKC 拐点类型、形成过程及影响因素［J］．财经问题研究，2010（6）：3 -9.

[121] 金书秦，魏珣，王军霞．发达国家控制农业面源污染经验借鉴［J］．环境保护，2009（20），74 -75.

[122] 经济合作与发展组织．环境管理中的经济手段［M］．北京：中国环境科学出版社，1996.

[123] 亢霞，刘秀梅．我国粮食生产的技术效率分析——基于随机前沿分析方法［J］．中国农村观察，2005（4）：25 -32.

[124] 赖斯芸，杜鹏飞，陈吉宁．基于单元分析的非点源污染调查评估方法［J］．清华大学学报（自然科学版），2004，44（9）：1184 -1187.

[125] 赖斯芸．非点源污染调查评估方法及其应用研究［D］．清华大学硕士学位论文，2003.

[126] 兰德尔．资源经济学［M］．北京：商务印书馆，1989：155 -156.

[127] 李贵宝，周怀东，王东胜．我国农村水环境及其恶化成因［J］．中国水利，2003（4）：57 -60.

[128] 李然，冯中朝．基于三阶段 DEA 模型的中国油料生产技术效率分析［J］．中国科技论坛，2009（8）：115 -119.

[129] 李秀芬，朱金兆，顾晓君，朱建军．农业面源污染现状与防治进展［J］．中国人口·资源与环境，2010，20（4）：81 -84.

[130] 李一花，李曼丽．农业面源污染控制的财政政策研究［J］．财贸经济，2009（9）：89 -94.

［131］李远，王晓霞．我国农业面源污染的环境管理：背景与演变［J］．环境保护，2005（4）：23－27.

［132］梁红霞，马友华，王强等．安徽土壤肥料信息系统中施肥决策的研究［J］．土壤通报，2005，36（2）：54－57.

［133］梁流涛．农村生态环境时空特征及其演变规律研究［D］．南京农业大学博士学位论文，2009：75－79.

［134］刘东栋，吴文良，彭光华．华北高产区公众对农业面源污染的环保意识及支付意愿调查［J］．农村生态环境，2004，20（2）.

［135］刘光辉，张士云，陈莉．浅谈基于化肥价格上涨情况下农民收入的增加［J］．科技情报开发与经济，2005（17）：106－107.

［136］刘海英，何彬．经济增长中环境污染路径的不确定性分析——兼论环境库兹涅茨曲线（EKC）存在的必要条件［J］．工业技术经济，2009，28（7）：77－79.

［137］刘欣伟．尽快解决湖泊水库富营养化问题［N］．光明日报，1997－04－28.

［138］吕耀．农业生态系统中氮素造成的非点源污染［J］．农业环境保护，1998（1）：35－39.

［139］马骥，蔡晓羽．农户降低氮肥施用量的意愿及其影响因素分析——以华北平原为例［J］．中国农村经济，2007（9）：9－16.

［140］马骥，张卫峰．哪些因素影响农户的施肥决策？［N］．农资导报，2007－05－29.

［141］马树才，李国柱．中国经济增长与环境污染关系的 Kuznets 曲线［J］.统计研究，2006（8）：37－40.

［142］马晓河．解决“三农”问题的战略思路与政策措施［J］．农业经济问题，2003（2）：8－12.

［143］彭立颖，童行伟，沈永林．上海市经济增长与环境污染的关系研究［J］．中国人口·资源与环境，2008，18（3）：186－194.

［144］彭水军，赖明勇，包群．环境、贸易与经济增长——理论、模型与实证［M］．上海：上海三联书店，2006：9.

［145］恰亚诺夫．农民经济组织［M］．北京：中央编译出版社，1996.

［146］钱秀红，徐建民，施加春，刘杏梅．杭嘉湖水网平原农业非点源污染的综合调查与评价［J］．浙江大学学报（农业与生命科学版），2002，28（2）：147－150.

［147］秦佩瑛，秦介元．太湖流域水环境污染及对策建议［J］．水资源保

护，1998（3）：6－10.

［148］屈小博．不同规模农户生产技术效率差异及其影响因素分析——基于超越对数随机前沿生产函数与农户微观数据［J］．南京农业大学学报（社会科学版），2009，9（3）：27－35.

［149］萨缪尔森，诺德豪斯．经济学［M］．北京：华夏出版社，1999：263－264.

［150］沈满洪，许云平．一种新型的环境库兹涅茨曲线——浙江省工业化进程中经济增长与环境变迁的关系研究［J］．浙江社会科学，2000（4）：53－57.

［151］史君卿．我国主要粮食作物技术效率分析［D］．中国农业科学院博士学位论文，2010.

［152］史清华．农户经济增长与发展研究［M］．北京：中国农业出版社，1999.

［153］速水佑次郎．发展经济学——从贫困到富裕［M］．李周译．北京：社会科学文献出版社，2003：216－218.

［154］谭绮球，苏柱华，郑业鲁．国外治理农业面源污染的成功经验及对广东的启示［J］．广东农业科学，2008（4）：67－71.

［155］汤红娜，甄亚丽．中国农业面源污染防治及发达国家的经济借鉴［J］．世界农业，2012（4）：70－72.

［156］汪洁，马友华，栾敬东，王桂苓，李冬，Fengxiang HAN. 美国农业面源污染生态补偿机制与政策措施［J］．生态经济（学术版），2010（2）：159－163.

［157］王德建，林静慧，孙瑞娟，夏立忠，连纲．太湖地区稻麦高产的氮肥适宜用量及其对地下水的影响［J］．土壤学报，2003，40（3）：426－432.

［158］王海建．资源环境约束之下的一类内生经济增长模型［J］．预测，1999，4：36－38.

［159］王鸿涌．太湖无锡地区水资源保护和水污染防治［M］．北京：中国水利水电出版社，2009：124－125.

［160］王金荣，马瑞玲，孙淑贤等．关于测土配方施肥长效机制的探索与研究［J］．中国农学通报，2009，25（18）：219－220.

［161］王岢，朱荫湄．土坡耕作与农业面源污染［J］．耕作与栽培，1996，（2）：15－17.

［162］王林学，李玲，李建平．测土配方施肥技术在水稻上的应用与效果初探［J］．中国农学通报，2009，25（6）：155－158.

［163］韦红波，李锐．我国植被水土保持功能研究进展［J］．植物生态学报，2002，22（4）：489－496.

［164］翁贞林．农户理论与应用研究进展与述评［J］．农业经济问题，2008（8）：93－100.

［165］吴方卫．农业技术进步的概念、度量及其存在的问题［J］．农业技术经济，1996（2）：31－35.

［166］伍德里奇．计量经济学导论现代观点［M］．北京：中国人民大学出版社，2005：512－522.

［167］西奥金·舒尔茨．改造传统农业［M］．北京：商务印书馆，1999.

［168］夏波，武伟，刘洪斌．基于 ArcGIS Engine 构建测土配方施肥信息系统［J］．西南师范大学学报（自然科学版），2007，32（2）：59－64.

［169］谢红彬，虞孝感，张运林．太湖流域水环境演变与人类活动耦合关系［J］．长江流域资源与环境，2001，10（5）：394－400.

［170］邢光熹，施书莲，杜丽娟等．苏州地区水体氮污染状况［J］．土壤学报，2001，38（4）：540－546.

［171］宿桂红，傅新红．中国粮食生产区水稻生产技术效率分析［J］．中国农学通报，2011，27（2）：439－445.

［172］徐勇，邓大才．社会化小农：解释当今农户的一种视角［J］．学术月刊，2006（7）：5－12.

［173］许刚，朱振国，黄健光等．无锡市社会经济发展对水环境的影响［J］．湖泊科学，2002，14（2）：166－172.

［174］闫丽珍，石敏俊，王磊．太湖流域农业面源污染及控制研究进展［J］．中国人口·资源与环境，2010，20（1）：99－107.

［175］尹成杰．农业产业经营与农业结构调整［J］．中国农村经济，2001（5）：4－8.

［176］游德才．国内外对经济环境协调发展研究进展：文献综述［J］．上海经济研究，2008（6）：3－14.

［177］喻永红，张巨勇．农户采用水稻 IPM 技术的意愿及其影响因素——基于湖北省的调查数据［J］．中国农村经济，2009（11）：77－86.

［178］张宝文．积极发展生态农业　努力防治面源污染——在农业部纪念“6·5”世界环境日座谈会上的讲话［J］．农业科技导报，2001，3（5）：3－6.

［179］张成玉，肖海峰．我国测土配方施肥技术增收节支效果研究［J］．农业技术经济，2009（2）：44－51.

［180］张大弟，张晓红，章家骐，沈根祥．上海市郊非点源污染综合调查评价［J］．上海农业学报，1997，13（1）：31－36.

［181］张红凤，周峰，杨慧，郭庆．环境保护与经济发展双赢的规制绩效实

证分析［J］．经济研究，2009（3）：15－16.

［182］张红宇．农业结构调整与国民经济发展［J］．管理世界，2000（5）：153－162.

［183］张宏艳．发达地区农村面源污染的经济学研究［D］．复旦大学博士学位论文，2004.

［184］张晖，胡浩．农业面源污染的环境库兹涅茨曲线验证——基于江苏省时序数据的分析［J］．中国农村经济，2009（4）．

［185］张坤民．可持续发展［M］．北京：人民出版社，1994.

［186］张利国．垂直协作方式对水稻种植农户化肥施用行为影响分析［J］．农业经济问题，2008（3）：50－54.

［187］张林秀，徐晓明．农户生产在不同政策环境下行为研究——农户系统模型的应用［J］．农业技术经济，1996（4）：27－32.

［188］张林秀．农户经济学基本理论概述［J］．农业技术经济，1996（3）：24－30.

［189］张维理，冀宏杰，Kolbe，徐爱国．中国农业面源污染形势估计及控制对策Ⅱ．欧美国家农业面源污染状况及控制［J］．中国农业科学，2004，37（7）：1018－1025.

［190］张维理，冀宏杰，Kolbe，徐爱国．中国农业面源污染形势估计及控制对策Ⅲ．欧美国家农业面源污染状况及控制［J］．中国农业科学，2004，37（7）：1026－1033.

［191］张维理，武淑霞，冀宏杰，Kolbe H，徐爱国．中国农业面源污染形势估计及控制对策Ⅰ．21 世纪初期中国农业面源污染的形势估计［J］．中国农业科学，2004，37（7）：1008－1017.

［192］张蔚文．农业非点源污染控制与管理政策研究：以平湖市为例的政策模拟与设计［D］．浙江大学硕士学位论文，2006.

［193］张新民．有机菜花生产技术效率及其影响因素分析——基于农户微观层面随机前沿生产函数模型的实证研究［J］．农业技术经济，2010（7）：60－69.

［194］张绪美，董元华，王辉，沈旦等．江苏省畜禽粪便污染现状及其风险评价［J］．中国土壤与肥料，2007（4）：12－15.

［195］张学刚，王玉婧．环境库兹涅茨曲线——内生机制抑或规制结果［J］．财经论坛，2010，4（7）：7－12.

［196］章明奎．农业系统中氮磷的最佳管理实践［M］．北京：中国农业出版社，2005：33－34.

［197］赵安芳，刘瑞芳，温琰茂．不同类型水产养殖对水环境影响的差异及

清洁生产探讨［J］．环境污染与防治，2003（12）．

［198］赵文君，文启湘．环境库兹涅茨曲线及其在我国的修正［J］．经济学家，2004（5）：69－75.

［199］赵玉贵，王军，张越杰．基于参数和非参数方法的玉米生产效率研究——以吉林省为例［J］．农业经济问题，2009（2）：15－20.

［200］赵玉山，朱桂香．国外流域生态补偿的实践模式及对中国的借鉴意义［J］．世界农业，2008（4）：14－17.

［201］郑凤田．制度变迁与中国农民经济行为［M］．北京：中国农业出版社，2000.

［202］郑循刚．区域农业生产技术效率及其对全要素生产贡献研究［D］．西南交通大学博士学位论文，2006.

［203］郑一，王学军．非点源污染研究的进展与展望［J］．水科学进展，2002（1）：105－110.

［204］支海宇．排污权交易应用于农业面源污染研究［J］．生态经济，2007（4）：137－139.

［205］中国农业部．测土配方施肥专刊08号（2011）——全国测土配方施肥工作扎实推进［EB/OL］．［2011－07－26］．http：//www. moa. gov. cn/ztzl/ctpfsf/ctpfsfzk/201107/t20110727_ 2071539. htm.

［206］钟甫宁，朱晶．结构调整在我国农业增长中的作用［J］．中国农村经济，2000（7）：4－7.

［207］钟茂初．环境库兹涅茨曲线的虚幻性及其对可持续发展的现实影响［J］．中国人口·资源与环境，2005，15（5）：1－6.

［208］周静，杨桂山，戴胡爽．经济发展与环境退化的动态演进——环境库兹涅茨曲线研究进展［J］．长江流域资源与环境，2007，16（4）：414－419.

［209］周早弘．农业面源污染实证分析与政策选择［D］．南京林业大学博士学位论文，2009.

［210］朱希刚．我国“九五”时期农业科技进步贡献率的测算［J］．农业经济问题，2002（5）：12－13.

［211］朱兆良，David Norse，孙波．中国农业面源污染控制对策［M］．北京：环境科学出版社，2006.

［212］朱兆良．合理使用化肥充分利用有机肥发展环境友好的施肥体系［J］．中国科学院院刊，2003（2）：89－93.

［213］朱兆良．农田中氮肥的损失与对策［J］．土壤与环境，2000，9（1）：1－6.

[214] 李秀芬，朱金兆，顾晓君，朱建军．农业面源污染现状与防治进展[J]．中国人口·资源与环境，2010，20（4）：81－84.

[215] 李海鹏，张俊飚．中国农业面源污染与经济发展关系的实证研究[J]．长江流域资源与环境，2009（6）：585－590.

[216] 张晖，胡浩．农业面源污染的环境库兹涅茨曲线验证——基于江苏省时序数据的分析［J］．中国农村经济，2009（4）：48－53.

[217] 梁流涛，冯淑怡，曲福田．农业面源污染形成机制：理论与实证[J]．中国人口·资源与环境，2010，20（4）：74－80.

[218] 葛继红，周曙东．农业面源污染的经济影响因素分析——基于1978～2009年的江苏省数据［J］．中国农村经济，2011（5）：72－81.

[219] 马骥，蔡晓羽．农户降低氮肥施用量的意愿及其影响因素分析——以华北平原为例［J］．中国农村经济，2007（9）：9－16.

[220] 李洁，周应恒．农村环境教育在控制农村面源污染中的作用［J］．南京农业大学学报（社会科学版），2007，7（3）：89－93.

[221] 何凌云，黄季焜．土地使用权的稳定性与肥料使用——广东省实证研究［J］．中国农村观察，2001（5）．

[222] 冯孝杰，魏朝富，谢德体，邵景安，张彭成．农户经营行为的农业面源污染效应及模型分析［J］．中国农学通报，2005，21（12）．

[223] 林毅夫．自生能力、经济发展与转型［M］．北京：北京大学出版社，2004：9.

[224] 张杰，周晓艳，李勇．要素市场扭曲抑制了中国企业R&D？［J］．经济研究，2011（8）：79－91.

[225] 盛仕斌，徐海．要素价格扭曲的就业效应研究［J］．经济研究，1999（5）：66－72.

[226] 龙文军．政府限制化肥价格行为的经济学分析［J］．中国农村经济，2006（4）：75－80.

[227] 程存旺，石嫣，温铁军．真实的成本·绿色和平，2010，http：//www.greenpeace.org/china/zh/publications/ reports/food－agriculture/2010/cf－n－rpt/。

[228] 史晋川，赵自芳．所有制约束与要素价格扭曲——基于中国工业行业数据的实证分析［J］．统计研究，2007，24（6）：42－47.

[229] 中国市场协会，中国商业联合会课题组．我国化肥价格变动与调控实践［J］．经济研究参考，2006（5）：29－39.

后　记

博士论文行将出版，执笔遥想，博士期间几年求学之路也算是我人生中一段难忘的奔跑经历，一路上学习和感悟到了很多东西。回首当年，喜怒哀乐各种滋味涌上心头。当然，其中最多的还是浓浓的感激之情。

感谢我的导师周曙东教授。本书是在周曙东教授的悉心指导下完成的，从论文选题、研究方案设计、研究框架构建以及从初稿到定稿的过程中无数次修改都凝聚着导师的智慧和心血。在跟随导师学习的过程中，导师严谨的治学态度、敏锐的学术思维、不苟的学风、渊博的知识无时无刻不在感染着我，让我终身受益。在此，我向尊敬的导师致以衷心的感谢和崇高的敬意。

感谢钟甫宁教授，钟老师用自己的精神和才学引领着经济管理学院一代代学子走上科研之路，我也有幸成为众学子中的一员。感谢周应恒教授，参加周老师科研团队的经历让我在论文写作过程中受益良多。感谢我的预答辩老师应瑞瑶教授、王树进教授、苏群教授以及何军副教授对我论文的肯定以及提出的宝贵修改意见，让我得以修改和完善论文。感谢我的开题指导老师陈东平教授、胡浩教授、陈超教授、许朗教授、李太平教授，他们在开题时提出了许多有建设性的意见和建议。感谢朱晶教授在 2010 年暑期夏令营课后和我关于“如何提炼科学问题”的讨论以及给予我论文写作的启迪。感谢常向阳教授在我论文写作期间给予我教学工作的支持。感谢李岳云教授、褚保金教授、徐翔教授、王凯教授、周宏教授、林光华副教授、李祥妹副教授以及经管院其他曾在不同时期、不同方式给予我指导和帮助的老师。感谢曹历娟老师、吉小燕老师、张杨老师、潘宏志老师为我的学业做了很多服务工作。

感谢经管院领导给予我参加各种学术研讨会的支持。感谢中国社科院陈劲松主任、中国人民大学朱信凯教授在学术交流过程中给予我论文提出的中肯意见。

感谢江苏省土肥站殷广德科长给予我大量的测土配方施肥技术方面的资料，

为本书写作提供了坚实的数据基础。感谢德国哥廷根大学于晓华博士给予我大量的国外研究文献，为本书写作开拓了国际视野。

感谢一直以来关心、支持和帮助我的同师门成员，他们是：张家峰、崔奇峰、宋俊峰、夏德峰、王艳、周桢、周文魁、丁振强、王翠翠、徐前荣、吴晓雯、韩飞飞、司晓磊、李启春、王传星、方来、朱思柱、陈海涛、张晓艳、赵明正。特别感谢同年入学的王玉霞、朱红根、张宗毅、卞琪娟给予我写作上的信心和灵感、生活中的关照与支持，和他们深厚的友谊是我博士期间获得的又一硕果。

感谢好友黄惠春老师、汤颖梅老师在博士论文写作期间的相互鼓励，感谢好友耿献辉老师给予我榜样的力量，感谢同办公室的好友王艳老师与刘华老师给予我诸多关心和支持。

感谢我的父母以及我的公婆一直以来对我论文写作的支持和关照，如果没有他们的帮助，本书的完稿之日必定是遥遥无期。

感谢我的丈夫一直以来开心着我的开心、失意着我的失意，鼓励我、鞭策我、包容我、钟爱我，他是我科研工作以及我一生中最坚强的后盾。

感谢我深爱的孩子。谨以此书献给我的孩子。

希望本书不辜负所有关心和帮助我的家人、师长、同学、朋友和同事对我的厚望与期待，我也会在他们的关心和帮助下，继续在科研道路上不断前行。再次感谢他们！

葛继红

2014 年 10 月 10 日